KB250936

베이킹은 과학이다

빵 만들 때 곤란해지면 읽는 책

ZOHOBAN PAN ZUKURI NI KOMATTARA YOMU HON
Copyright © 2023 by Tsuji Culinary Research Co.,Ltd.
All rights reserved.
Interior photographs by ELEPHANT TAKA and Nobuya TAKEBE
Interior illustrations by Mari SHIMIZU
First published in Japan in 2023 by IKEDA Publishing Co.,Ltd.
Korean translation rights arranged with PHP Institute, Inc.
through EntersKorea Co.,Ltd.

이 책의 한국어판 저작권은(주)엔터스코리아를 통해 저작권자와 독점 계약한 (주)터닝포인트아카데미에 있습니다. 저작권법에 의하여 한국 내에서 보호를 받는 저작물이므로 무단전재와 무단복제를 금합니다.

제빵의 과학적인 궁금증을 해결해주는 Q&A 223

베이킹은 과학이다 - 빵 만들 때 곤란해지면 읽는 책

2026년 4월 10일 개정판 1쇄 인쇄
2026년 4월 15일 개정판 1쇄 발행

지은이 가지하라 요시하루, 아사다 가즈히로
옮긴이 황세정
감수 츠지조리사전문학교 제빵 교수, 임태언
펴낸이 정상석
책임편집 터닝포인트
교정 정유찬
표지디자인 앤미디어, 이지선
본문 디자인 앤미디어
펴낸 곳 터닝포인트(www.diytp.com)
등록번호 제2005-000285호
주소 (12284) 경기도 남양주시 경춘로 490 힐스테이트 지금디포레 8056호(다산동 6192-1)
대표 전화 (031)567-7646
팩스 (031)565-7646
ISBN 979-11-6134-128-6(13590)
정가 26,000원

내용 및 집필 문의 diamat@naver.com
터닝포인트는 삶에 긍정적 변화를 가져오는 좋은 원고를 환영합니다.

이 책은 <빵 만들 때 곤란해지면 읽는 책>의 개정판입니다.

베이킹은 과학이다

빵 만들 때 곤란해지면 읽는 책

가지하라 요시하루, 아사다 가즈히로 **지음**

터닝포인트

예전에 가정용 베이킹 책을 처음 집필했을 때, 책의 머리말에 "요즘 들어 빵에 관한 텔레비전 정보 프로그램이나 잡지 특집 기사 등이 많이 보인다"라고 적은 기억이 납니다. 하지만 그로부터 오랜 세월이 지난 요즘 시대에는 인터넷의 보급으로 빵과 관련된 정보가 그때와는 비교조차 할 수 없을 만큼 방대해졌고, 일본뿐만 아니라 전 세계에서 발신되는 정보를 얻을 수 있게 되었습니다. 물론 이러한 정보가 빵을 만드는 데에 도움이 되는 것은 사실이지만, 한편으로는 지나치게 방대한 정보의 홍수 속에서 올바른 정보를 가려내야 하는 문제도 있습니다.

하지만 시대가 어떻게 변하든 간에 이 책을 집어 든 여러분이 가장 바라는 점은 아마 "내 손으로 직접 맛있는 빵을 만들고 싶다!", "가족들과 친구들에게 맛있는 빵을 선보이고 싶다!" 이 두 가지가 아닐까 하는 생각입니다. 우리 같은 전문가들도 그런 바람을 지니고 있습니다. 그리고 츠지제과전문학교에서 제빵을 공부하고 있는 학생들도 같은 마음이랍니다. 저희는 늘 학생들에게 "베이킹을 쉽게 배울 수 있는 법은 없다. 몇 번이고 반복해서 만들어 봐야만 깨닫게 되는 점이 있단다."라고 이야기합니다. 홈베이킹을 시작하는 여러분들에게도 그 말을 그대로 전하고 싶습니다.

이 책은 크게 레시피와 Q&A 파트로 구성되어 있습니다. 레시피는 가장 기초적인 기본 빵과 기본 반죽을 응용한 빵으로만 범위를 한정했습니다. 맛있는 빵을 만들려면 먼저 기본 빵을 여러 번 반복해서 만들어 보며 완벽히 익히는 게 중요합니다. 다양한 빵을 만들어 보고 싶은 마음은 잠시 접어 두고, 한 가지 빵을 꾸준히 만들어 보세요. 그 과정에서

'실패한 원인이 무엇인지', '왜 원하는 대로 빵이 구워지지 않는지' 끊임없이 고민하는 것이 중요합니다. 여러분이 원하는 대로 빵을 맛있게 구울 수 있게 되면 다른 빵도 잘 구울 수 있게 될 것입니다.

이 책의 가장 큰 특징이기도 한 Q&A 파트에서는 가정에서 빵을 만들다가 궁금해지는 다양한 점들을 다루고 있습니다. 제빵과 관련된 과학적인 부분에 대해서도 전문가인 기무라 마키코 씨의 감수를 받아 최대한 알기 쉬우면서도 상세히 답하고 있습니다. 여러분이 빵을 만들다가 곤란을 겪거나 궁금한 점이 생겼을 때, 이 책이 큰 도움을 줄 수 있으리라 생각합니다.

참고로 이번 개정판에는 '발효종법으로 만드는 빵과 Q&A'를 PART 3에 추가했습니다.

마지막으로 이 자리를 빌려 엇비슷해 보이기 쉬운 반죽의 차이를 최대한 알기 쉽게 찍어주신 사진작가 엘리펀트 다카 씨와 다케베 신야 씨, 그리고 이 책을 출간할 기회를 주신 출판사 이케다쇼텐과 편집을 맡아 주신 도무 씨에게 진심으로 감사드립니다. 또한 빵 제작을 담당해 주신 이토 요시유키 교수님과 미야자키 히로유키 교수님, 오오카 구미코 교수님을 비롯한 츠지조리사전문학교의 제빵 스태프, 전체 원고 및 사진의 편집·교정을 맡아 주신 츠지 시즈오 요리교육연구소의 곤도 노리코 씨에게 감사드립니다.

가지하라 요시하루, 아사다 가즈히로

● 이 책에서 소개하는 빵은 실온 20~25℃, 습도 50~70%의 환경에서 제작했습니다.

● 베이커스 퍼센트(Baker's percent)란 빵에 사용하는 분말 재료의 분량을 100%로 잡았을 때, 그 밖의 다른 재료의 분량을 분말 재료 대비 퍼센트로 나타낸 것입니다. 자세한 내용은 **Q71**(➡ **P.175**)을 참조합니다.

● 이 책에 소개한 레시피는 가정에서 한 번에 만들기 쉬운 양을 기준으로 합니다.

● 설탕은 따로 표기하지 않은 경우, 그래뉴당을 사용합니다.

● 버터는 무염 버터를 사용합니다.

● 달걀은 M 사이즈를 사용합니다.(일본의 M 사이즈 달걀은 58~64g으로, 한국의 대란(52~60g)과 특란(60~68g) 사이에 해당한다-역주)

● 덧가루로는 강력분을 사용합니다.

● 책에 표시된 발효·벤치 타임·최종 발효에 걸리는 시간은 일반적인 기준치이므로, 반죽 상태에 따라 조정합니다.

● 이 책에서는 빵을 발효할 때 식기 건조대를 발효기 대신 사용했습니다. 이 밖에도 오븐의 발효 기능을 이용하거나 다른 도구를 발효기 대신 사용할 수 있습니다. 자세한 내용은 **Q58**(➡ **P.167**)을 참조합니다.

● 오븐은 미리 지정된 온도로 예열해 놓습니다.

● 빵을 구울 때는 오븐팬을 한 판씩 굽는 것이 좋습니다. 반죽이 오븐팬 한 판에 다 담기지 않을 때는 두 번에 나누어 구우세요.

● 오븐에 따라 구워진 빵의 상태가 차이 날 수 있습니다. 다 구워진 빵 사진을 참고하면서 되도록 레시피에 기재된 시간에 구울 수 있도록 온도를 조절합니다.

1회에 만들기 적당한 양의 재료와 베이커스 퍼센트를 병행표기 했습니다.

발효 시간이나 굽는 온도 등은 정해져 있지만 반죽의 상태에 따라 조절해 주세요.

크루아상 반죽을 응용한 빵
버터 롤 Butter Roll

은은한 단맛과 진한 버터의 풍미가 느껴져 누구나 좋아할 만한 빵이에요.
버터와 달걀, 탈지분유가 들어가 맛을 맛은 진의교 식감은 부드러워요.
풀이 없는 사람도 쉽게 만들 수 있어서
처음 도전해 보기 좋은 빵입니다.

재료(6개 분량)

	분량(g)	베이커스 퍼센트(%)
강력분	200	100
설탕	24	12
소금	3	1.5
탈지분유	8	4
버터	30	15
인스턴트 드라이 이스트	3	1.5
달걀	20	10
달걀노른자	4	2
물	118	58
달걀(반죽에 바르는 용도)	적당량	

미리 준비하기
- 물은 적정 온도로 맞춰 둔다.
- 버터는 실온에 미리 꺼내 둔다.
- 발효용 볼과 오븐팬에 쇼트닝을 바른다.

반죽 온도	28℃
발효	50분(30℃)
분할	8등분
벤치 타임	15분
최종 발효	60분(38℃)
굽기	10분(220℃)

반죽 만들기

1 스텐볼에 강력분, 설탕, 소금, 탈지분유, 인스턴트 드라이 이스트를 넣고, 거품기로 골고루 섞어준다.

2 분량의 물에서 소량을 덜어낸 다음, 남은 물에 달걀, 달걀노른자를 부어 섞는다.

3 2번 과정에서 만든 물에 섞은 달걀과 달걀노른자를 1번 과정에 넣고, 손으로 잘 섞어준다.

Q71 베이커스 퍼센트란 무엇인가요? → P.149

Q60 작업을 둘의 온도는 어떻게 맞추어야 하나요? → P.152

Q42 버터를 실온에 미리 꺼내 둘 때, 어떤 상태가 되어야 하나요? → P.141

Q56 물을 제외한 다른 재료를 먼저 섞어 두는 이유는 무엇인가요? → P.154

Q70 작업용 물, 조정수란 무엇인가요? → P.152

Q56 재료에 물을 넣은 뒤 바로 섞는 것이 좋은가요? → P.154

과정에 관한 궁금증

Q 빵은 어떤 식으로 만드나요?

A '반죽 → 부풀리기 → 성형 → 부풀리기 → 굽기'의 순으로 만듭니다.

빵을 만드는 기본 과정은 다음과 같습니다.

① 믹싱(반죽)
재료를 쳐대어 반죽을 만듭니다.

② 발효
이스트가 활성화될 수 있는 환경에 반죽을 놓고, 이스트의 알코올 발효를 촉진해 이때 발생하는 탄산가스로 반죽을 부풀립니다. 이와 동시에 향미나 풍미가 되는 물질도 만들어지므로 반죽이 숙성되면서 풍미가 증가합니다.

③ 펀치
발효를 거치면서 탄력이 줄어든 반죽을 누르거나 접어서 다시 탄탄하게 만듭니다. 또 반죽 안에 발생한 알코올을 방출해 이스트를 활성화합니다. 빵의 종류에 따라 펀치 작업을 하는 경우와 하지 않는 경우가 있으며, 펀치 후에는 다시 반죽을 발효시킵니다.

④ 분할
원하는 크기에 맞춰 반죽을 잘라 나눕니다.

⑤ 둥글리기
반죽을 둥글게 빚거나 가볍게 접어 다듬는 식으로 반죽의 모양을 다듬어 발효로 느슨해진 반죽 표면을 다시 팽팽해지게 합니다.

⑥ 벤치 타임
둥글리기(또는 다듬은) 반죽을 잠시 휴지시켜 긴장을 풀게 하고, 반죽이 잘 늘어나게 해서 성형하기 쉽게 만듭니다.

⑦ 성형
빵의 모양을 만듭니다.

⑧ 최종 발효
이스트가 활성화될 수 있는 환경에 반죽을 놓고, 알코올 발효로 반죽을 팽창시킵니다.

⑨ 오븐 넣기
오븐에 반죽을 넣습니다. 달걀물을 바르거나 무프를 내는 작업을 이 단계에서 합니다.

⑩ 굽기
반죽을 굽습니다.

⑪ 오븐에서 꺼내기
다 구워진 빵을 오븐에서 꺼냅니다.

Q 빵을 만드는 제법에는 어떤 것들이 있나요?

A 제법에는 크게 스트레이트법과 발효종법 두 가지가 있습니다.

빵을 만드는 제법은 크게 스트레이트법과 발효종법으로 나눌 수 있습니다.

스트레이트법
한꺼번에 모든 재료를 치대서 반죽을 만드는 일반적인 방법입니다. 이 책에서 소개하는 빵의 제법은 모두 스트레이트법(straight method) 직접 반죽법입니다. 공정이 단순해 알기 쉬우며, 발효종법보다 반죽의 발효 시간이 짧아 가정에서 빵을 만들기에는 이 방법이 쉬울 것입니다. 재료의 풍미를 살리기 쉽다는 특징이 있습니다.

발효종법
분말 재료, 이스트, 물 등 일부 재료를 미리 반죽에서 발효·숙성시킨 발효종을 만든 다음, 나머지 재료와 발효종을 함께 섞어 본반죽을 만드는 방법입니다. 발효종이 액성된 것은 '액종'이라 부릅니다. 어떤 발효종을 사용하는 발효종으로 만든 빵은 크럼(속살)의 부드러운 식감이 오래 유지되며, 빵에 불류이 잘 잡히는 장점이 있습니다.

빵을 만들면서 해당 과정에서 꼭 알아야 할 베이킹의 원리와 궁금할 수 있는 질문들을 이곳에 표기하고, PART 2에 번호 순서대로 정리해 놓았습니다.

목차

PART 3
발효종법으로 만드는 빵과 Q&A

발효종법과 발효종에 대한 궁금증

빵을 구울 때 필요한 재료

어떤 빵을 굽든 간에 밀가루, 이스트, 소금, 물은 꼭 필요합니다. 그 밖의 재료는 필요에 따라 준비하면 됩니다.
반죽에 섞거나 토핑으로 쓸 재료로는 이 책에서 사용한 재료들을 소개하니 만들고 싶은 빵에 맞춰 필요한 재료를 준비합니다.

반죽 재료

밀가루 강력분(위), 프랑스빵용 밀가루(아래)

밀가루에는 박력분이나 강력분 등 몇 가지 종류가 있는데, 빵을 만들 때는 주로 강력분을 사용합니다. 베이킹 재료를 판매하는 전문점에서는 국내외 다양한 브랜드의 밀가루를 판매하는데, 단순한 빵일수록 밀가루의 맛이 빵의 풍미를 좌우합니다. 또한 강력분은 덧가루로도 쓰입니다.

프랑스빵용 밀가루는 프랑스빵 전용 밀가루라고도 하는데, 일본의 제분업체에서 맛있는 프랑스빵을 만들기 위해 개발한 제품입니다. 업체마다 다양한 브랜드의 프랑스빵용 밀가루를 판매하고 있어요.

＊ 밀가루에 대해 좀 더 자세히 알고 싶다면 ➡ P.128

인스턴트 드라이 이스트

인스턴트 드라이 이스트는 밀가루에 직접 섞을 수 있는 편리한 과립형 이스트입니다. 인스턴트 이스트라고도 불립니다. 인스턴트 드라이 이스트를 드라이 이스트로 표기하기도 하지만, 원래 드라이 이스트는 인스턴트 드라이 이스트보다 입자가 크고 둥글며, 사용하기 전에 예비 발효가 필요한 다른 제품이에요. 이 둘을 혼동하지 않도록 제품 포장지에 적힌 사용법을 미리 확인하고 사용하세요. 개봉한 인스턴트 드라이 이스트는 밀봉한 상태로 냉장 보관하고, 되도록 빨리 사용하는 것이 좋습니다.

＊ 이스트에 대해 좀 더 자세히 알고 싶다면 ➡ P.139

소금

빵을 만들 때 사용하는 소금은 어지간한 시판 제품이라면 다 괜찮지만, 반죽을 마친 상태에서도 남아 있을 만큼 입자가 굵은 제품은 추천하지 않습니다. 또 짠맛을 내는 염화나트륨의 양이 극단적으로 적은 제품 혹은 감칠맛을 내는 성분이나 비타민, 칼슘 같은 영양 성분을 화학적으로 첨가한 제품은 반죽에 영향을 끼치므로 피하는 것이 좋습니다.

＊ 소금에 대해 좀 더 자세히 알고 싶다면 ➡ P.149

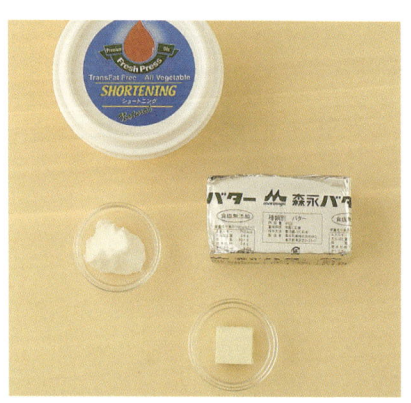

유지 버터(오른쪽), 쇼트닝(왼쪽)

빵을 만들 때 가장 많이 쓰는 유지는 버터와 쇼트닝입니다. 버터에는 특유의 풍미가 있으며, 쇼트닝은 맛과 향이 없는 것이 특징이에요. 빵에 맛이나 풍미를 가미하고 싶을 때는 버터를, 향을 첨가하고 싶지 않을 때는 쇼트닝을 사용합니다. 볼이나 틀, 오븐팬 등에 바르는 용도로는 주로 쇼트닝을 사용합니다.

＊ 유지에 대해 좀 더 자세히 알고 싶다면 ➡ P.156

물

일본의 수돗물은 그대로도 충분히 빵을 만들 때 사용할 수 있어요. 생수를 사용해도 되지만, 경도가 너무 높은 물은 빵을 만들기에 적합하지 않습니다.

＊ 물에 대해 좀 더 자세히 알고 싶다면 ➡ P.136

설탕

빵을 만들 때는 일반적으로 그래뉴당을 사용합니다. 순도가 높고, 깔끔한 단맛을 냅니다. 사진 속 그래뉴당은 일반적인 그래뉴당보다 입자가 고와서 잘 녹습니다. 베이킹 재료 전문점 등에서 살 수 있지만, 구하기 힘든 경우에는 일반 그래뉴당이나 상백당을 사용해도 됩니다.

* 설탕에 대해 좀 더 자세히 알고 싶다면 ➡ P.153

탈지분유

수분과 지방을 제거한 우유를 분말 상태로 가공한 것입니다. 우유보다 적은 양만 사용해도 되고, 보존성이 뛰어난데다 가격도 저렴해서 빵을 만들 때 많이 쓰입니다. 흡습성이 높아 덩어리지기 쉬우므로 사용하기 전에 체에 한 번 걸러 사용하세요.

* 탈지분유에 대해 좀 더 자세히 알고 싶다면 ➡ P.151

달걀

달걀은 M 사이즈냐 L 사이즈냐에 따라 달걀흰자와 노른자의 비율이 차이 나며, 같은 사이즈의 달걀이라 할지라도 각각의 무게가 미세하게 다릅니다. 그러므로 빵을 만들 때는 달걀의 중량을 계량하는 게 기본입니다. 이 책에서는 M 사이즈의 달걀을 사용합니다.

* 달걀에 대해 좀 더 자세히 알고 싶다면 ➡ P.161

몰트 엑기스

발아한 보리에서 추출한 맥아당의 농축 엑기스로, 몰트 시럽이라고도 불려요. 일반적인 재료는 아니지만, 프랑스빵 등 설탕이 들어가지 않는 반죽에는 꼭 필요한 재료로, 반죽을 구웠을 때 노릇노릇한 색이 잘 나옵니다.

* 몰트 엑기스에 대해 좀 더 자세히 알고 싶다면 ➡ P.162

반죽에 섞거나 토핑으로 쓰는 재료

분당(아래), 우박 설탕(위)

분당은 그래뉴당을 분말로 만든 제품이에요. 입자가 큰 우박 설탕은 구워도 형태가 남기 쉬워서 주로 토핑용으로 쓰입니다.

견과류 아몬드(위), 호두(아래)

껍질이 있는 통아몬드와 속껍질이 붙어 있는 호두. 호두는 딱딱한 껍데기를 부숴 반으로 갈라진 것을 사용합니다. 반태나 1/2태 등으로 표시된 제품을 구입하세요. 두 견과류 모두 반죽에 섞거나 토핑 또는 필링으로 사용합니다.

* 견과류에 대해 좀 더 자세히 알고 싶다면 ➡ P.165

검은깨

빵을 만들 때 반죽에 섞거나 토핑으로 사용합니다.

건포도

캘리포니아 건포도(아래), 설타나 건포도(위)(영어사전에 검색하면 '술타아너 건포도'로 나오지만, 온라인에서는 '설타나 건포도'라는 표기가 일반적으로 많이 쓰입니다. 상품 검색도 '설타나 건포도'로만 나오기 때문에 '설타나 건포도'로 표기했습니다–역자)
진한 색을 띠는 캘리포니아 건포도와 옅은 색을 띠는 설타나 건포도(sultana raisin) 외에도 여러 종류가 있습니다. 물로 살짝 씻거나 양주에 재운 건포도를 반죽에 섞기도 하고, 필링으로 사용하기도 합니다.

* 건포도에 대해 좀 더 자세히 알고 싶다면 ➡ P.166

데니시용 초콜릿(아래), 초콜릿 칩(위)

반죽에 섞거나 필링 혹은 토핑으로 사용합니다. 이 책에서는 '팽 오 쇼콜라'를 만들 때 판형 초콜릿을 사용하고, '오렌지 초콜릿 브리오슈'를 만들 때는 초콜릿 칩을 사용합니다. 일반 초콜릿을 사용해도 되지만, 굽는 동안 녹아 흘러나올 수 있으니 주의합니다. 구워도 잘 녹지 않는 초콜릿은 베이킹 재료 전문점 등에서 구할 수 있습니다.

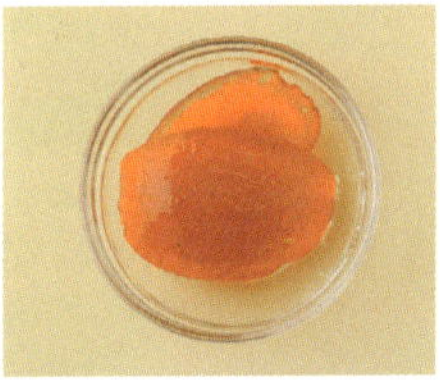

오렌지 필

오렌지 껍질을 시럽에 졸인 것으로, 주로 잘게 썰어 반죽에 섞어 줍니다.

제빵용 도구

이 책에서 소개하는 빵을 만들 때 사용하는 도구들입니다. 모두 기본적인 것들이지만, 처음부터 전부 갖출 필요는 없으며, 특정한 빵을 만들 때만 사용하는 도구도 있으므로 상황에 맞추어 준비하세요.

오븐

빵을 만들 때 꼭 필요한 기기. 일반적으로 전기 오븐이나 가스 오븐을 사용합니다. 오븐 기능만 있는 제품 외에도 전자레인지 기능이 합쳐진 오븐 레인지 등 업체마다 다양한 오븐을 판매하고 있어요. 저온 스팀 발효 기능, 스팀 기능, 250℃ 이상의 고온 설정 기능 등 빵을 만들기 편리한 기능을 갖춘 제품도 있습니다.

오븐 장갑(아래), 목장갑(위)

뜨거운 오븐팬을 들거나 빵을 틀에서 꺼낼 때 필요해요. 작은 틀에서 빵을 꺼낼 때는 목장갑을 사용하는 것이 더 편해요. 목장갑이 얇을 때는 두 장을 겹쳐 끼면 안전하게 작업할 수 있습니다.

오븐팬

오븐에 딸린 제품을 사용합니다. 반죽을 올려 발효하는 동안 다른 빵을 굽거나 오븐팬을 넣은 채로 예열해야 할 때도 있으므로 오븐팬이 두 개 있으면 편리합니다. 사용할 때 반죽이 잘 달라붙지 않도록 유지를 바를 때도 있지만, 오븐팬의 재질에 따라서는 바르지 않아도 될 때도 있습니다.

식힘망

다 구워진 빵을 식히기 위해 올려두는 망. 빵을 오븐에서 꺼내 바로 식힘망에 옮긴 후, 완전히 식을 때까지 그대로 둡니다.

발효기

반죽의 발효에 필요한 환경(온도와 습도)을 유지하기 위한 기구입니다. 온도·습도를 설정할 수 있는 전문가용 중대형 발효기나 발효 기능을 갖춘 오븐도 있지만, 이 책에서는 좀 더 간편하게 식기 건조대를 대신 사용합니다(사용법은 → Q58 참조). 온도와 습도를 유지할 수 있도록 뚜껑이 있고, 깊은 용기 안쪽에 바구니를 넣을 수 있게 이중 구조로 된 제품을 사용하는 것이 편리합니다. 또 반죽을 최종 발효할 때는 오븐팬째 발효시키는 경우가 많으므로 오븐팬이 들어갈 수 있는 크기의 제품을 선택하세요. 식기 건조대 외에도 스티로폼 상자나 플라스틱 수납 용기 등을 이용하는 방법도 있습니다.

작업대에 대해

반죽을 치대거나 분할하는 등 빵을 만드는 작업이 대부분이 작업대 위에서 이루어집니다. 목재나 스테인리스, 인조 대리석 등 딱딱한 재질의 재료를 작업대로 사용할 수 있습니다. 반죽을 할 만한 공간이 있고, 안정된 상태로 고정할 수만 있다면 어떤 재료를 사용해도 됩니다.

전문가는 통기성과 흡습성 덕에 작업에 수월한 두툼한 나무 판을 작업대 위에 깔고 사용하기도 합니다.

가정에서 사용 가능한 제과제빵 전용 보드도 있어요.

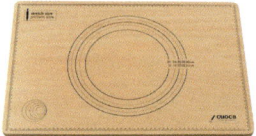

주걱(왼쪽), 거품기(오른쪽)

주걱은 재료를 싹싹 긁어모을 때 사용합니다. 빵을 만들 때는 정확히 계량한 재료를 남김없이 사용하는 것이 중요합니다. 실리콘이나 고무 등 탄력 있는 소재로 만들어진 제품을 사용합니다.

빵을 만들 때 거품기는 분말류나 달걀·물 같은 액체류의 재료를 균일하게 섞을 때 사용합니다.

스크레이퍼

탄력이 있는 플라스틱 재질의 스크레이퍼. 반죽이나 버터를 자르거나 작업대에 들러붙은 반죽을 긁어낼 때, 혹은 크림을 바를 때 스크레이퍼의 직선 부분을 사용하고, 볼에 담긴 반죽이나 크림을 긁어모을 때는 스크레이퍼의 곡선 부분을 사용하는 등 용도에 맞게 사용합니다.

밀대

반죽을 얇게 펴거나 반죽 사이에 넣을 버터를 두드려 부드럽게 만들 때 사용합니다. 용도에 맞게 사용하기 쉬운 길이와 두께의 제품을 선택하세요.

저울

빵을 만들 때는 재료를 정확히 계량하는 것이 무엇보다 중요해요. 이스트나 소금 같은 소량의 재료도 정확한 양을 잴 수 있도록 0.1g부터 2kg까지 계량 가능한 디지털 저울을 사용하는 것이 좋습니다. 적어도 1g 단위까지 계량할 수 있는 저울을 준비하세요.

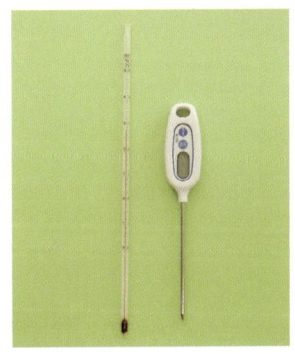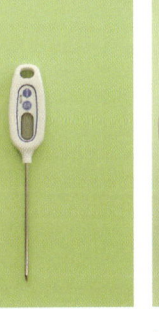

온도계

물이나 밀가루의 온도, 반죽의 온도 등을 잴 때 사용합니다. 유리로 된 온도계나 계측 부분이 스테인리스로 된 디지털 온도계 등 다양한 제품이 있으므로 사용하기 쉬운 것을 고르도록 합니다.

볼

재료를 담을 때, 섞거나 반죽할 때 등 다양한 용도로 사용합니다. 반죽 재료가 전부 들어갈 정도로 큰 볼부터 계량한 재료를 담는 작은 볼까지 지름이 10~30cm인 다양한 크기의 볼을 갖추어 놓으면 편리해요.

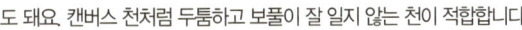

천·판

반죽을 펀치(발효로 부풀어오른 반죽의 탄산가스를 누르기, 접어 두드리기 등으로 빼는 작업)하거나 벤치 타임(분할한 반죽을 둥글리거나 다듬은 후 반죽을 일정 시간 휴지시키는 것) 작업을 할 때, 혹은 최종 발효 과정에서 반죽을 오븐팬에 올리지 않고 발효할 때, 천 위에서 작업하면 반죽이 잘 들러붙지 않아 덧가루를 묻히지 않아도 돼요. 캔버스 천처럼 두툼하고 보풀이 잘 일지 않는 천이 적합합니다.

또한 천 밑에 판을 깔아 두면 반죽을 옮길 때 편리합니다. 두께는 5mm 정도 되고, 크기는 오븐팬과 비슷한 합판 등을 이용하면 좋아요. 빵을 굽느라 이미 오븐팬을 쓰고 있어 남은 반죽을 발효할 오븐팬이 부족할 경우 천과 판을 대신 사용할 수도 있어요. 이 밖에도 오븐팬에 올려 최종 발효시키지 않는 프랑스빵 등 가늘고 길게 성형한 반죽을 옮길 때, 가늘고 긴 판이 있으면 편리합니다. 이 판에도 천을 깔아 두면 반죽이 들러붙는 것을 막을 수 있어요.

브리오슈 틀

눈사람 모양을 닮은 '브리오슈 아 테트 Brioche à tête'의 특징적인 형태를 만들 수 있는 틀이에요.

배트(국내에서는 밧드나 트레이로 부름)

반죽을 냉장고에 넣어 식히거나 재료를 정리하거나 할 때 사용합니다. 반죽을 식힐 때는 금속 재질의 배트에 담아야 더 빨리 식습니다.

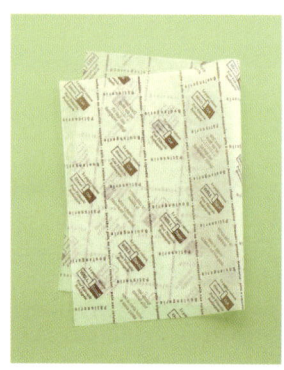

오븐 페이퍼

표면에 특수 가공 처리를 해서 반죽이 잘 들러붙지 않는 오븐용 종이. 오븐판에 깔아주면 유지를 바르는 수고를 덜 수 있어요. 이 책에서는 프랑스빵을 오븐판에 옮길 때 사용합니다. 오븐 페이퍼째 옮길 수 있어 반죽에 부담을 주지 않습니다.

분무기

주로 하드 계열의 빵을 굽기 전, 반죽에 물을 뿌릴 때 사용합니다. 되도록 물이 곱게 분사되는 제품을 사용하는 것이 좋습니다.

자

반죽의 크기나 두께를 잴 때 사용합니다. 위생을 고려해 세척이 가능한 금속이나 플라스틱 재질의 제품을 사용하는 것이 좋습니다.

차 거름망(왼쪽), 다용도 스트레이너(오른쪽)

차 거름망은 구워진 빵에 분당을 뿌리는 경우처럼 소량의 분말을 골고루 뿌릴 때 사용합니다. 스트레이너는 분말을 뿌리거나 액체를 거르거나 재료의 물기를 뺄 때 사용합니다. 소쿠리나 체를 사용해도 됩니다.

빵칼(왼쪽), 식칼(가운데), 과도(오른쪽)

빵칼은 구운 빵을 자르는 전용 칼로, 빵의 크러스트(겉껍질) 부분을 자르기 쉽도록 칼날이 길고 톱니 모양으로 되어 있는 것이 특징이에요. 식칼이나 과도는 성형 단계에서 반죽을 자르거나 견과류, 오렌지 필 같은 재료를 썰 때 사용합니다. 크기가 큰 재료를 자를 때는 칼날이 긴 칼을 사용하는 것이 편합니다.

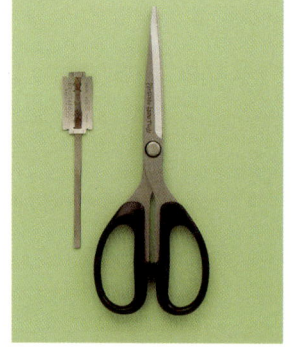

쿠프 나이프(왼쪽), 가위(오른쪽)

쿠프 나이프는 반죽에 쿠프(칼집)를 낼 때 사용합니다. 이 책에서는 평평하고 가느다란 긴 금속판에 양날의 면도칼이 부착된 제품을 사용합니다. 날을 눕혀서 반죽 표면을 살짝 벗기거나 날을 세워 조금 깊게 칼집을 낼 수도 있어요.

가위는 반죽을 잘라 성형할 때 사용합니다.

요리용 붓

반죽에 달걀물을 바르거나 반죽에 묻어 있는 덧가루를 털어낼 때 사용합니다. 용도에 따라 모질이 다른 제품을 사용해 보세요. 발효시킨 반죽에 달걀물을 바를 때는 반죽이 손상되지 않도록 부드러운 모질의 제품(오른쪽)을 사용하고, 마카롱 반죽을 바르거나 다 구워진 빵에 잼을 바를 때는 모질이 거친 제품(왼쪽)을 사용하는 것이 좋습니다.

비닐

반죽이 마르지 않도록 반죽을 덮거나 감쌀 때 사용합니다. 분할이나 성형 과정 중에 반죽이 마를 것 같을 때 비닐을 덮어 두세요. 냉장 발효시켜야 하는 반죽도 비닐로 먼저 감싼 후에 냉장고에 넣어줍니다.

은박 베이킹컵(왼쪽), 종이 베이킹컵(오른쪽)

이 책에서는 '햄 어니언 빵', '팽 오 레이즌', '오렌지 초콜릿 브리오슈'에 사용합니다.

식빵틀

1근이나 1.5근(일본에서 식빵 1근은 340g으로 통용됨) 등 다양한 사이즈가 있습니다. 사각 식빵을 구울 때는 뚜껑이 있는 틀을 사용합니다. 이 책에서는 1근짜리 틀(용량 1,700ml)을 사용합니다.

1

다섯 가지 기본 빵과 이를 응용한 빵

버터 롤이나 식빵처럼 매일 식탁에 오르는 친숙한 빵부터 크루아상, 베이글, 포카치아 같은 세계 각지의 빵까지 일본에서는 실로 다양한 종류의 빵을 맛볼 수 있습니다.

이번 장에서는 그중에서도 가장 대표적이라 할 수 있는 다섯 가지 빵과 그 반죽을 이용해 만들 수 있는 응용 버전의 빵을 소개하고, 이를 만드는 과정을 상세히 설명하려 합니다. 또한 이러한 빵을 만드는 과정에서 떠올릴 수 있는 의문점을 옆쪽에 정리하고, 그에 대한 답변은 PART 2의 Q&A에 따로 수록해 빵을 만드는 과정에서 이루어지는 작업의 의미를 이해할 수 있게 했습니다.

빵의 특징은 '린과 리치', '하드와 소프트'로 표현할 수 있어요!

빵의 종류는 셀 수 없을 만큼 다양하지만, 대략적인 특징은 네 개의 키워드로 정리할 수 있습니다. 먼저 '린(Lean)'과 '리치(Rich)'로 구분합니다. 린은 반죽에 기본적인 재료만 사용하는 빵을 나타내며, 부재료가 늘어날수록 더 리치한 빵에 가까워집니다.

그다음으로는 '하드(Hard)'와 '소프트(Soft)'로 구분합니다. 이 표현은 완성된 빵의 식감을 나타내는 말로, 딱딱한 빵은 하드, 부드러운 빵은 소프트라고 합니다. 이 네 가지 키워드를 조합해 '프랑스빵은 린하고 하드하다'라는 식으로 그 빵의 특징을 표현할 수 있습니다.

이 책에서는 이러한 특징을 이해하기 쉬운 대표적인 빵 다섯 가지를 선정해 기본 빵 만들기 방법을 소개합니다.

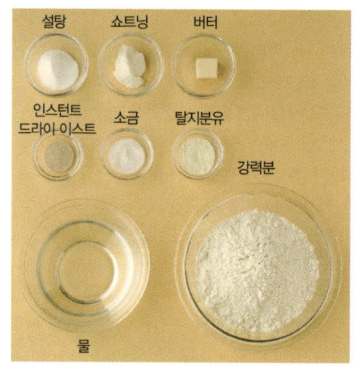
설탕 · 쇼트닝 · 버터 · 인스턴트 드라이 이스트 · 소금 · 탈지분유 · 강력분 · 물

산형 식빵(Mountain Bread 뚜껑이 없는 틀로 구워 산처럼 부풀어 오른 모양을 하고 있어요.)은 기본 재료에 소량의 설탕과 유지를 배합해 약간 린하면서도 소프트한 빵입니다. 크기가 큰 빵은 일반적으로 굽는 데 시간이 오래 걸려 딱딱해지기 쉽지만, 식빵은 틀에 넣어 구워 빵의 크기는 크지만 식감은 소프트해요.

산형 식빵 Mountain Bread ➡ P.44

산형 식빵 반죽을 응용한 빵

검은깨 식빵 ➡ P.56
슈거 버터 쿠페 ➡ P.60

소프트 Soft

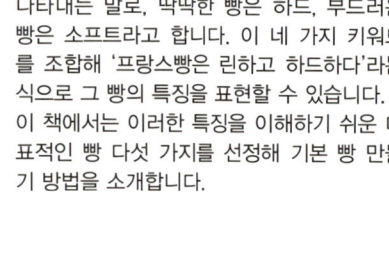
크러스트(겉껍질)와 크럼(속살)이 모두 부드럽고 폭신폭신한 빵을 뜻합니다. 리치한 빵들 중에 소프트한 빵이 많은 편이에요.

설탕, 버터, 달걀이 많이 들어가 리치하고 소프트한 기본 소형 빵입니다. 작게 성형한 후 단시간에 구워내 식감이 부드러워요. 손반죽을 이용해 만들기 쉬운 대표적인 빵입니다.

버터 롤 Butter Roll ➡ P.22

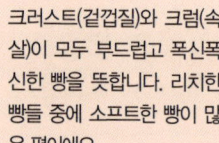

버터 롤 반죽을 응용한 빵

햄 어니언 빵 Ham and onion bread ➡ P.34
좁프 Zopf ➡ P.38

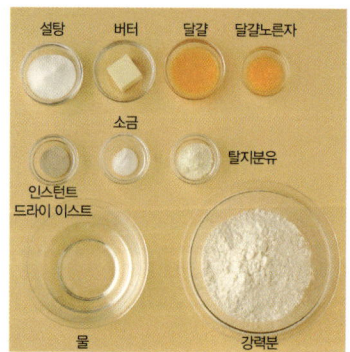
설탕 · 버터 · 달걀 · 달걀노른자 · 소금 · 인스턴트 드라이 이스트 · 탈지분유 · 물 · 강력분

브리오슈 Brioche ➡ P.86

버터와 달걀을 듬뿍 넣어 매우 리치하고 소프트한 빵이에요. 크기는 작지만, 버터 롤보다 오래 굽기 때문에 씹는 맛이 더 좋아요. 버터와 달걀을 많이 넣어 반죽이 매우 부드럽기 때문에 냉장 발효시키는 경우가 많습니다.

브리오슈 반죽을 응용한 빵

팽 오 레이즌 Pain au raisin ➡ P.98
오렌지 초콜릿 브리오슈 Orange Chocolate Brioche ➡ P.102

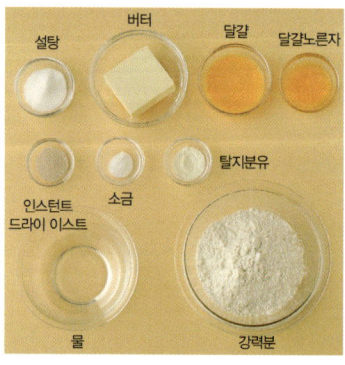
설탕 · 버터 · 달걀 · 달걀노른자 · 인스턴트 드라이 이스트 · 소금 · 탈지분유 · 물 · 강력분

프랑스빵 ➡ P.64

린
Lean

반죽에 거의 대부분 기본 재료(밀가루, 물, 이스트, 소금)만 들어가는 빵을 말합니다. '간소한', '지방이 없는'이라는 뜻입니다.

대부분 기본 재료들만을 사용해 만들어진 가장 기본적인 빵으로, 린하고 하드한 빵의 대표 격이라 할 수 있어요. 같은 재료를 사용하더라도 크기와 형태에 따라 식감도 달라지는데, 씹는 맛이 있는 크러스트와 촉촉한 크럼이 특징입니다. 재료가 단순한 만큼 만드는 사람의 기술이나 경험이 빵의 맛을 좌우합니다.

프랑스빵 반죽을 응용한 빵

베이컨 에피 ➡ P.76
레이즌 넛츠 스틱 ➡ P.82

인스턴트 드라이 이스트 / 소금 / 몰트 엑기스
물 / 프랑스빵용 밀가루

프랑스빵이란

일본에서는 프랑스 전통 제빵에 뿌리를 두고 밀가루, 물, 소금, 이스트만으로 만드는 담백한 빵을 '프랑스빵'이라고 부른다.

대표적으로는 바게트가 있으며 이 책의 레시피에 나오는 프랑스빵은 바타르로 분류할 수 있다.

프랑스빵의 종류에 대해서는 Q.175 쿠프는 몇 개 정도 내면 되나요?(P.241)와 Q.181 프랑스빵에는 어떤 종류가 있나요?(P.245)를 참고

하드
Hard

크러스트(crust 빵의 겉껍질) 부분이 딱딱한 빵을 말해요. 구운 밀가루의 고소한 향과 발효 과정에서 생긴 진한 풍미가 느껴지는 빵으로, 린 타입의 빵에 많이 볼 수 있어요.

기본 재료에 부재료(설탕, 유지, 유제품, 달걀 등)를 많이 첨가한 빵을 뜻해요. 리치라는 말은 '풍부한', '깊은 맛을 내는'이라는 의미가 담겨 있어요.

리치
Rich

번외편

크루아상 ➡ P.108

일반적인 빵과는 달리 크루아상은 버터와 반죽을 얇게 펴서 겹겹이 접는 파이 반죽 기법을 사용해 식감이 독특합니다. 겉은 바삭바삭하지만 속은 촉촉한 특징이 있어요. 버터가 많이 들어가므로 리치한 빵이라 할 수 있습니다.

크루아상 반죽을 응용한 빵

팽 오 쇼콜라 ➡ P.124

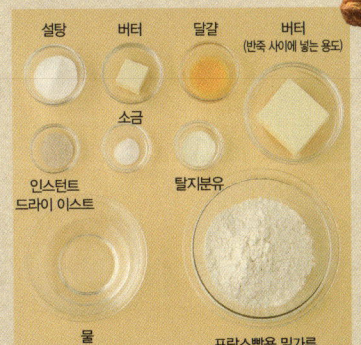

설탕 / 버터 / 달걀 / 버터(반죽 사이에 넣는 용도)
소금
인스턴트 드라이 이스트 / 탈지분유
물 / 프랑스빵용 밀가루

 부드럽고 달달한

버터 롤 Butter Roll

은은한 단맛과 진한 버터의 풍미가 느껴져 누구나 좋아할 만한 빵이에요.
버터와 달걀, 탈지분유가 들어가 맛은 진하고 식감은 부드러워요.
틀이 없어도 쉽게 만들 수 있어서 처음
도전해 보기 좋은 빵입니다.

재료(8개 분량)

	분량(g)	베이커스 퍼센트(%) Q71
강력분	200	100
설탕	24	12
소금	3	1.5
탈지분유	8	4
버터	30	15
인스턴트 드라이 이스트	3	1.5
달걀	20	10
달걀노른자	4	2
물	118	59
달걀(반죽에 바르는 용도)	적당량	

미리 준비하기

● 물은 적정 온도로 맞춰 둔다. Q80

● 버터는 실온에 미리 꺼내 둔다. Q42

● 발효용 볼과 오븐팬에 쇼트닝을 바른다.

반죽 온도	28℃
발효	50분(30℃)
분할	8등분
벤치 타임	15분
최종 발효	60분(38℃)
굽기	10분(220℃)

반죽

1 스텐볼에 강력분, 설탕, 소금, 탈지분유, 인스턴트 드라이 이스트를 넣고, 거품기로 골고루 섞어준다. Q85

2 분량의 물에서 조정수를 덜어낸 다음, Q78 남은 물에 달걀, 달걀노른자를 부어 섞는다.

※ 다른 재료에 비해 달걀이나 달걀노른자의 사용량은 많지 않지만, 반죽에 영향을 많이 끼치므로 주걱 등을 이용해 남김없이 모두 넣어준다.

3 2번 과정에서 만든 물에 섞은 달걀과 달걀노른자를 1번 과정에 넣고, 손으로 잘 섞어준다. Q86

※ 가루가 서서히 섞이면서 반죽이 뭉쳐진다.

Q71 베이커스 퍼센트란 무엇인가요? ➡ P.175

Q80 작업용 물의 온도는 어떻게 맞추어야 하나요? ➡ P.180

Q42 버터를 실온에 미리 꺼내둘 때, 어떤 상태가 되어야 하나요? ➡ P.159

Q85 물을 제외한 다른 재료를 먼저 섞어 두는 이유는 무엇인가요? ➡ P.183

Q78 작업용 물, 조정수란 무엇인가요? ➡ P.179

Q86 재료에 물을 넣으면 바로 섞는 것이 좋은가요? ➡ P.183

4 반죽의 경도를 확인하면서 **2**번 과정의 조정수를 붓고, ^{Q83, Q84} 다시 잘 섞는다.

※ 가루가 남아 있는 곳에 부으면 반죽이 더 잘 뭉쳐진다.

5 가루가 하나도 남지 않고, 반죽이 한 덩어리로 뭉쳐질 때까지 계속 섞은 다음, 반죽을 작업대에 올린다. 볼에 붙은 반죽도 스크레이퍼를 이용해 말끔히 긁어낸다.

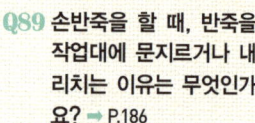
10분

6 양손을 위아래로 크게 움직여 손바닥으로 반죽을 작업대에 문지르듯이 치댄다. ^{Q89, Q91}

※ 반죽이 한 덩어리로 뭉쳐지기는 했지만, 재료가 고르게 섞이지 않은 상태라 군데군데 반죽의 경도가 차이 날 수 있다. 일단 반죽 전체의 경도가 같아질 때까지 치댄다.

7 치대는 도중에 반죽이 작업대에 너무 넓게 퍼지면 스크레이퍼로 긁어모아 뭉친다. 스크레이퍼나 손에 묻은 반죽도 떼어내어 ^{Q99} 다시 작업대에 문지르듯이 치댄다.

8 가끔 **7**번 과정처럼 반죽을 떼어내면서 반죽 전체가 균일해지도록 계속 반죽한다.

※ 반죽의 경도가 일정해지고, 반죽이 매끄러워질수록 점차 반죽이 부드럽게 느껴진다. 이대로 계속 반죽하면 반죽이 점차 찰지고 묵직해진다.

9 계속 치대다 보면 반죽의 가장자리 부분이 작업대에서 조금씩 떨어지게 된다(사진의 점선으로 표시한 부분 참조).

※ 반죽이 찰져지고 탄력이 생기기 시작하면 작업대에 붙지 않고 조금씩 떨어지게 된다. 이 상태가 되면 반죽을 바닥에 내리치는 작업에 들어간다. 달걀이 들어가므로 일반적인 빵 반죽보다 찰지고 손에도 잘 달라붙는다.

10 작업대나 스크레이퍼, 손에 묻은 반죽을 말끔히 떼어낸 후 반죽을 한 덩어리로 뭉친다.

옆에서 본 모습　　위에서 본 모습

10분

11 반죽을 들어 올려 작업대에 내리친 다음, 몸쪽으로 살짝 끌어당겼다가 반대쪽으로 뒤집는다.

POINT ● 반죽을 들어 올릴 때, 손목을 사용해 휙 들어 올린다. 이렇게 손목의 반동으로 늘어나는 반죽을 작업대에 내리친다.

12 반죽을 90도 돌려 반죽의 방향을 바꾼다.

13 11~12번 과정의 동작을 반복하면서 작업대에 계속 내리쳐 반죽 표면이 매끄러워질 때까지 치댄다. Q97, 98

※ 반죽을 내리치기 시작할 때는 반죽이 손과 작업대에 들러붙을 정도로 부드럽고 약하게 뭉쳐 있으므로 힘 조절에 주의한다. 반죽에 점차 탄력이 생기면 그때부터 서서히 강하게 내리친다.

Q97 손반죽하는 도중에 반죽이 수축해 버려 반죽하기가 어려워요. ➡ P.191

Q98 반죽을 내리치면서 치댈 때, 반죽이 찢어지거나 구멍이 뚫려요. ➡ P.192

14 반죽 일부를 떼어내서 손끝으로 늘이면서 반죽 상태를 확인한다.

※ 반죽이 뭉쳐져 잘 늘어나는 것처럼 보이지만, 아직 반죽이 조금 두껍다. 열심히 치댈수록 반죽에 공기가 들어가 표면에 작은 기포가 생긴다. 이 상태가 되면 버터를 첨가한다.

Q87 버터 같은 유지를 나중에 넣는 이유가 무엇인가요? ➡ P.184

15 반죽을 뭉친 다음, 눌러 넓게 펼친다. 버터를 올리고, 손으로 뭉개 반죽 전체에 펼친다. Q87

16 반죽을 반으로 접은 다음, 양손으로 잡아당겨 찢는다.

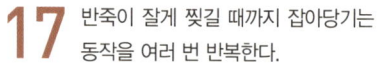

17 반죽이 잘게 찢길 때까지 잡아당기는 동작을 여러 번 반복한다.

※ 반죽이 잘게 찢길 때까지 표면적을 늘려주어야 버터와 반죽이 잘 섞인다.

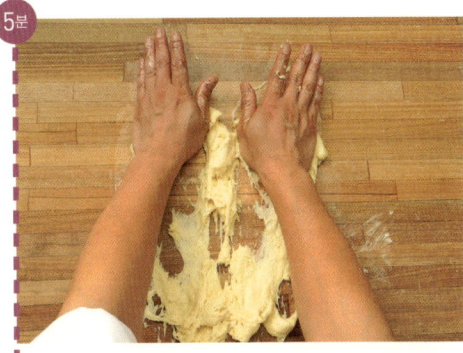

18 잘게 찢긴 반죽을 작업대에 문지르듯
이 치댄다.

※ 반죽이 서서히 하나로 뭉쳐지지만, 버터가 들어
가 반죽이 미끄럽다 보니 처음에는 작업대에 잘 들
러붙지는 않는다.

19 하지만 반죽을 계속하다 보면 반죽이
작업대에 들러붙기 시작한다.

※ 버터가 골고루 섞이지 않은 상태라서 아직 반죽
의 상태나 경도는 고르지 못하다.

20 가끔 앞의 **7**번 과정처럼 작업대나 스
크레이퍼, 손에 들러붙은 반죽을 떼어
내면서 반죽의 가장자리 부분이 작업대에서 떨
어질 때까지 치댄다.

※ 버터가 골고루 섞이고 반죽이 매끄러워진다. 계
속 치대다 반죽이 작업대에서 떨어지게 되면 반죽을
내리치는 작업에 들어간다.

21 작업대나 스크레이퍼, 손에 묻은 반죽
을 말끔히 떼어내 반죽에 뭉친 다음,
11~12번 과정의 방법대로 다시 반죽을 작업대
에 내려치며 반죽한다.

※ 버터를 넣기 전에는 작업대에서 완전히 떨어지지
않던 반죽이 말끔히 떨어지게 된다. 반죽 표면이 매
끄러워질 때까지 충분히 치댄다.

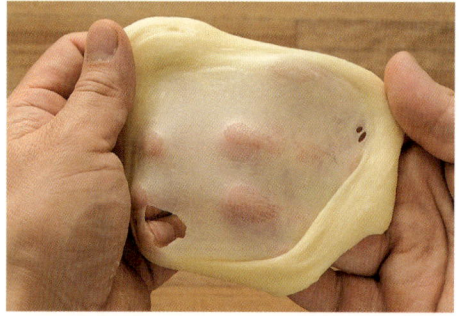

22 반죽 일부를 떼어 손끝으로 늘이면서
반죽 상태를 확인한다. Q93, 95

※ 버터를 넣기 전에는 조금 두껍던 반죽이 지문이
비칠 정도로 얇게 늘어나면 반죽이 완성된 것이다.
반죽에 뚫린 구멍의 가장자리가 매끄러운 상태인 것
이 좋다.

23 반죽을 뭉친 다음, 양손으로 반죽을
몸쪽으로 살짝 끌어당겨 반죽 표면을
다듬는다.

24 반죽을 90도 돌린 다음, 반죽을 다시
살짝 끌어당긴다. 이 작업을 몇 차례
반복하면서 반죽 표면이 팽팽해지도록 둥글게
모양을 다듬는다.

25 반죽을 볼에 담고 Q102 완성된 반죽의
온도를 측정한다. Q77 완성된 반죽의
적정 온도는 28℃다. Q96

발효

26 반죽을 발효기에 넣고 Q57 30℃에서
50분간 발효시킨다. Q104

(A)

(B)

분할

27 먼저 볼에 담긴 상태에서 반죽 무게 (A)를 잰다. 그리고 반죽을 뒤집듯이 꺼내고, 남은 볼의 무게(B)를 잰다. A에서 B를 빼 전체 반죽의 무게를 계산한 다음, 이를 8로 나누어 반죽의 개당 무게를 산출한다.

※ 분할, 성형 과정에서 반죽이 들러붙을 때는 필요에 따라 반죽이나 작업대에 덧가루를 뿌린다. Q75

Q75 덧가루란 무엇인가요?
➡ P.177

28 볼에서 꺼낸 반죽을 손으로 살짝 누른 다음, 눈대중으로 반죽의 8분의 1을 잘라낸 후 Q120 무게를 잰다.

※ 볼에서 꺼낸 반죽은 부풀어 있으므로 손으로 살짝 눌러 두께를 고르게 해야 일정하게 나누기 쉽다.

Q120 분할할 때 스크레이퍼 등으로 반죽을 눌러 자르는 이유는 무엇인가요? ➡ P.206

29 반죽을 덜거나 더해 **27**번 과정에서 산출한 반죽의 개당 무게에 맞춘다.
Q121

※ 다음 과정에서 매끄러운 면이 겉에 오도록 반죽을 둥글릴 예정이므로 반죽을 더할 때는 그 면을 피해서 올린다.

Q121 반죽을 고르게 분할해야 하는 이유는 무엇인가요? ➡ P.207

둥글리기 Q123

30 반죽을 손바닥에 올리고 손으로 눌러 가스를 뺀다. 매끄러운 면이 위로 오게 놓고, 반대쪽 손으로 반죽을 감싼다.

Q123 둥글리기를 잘하는 방법을 가르쳐 주세요. 또 반죽을 어느 정도까지 둥글려야 하나요? ➡ P.208

31 반죽을 감싼 오른손을 반시계 방향(왼손으로 감쌌을 때는 시계 방향)으로 움직이며 반죽을 둥글려 표면을 팽팽하게 한다. Q124

※ 반죽의 표면이 팽팽해질 때까지 충분히 둥글린다.

32 천을 깔아준 판 위에 반죽을 가지런히 놓아준다. Q63

※ 판 위에 올려둔 반죽이 둥글리기, 성형 과정에서 너무 마르지 않도록 하고, 필요한 경우에는 반죽에 비닐을 덮어준다.

벤치 타임 Q128

33 반죽을 발효기에 넣고 15분간 휴지시킨다. Q130

성형

34 손바닥으로 반죽을 눌러 가스를 빼준다.

35 매끄러운 면이 바닥을 향하게 놓고, 반죽을 위에서 3분의 1 정도 접은 다음, 손바닥 아래쪽을 이용해 반죽 끝을 눌러 붙인다.

36 반죽을 180도 돌려 접힌 부분이 몸쪽을 향하게 한 다음, 위쪽도 3분의 1을 접고 반죽 끝을 눌러 붙인다.

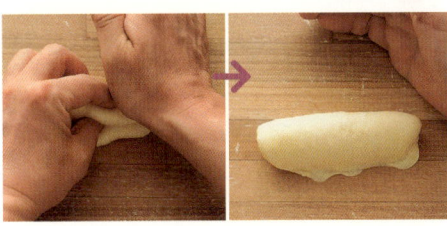

37 반죽을 위쪽에서 반으로 접으면서 반죽 끝부분을 꾹 눌러 오므린다.

※ 손바닥 아래쪽을 이용해 반죽 끝을 누르면 반죽 표면이 팽팽해진다.

38 한 손으로 반죽을 위에서 살살 누르면서 굴려 한쪽 끝은 두껍고, 반대쪽은 가는 12cm 길이의 막대 모양을 만든다.

※ 새끼손가락 쪽을 조금 낮추듯이 손바닥을 기울여 굴리면 반죽이 가늘어진다.

39 두꺼운 쪽의 가장자리 부분을 손끝으로 꾹 눌러 오므린다.

※ 두꺼운 부분을 꾹 눌러 오므려 놓으면 밀대로 밀 때 모양이 잘 잡힌다.

40 반죽을 천 위에 가지런히 놓은 다음, 다시 발효기에 넣어 반죽이 조금 부드러워질 때까지 휴지시킨다.

※ 휴지 과정을 거쳐야 밀대로 밀 때 반죽이 잘 늘어난다. 반죽을 손가락으로 눌러보았을 때 자국이 남는 정도가 적당하다.

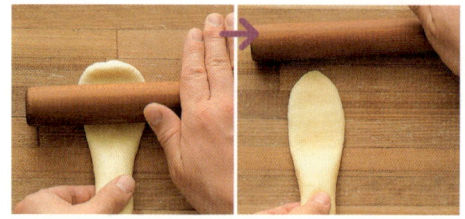

41 반죽의 가느다란 부분이 몸쪽을 향하게 놓고, 중간 부분부터 위쪽으로 밀대를 민다.

42 그런 다음 반죽의 중간 부분을 잡고, 반죽을 몸쪽으로 살짝 끌어당기면서 중간 부분부터 아래쪽으로 밀대를 민다.

※ 반죽을 잡은 손을 조금씩 몸쪽으로 내리면서 반죽을 잡아당긴다. 반죽 전체의 두께가 같아지고, 가스가 다 빠져나갈 때까지 밀대로 민다. 반죽이 한 번에 잘 펴지지 않으면 반죽을 작업대에서 한 번 떼어냈다가 다시 놓고 **41~42**번 과정의 작업을 반복한다.

43 **37**번 과정의 이음매 부분이 위로 오게 놓고, 위쪽 끝을 살짝 접어 가볍게 누른다.

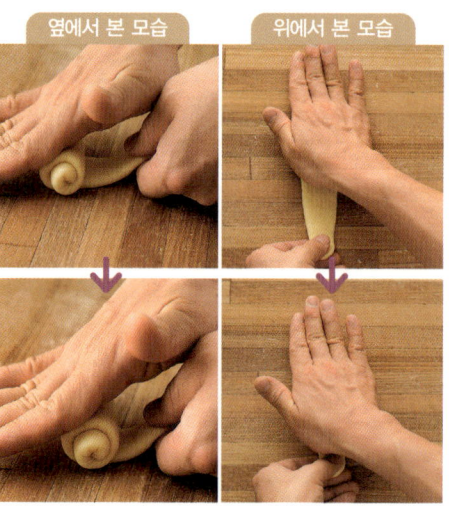

옆에서 본 모습　위에서 본 모습

44 위에서부터 반죽을 살살 누르면서 몸쪽으로 말아 내린다.

※ 세게 누르면 반죽이 너무 꽉 말리므로 주의하자. 말린 모양이 좌우대칭을 이루어야 구웠을 때 모양이 예쁘게 나온다.

45 다 말았으면 반죽 끝을 손으로 꼭 눌러 붙인다. Q132

46 반죽의 이음매가 바닥을 향하게 놓은 다음 Q133 오븐팬에 가지런히 올린다. Q134

최종 발효

47 반죽을 발효기에 넣고 38℃에서 60분간 발효시킨다. Q113

굽기

48 반죽 표면에 반죽이 말린 방향과 평행하게 달걀물을 바르고, Q142, Q143 220℃로 예열한 오븐에 10분간 굽는다. Q145, Q157

※ 오븐팬에 달걀물이 흘러내리지 않게 주의하자.

49 빵이 다 구워지면 오븐에서 꺼내 식힘망에 올려 식힌다. Q147

버터 롤을 응용한 빵 ── **1**

햄 어니언 빵 Ham and onion bread

버터 롤 반죽으로 로스 햄을 말아주고, 그 위에 양파와 치즈를 토핑한 간단한 조리빵입니다.
양파에 카레 맛을 첨가하거나 피자 소스를 발라 피자빵을 만들 수도 있고,
각종 아이디어를 가미해 더 다양한 맛을 즐길 수 있습니다.

재료(6개 분량)

	분량(g)	베이커스 Q71 퍼센트(%)
강력분	200	100
설탕	24	12
소금	3	1.5
탈지분유	8	4
버터	30	15
인스턴트 드라이 이스트	3	1.5
달걀	20	10
달걀노른자	4	2
물	118	59
로스 햄	6장	
양파	60g	
샐러드유, 소금, 후추	각각 적당량	
피자용 치즈	60g	
머스타드	적당량	
파슬리	적당량	

※ 은박 베이킹컵은 바닥 지름 9cm, 높이 2cm인 제품을 준비
한다.

미리 준비하기

- 물은 적정 온도로 맞춰 둔다. Q80
- 버터는 실온에 미리 꺼내 둔다. Q42
- 발효용 볼에 쇼트닝을 바른다.
- 양파는 얇게 썬 다음, 샐러드유에 색이 변하지 않을 정도만 볶은 다음, 소금과 후추로 간한다.

반죽 온도	28℃
발효	50분(30℃)
분할	6등분
벤치 타임	15분
최종 발효	45분(38℃)
굽기	10분(220℃)

반죽-발효-분할-둥글리기

1 버터 롤의 **1~26**번 과정(P.23)과 같은 방법으로 반죽을 만들어 발효시킨다. **27~29**번 과정(P.29)과 같은 방법으로 반죽을 6등분 한다. **30~31**번 과정(P.29)과 같은 방법으로 반죽을 둥글린 다음, 천을 깐 판 위에 가지런히 놓는다. Q63

※ 분할, 성형 과정에서 반죽이 들러붙을 때는 필요에 따라 반죽이나 작업대에 덧가루를 뿌린다. Q75

벤치 타임 Q128

2 반죽을 발효기에 넣고 15분간 휴지시킨다. Q130

Q71 베이커스 퍼센트란 무엇인가요? ➡ P.175

Q80 작업용 물의 온도는 어떻게 맞추어야 하나요? ➡ P.180

Q42 버터를 실온에 미리 꺼내둘 때, 어떤 상태가 되어야 하나요? ➡ P.159

Q63 반죽을 올려 둘 천으로는 어떤 천을 사용하는 것이 좋은가요? ➡ P.170

Q75 덧가루란 무엇인가요? ➡ P.177

Q128 벤치 타임이 필요한 이유는 무엇인가요? ➡ P.213

Q130 벤치 타임은 언제 끝마쳐야 하나요? ➡ P.214

성형

3 반죽의 중간 부분부터 위쪽으로 밀대로 밀어준 다음, 다시 중간 부분에서 몸쪽을 향해 밀대를 밀어준다. 가끔 반죽의 방향을 바꾸면서 같은 작업을 반복해 가스를 완전히 뺀 다음, 반죽을 둥글게 늘인다.

※ 로스 햄보다 조금 크게 늘인다.

4 반죽 위에 로스 햄을 올리고 머스타드를 바른다. 반죽을 위쪽에서 몸쪽으로 말아 내린 다음, 끝부분을 손끝으로 눌러 오므린다.

※ 머스타드의 양은 입맛에 맞게 조절한다. 반죽을 말 때는 틈이 생기지 않게 잘 말아준다.

옆에서 본 모습　　　위에서 본 모습

5 반죽의 이음매 부분이 위로 오게 놓고, 반죽을 몸쪽에서 위로 반으로 접은 다음, 끝을 누른다.

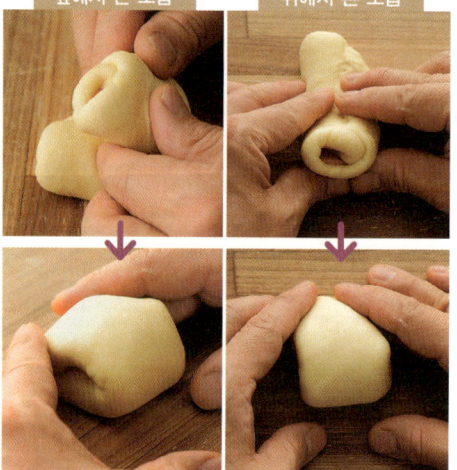

6 반죽을 몸쪽에서 3분의 2 정도 칼집을 낸 다음, 칼집을 벌려 펼친다.

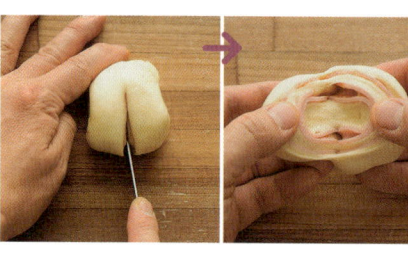

7 모양을 잡아 은박 베이킹컵에 담는다.

※ 반죽을 은박 베이킹컵에 담은 후, 손으로 꾹 눌러 반죽이 골고루 잘 구워지고 색이 고르게 나오도록 최대한 평평하게 만든다.

8 오븐팬에 가지런히 놓는다. ^{Q134}

Q134 오븐팬에 반죽을 올릴 때 주의해야 할 점이 있나요? ➡ P.217

최종 발효

9 발효기에 넣고, 38℃에서 45분간 발효시킨다. ^{Q113}

Q113 최종 발효가 잘 끝났는지 확인하는 방법을 가르쳐 주세요. ➡ P.202

굽기

10 볶은 양파, 피자용 치즈를 6등분해서 반죽 위에 올린다.

11 분무기를 이용해 반죽 표면이 살짝 젖을 정도 물을 뿌려준다. ^{Q139} 220℃로 예열한 오븐에 10분간 굽고 ^{Q145} 식힘망에 올려 식혀준 후, ^{Q147} 장식으로 파슬리를 얹는다.

Q139 분무기로 물을 뿌려 구우면 어떻게 되나요? ➡ P.220

Q145 레시피에 적힌 온도와 시간에 맞춰 구웠는데 빵이 탔어요. ➡ P.223

Q147 빵을 굽자마자 오븐팬이나 틀에서 바로 꺼내야 하는 이유가 있나요? ➡ P.224

버터 롤 반죽을 응용한 빵 — 2

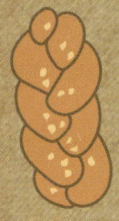

좁프 Zopf

버터 롤 반죽에 건포도를 섞어 반죽을 세 갈래로 땋은 빵입니다.
좁프(Zopf)는 독일어로 '땋은 머리'를 뜻합니다.
이 레시피에서는 색이 옅고 단맛이 깔끔한 설타나 건포도를 사용하지만,
캘리포니아 건포도를 사용해도 충분히 맛있어요.

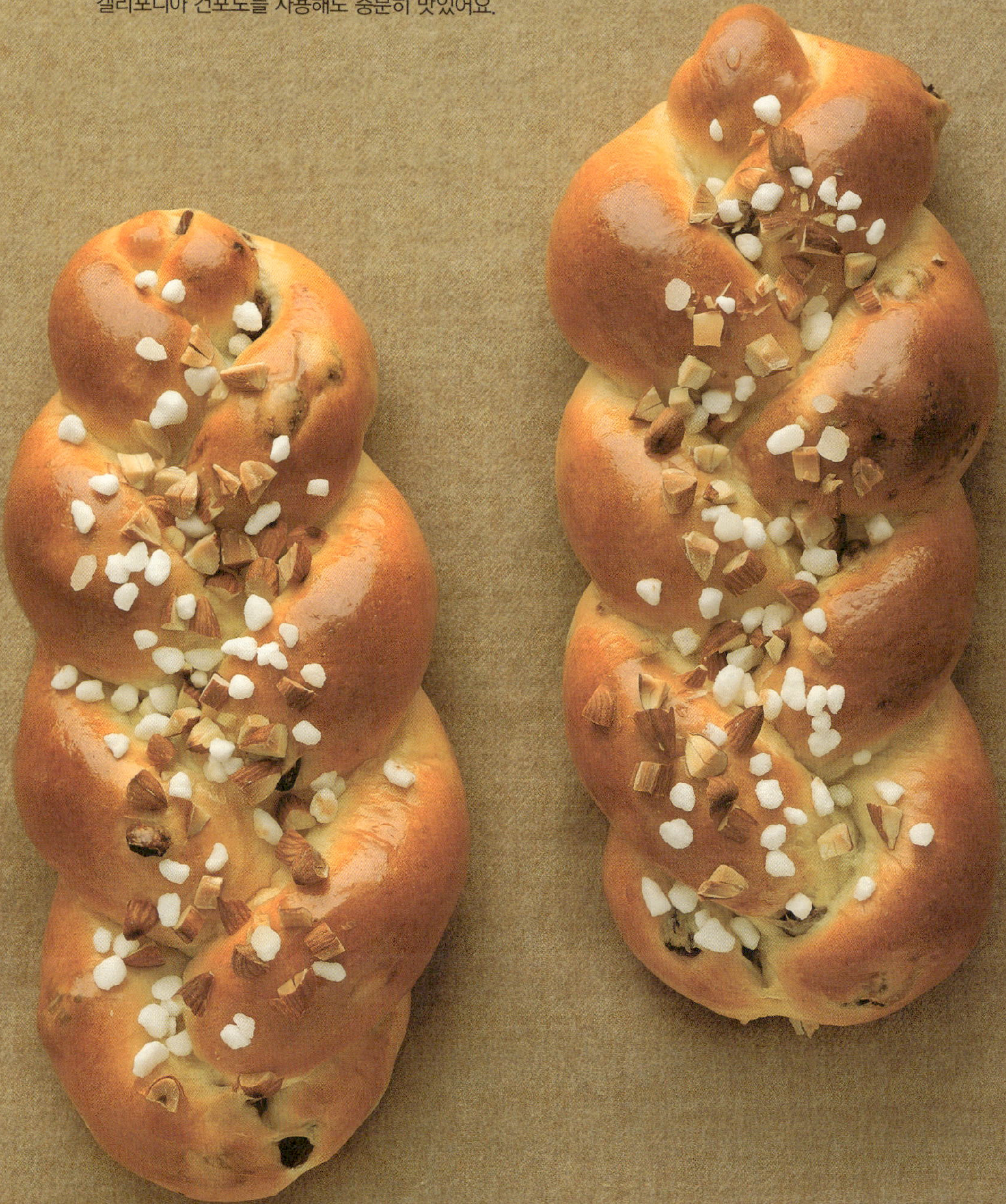

재료(2개 분량)

	분량(g)	베이커스 퍼센트(%) Q71
강력분	200	100
설탕	24	12
소금	3	1.5
탈지분유	8	4
버터	30	15
인스턴트 드라이 이스트	3	1.5
달걀	20	10
달걀노른자	4	2
물	118	59
설타나 건포도	60	30
아몬드	10g	
우박 설탕	10g	
달걀(반죽에 바르는 용)	적당량	

미리 준비하기

- 물은 적정 온도로 맞춰 둔다. Q80
- 버터는 실온에 미리 꺼내 둔다. Q42
- 설타나 건포도는 미지근한 물에 가볍게 씻은 다음 Q53 소쿠리로 건져 물기를 완전히 뺀다.
- 발효용 볼과 오븐팬에 쇼트닝을 바른다.
- 반죽에 바를 달걀은 잘 풀어서 차 거름망에 걸러 둔다.
- 아몬드는 굵게 다진다.

반죽 온도	28℃
발효	50분(30℃)
분할	6등분
벤치 타임	15분
최종 발효	45분(38℃)
굽기	14분(210℃)

반죽

1 버터 롤의 **1~22**번 과정(P.23)과 같은 방법으로 반죽을 만든다. 반죽을 눌러 넓게 편 다음, 반죽 전체에 설타나 건포도를 골고루 뿌려 살짝 누른다.

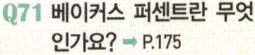

2 반죽을 위쪽에서 아래쪽으로 말아 내린 다음, 말린 끝부분이 위로 오게 놓고, 반죽 전체를 누른다.

3 반죽을 90도 돌려 다시 **2**번 과정과 같은 방법으로 반죽을 말고 누른다. 건포도가 반죽에 골고루 섞일 때까지 같은 작업을 반복한다.

Q71 베이커스 퍼센트란 무엇인가요? ➡ P.175

Q80 작업용 물의 온도는 어떻게 맞추어야 하나요? ➡ P.180

Q42 버터를 실온에 미리 꺼내 둘 때, 어떤 상태가 되어야 하나요? ➡ P.159

Q53 건포도를 미지근한 물로 한 번 씻은 후에 사용하는 이유는 무엇인가요? ➡ P.166

4 버터 롤의 **23~24**번 과정(P.28)과 같은 방법으로 반죽을 둥글게 다듬은 다음, 볼에 담아 **Q102** 반죽 온도를 잰다. **Q77** 완성된 반죽의 적정 온도는 28℃다. **Q96**

발효

5 반죽을 발효기에 넣고 **Q57** 30℃에서 50분간 발효시킨다. **Q104**

분할-둥글리기

6 버터 롤의 **27~29**번 과정(P.29)과 같은 방법으로 반죽을 6등분 한다. **30~31**번 과정(P.29)과 방법으로 반죽을 둥글린 다음 **Q123, 124** 천을 깐 판 위에 가지런히 놓는다. **Q63**

※ 분할, 성형 과정에서 반죽이 들러붙을 때는 필요에 따라 반죽이나 작업대에 덧가루를 뿌린다. **Q75**

벤치 타임 **Q128**

7 반죽을 발효기에 넣고, 15분간 휴지시킨다. **Q130**

성형

8 버터 롤의 **34~37**번 과정(P.30)과 같은 방법으로 반죽을 막대 모양으로 만든다. 한 손으로 반죽을 위에서 살살 누르면서 굴려 15cm 길이의 막대 모양을 만든다.

9 천 위에 반죽을 가지런히 놓고 발효기에 넣은 다음, 반죽이 조금 부드러워질 때까지 휴지시킨다.

※ 휴지 과정을 거쳐야 반죽이 더 길게 잘 늘어난다. 반죽을 손끝으로 눌렀을 때 자국이 남을 정도가 적당하다.

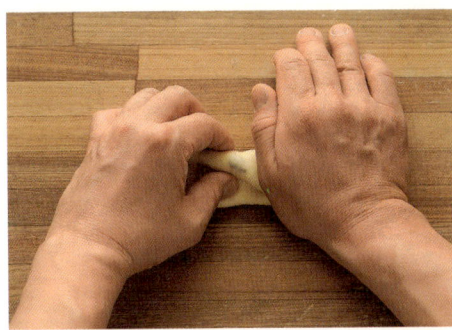

10 반죽을 손바닥으로 눌러 가스를 뺀다. 이음매 부분이 위로 오게 놓은 다음, 위쪽에서 반을 접으면서 손바닥 아래쪽으로 반죽 끝을 꾹 눌러 오므린다. Q132

Q132 반죽을 성형할 때, 이음매를 오므리거나 누르는 이유는 무엇인가요?
➡ P.216

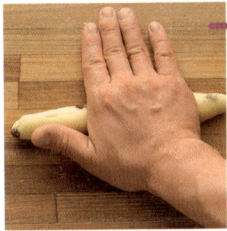

11 반죽을 위에서 살살 누르면서 굴려 25cm 길이의 긴 막대 모양을 만든다. Q173

※ 반죽을 길게 늘일 때는 먼저 한쪽 손으로 반죽의 중간 부분을 굴려 가늘게 만든다. 그런 다음 양손으로 반죽을 굴리면서 중앙에서 끝을 향해 반죽을 늘여 나간다.

Q173 반죽을 막대 모양으로 만들기가 어려워요. ➡ P.240

12 10번 과정의 이음매가 위로 오게 반죽을 놓은 다음, 반죽 세 개를 가지런히 놓고 몸쪽 절반 정도를 세 갈래로 땋는다. 땋은 끝부분은 꾹 눌러 단단히 오므린다.

13 반죽을 뒤집어서 땋은 부분이 위로 가고, 이음매 부분이 바닥을 향하게 한다.

14 나머지 부분도 세 갈래로 땋고, 끝부분을 꾹 눌러 단단히 오므린다.

15 다 땋은 모습.
※ 윗부분과 아랫부분을 절반씩 나누어 땋아야 모양이 잘 잡힌다.

Q133 이음매가 바닥을 향하도록 반죽을 놓는 이유는 무엇인가요? → P.216

Q134 오븐팬에 반죽을 올릴 때 주의해야 할 점이 있나요? → P.217

16 이음매 부분이 바닥을 향하도록 Q133 오븐팬에 가지런히 놓는다. Q134

Q113 최종 발효가 잘 끝났는지 확인하는 방법을 가르쳐 주세요. → P.202

최종 발효

17 반죽을 발효기에 넣고, 38℃에서 45분간 발효시킨다. Q113

굽기

18 반죽 표면에 달걀물을 바른다. Q142, Q143

※ 땋은 모양을 따라 달걀물을 바르고, 우묵한 곳에 달걀물이 고이지 않게 주의하자.

19 아몬드와 우박 설탕을 뿌린다. 210℃ 로 예열한 오븐에 14분간 구운 다음 Q145 식힘망에 올려 식힌다. Q147

Q142 달걀물을 잘 바르는 방법을 알려 주세요. ➡ P.222

Q143 달걀물을 바를 때 주의해야 할 점은 무엇인가요? ➡ P.222

Q145 레시피에 적힌 온도와 시간에 맞춰 구웠는데 빵이 탔어요. ➡ P.223

Q147 빵을 굽자마자 오븐팬이나 틀에서 바로 꺼내야 하는 이유가 있나요? ➡ P.224

좁프 반죽 땋는 법

① 길게 늘인 반죽 세 개를 나란히 놓는다.

② 빨간색 반죽을 노란색 반죽 위에 교차시킨다.

③ 초록색 반죽을 빨간색 반죽 위에 교차시킨다. 이때 초록색 반죽과 노란색 반죽은 평행해야 한다.

④ 노란색 반죽을 초록색 반죽 위로 올려 교차시킨다. 이때 노란색과 빨간색 반죽은 평행해야 한다.

⑤ 빨간색 반죽을 노란색 반죽 위로 올려 교차시킨다. 이때 빨간색과 초록색 반죽은 평행해야 한다.

⑥ 가장 바깥쪽에 있는 반죽을 좌우 번갈아 가며 가운데에서 교차시켜 끝까지 땋는다.

⑦ 땋아 내린 부분이 위로 가게 반죽을 뒤집는다. 위를 보고 있던 면이 바닥을 향하게 한다.

⑧ ⑥번 과정과 같은 방법으로 끝까지 땋는다.

식감이 부드러운

산형 식빵 Mountain Bread

식빵은 일본인들에게 가장 친숙한 식사용 빵입니다.

틀에 뚜껑을 덮지 않고 구우면 산형 식빵, 뚜껑을 덮어 구우면 사각 식빵이 됩니다.

설탕과 유지가 들어가 식감이 부드럽지만,

넣는 양이 많지는 않아 린 타입에 가까운 빵으로 분류됩니다.

재료(1근짜리 식빵틀 1개 분량)

	분량(g)	베이커스 Q71 퍼센트(%)
강력분	250	100
설탕	12.5	5
소금	5	2
탈지분유	5	2
버터	10	4
쇼트닝	10	4
인스턴트 드라이 이스트	2.5	1
물	195	78
달걀(반죽에 바르는 용)	적당량	

※ 1근짜리 식빵틀의 용량은 1,700㎤다. Q159

미리 준비하기

● 물은 적정 온도로 맞춰 둔다. Q80

● 버터는 실온에 미리 꺼내 둔다. Q42

● 발효용 볼과 식빵틀에 쇼트닝을 바른다.

● 반죽에 바를 달걀은 잘 풀어서 차 거름망에 거른 다음, 달걀의 5분의 1 분량에 해당하는 물을 넣어 희석한다.

※ 굽는 시간이 긴 편이므로 색이 너무 진하게 나오지 않도록 달걀물에 물을 섞어 희석한다.

반죽 온도	26℃
발효	60분(30℃)+30분(30℃)
분할	2등분
벤치 타임	30분
최종 발효	60분(38℃)
굽기	30분(210℃)

반죽

1 볼에 강력분 Q158, 설탕, 소금, 탈지분유, 인스턴트 드라이 이스트를 넣고 거품기로 골고루 섞는다. Q85

2 분량의 물에서 조정수를 덜어낸다. Q78

3 남은 물을 1번 과정의 재료에 붓고, 손으로 잘 섞어준다. Q86

4 가루가 서서히 사라지면서 반죽이 뭉쳐진다.

Q71 베이커스 퍼센트란 무엇인가요? ➡ P.175

Q159 레시피에 적힌 크기의 식빵틀이 없을 경우에는 어떻게 하나요? ➡ P.231

Q80 작업용 물의 온도는 어떻게 맞추어야 하나요? ➡ P.180

Q42 버터를 실온에 미리 꺼내 둘 때, 어떤 상태가 되어야 하나요? ➡ P.159

Q158 식빵을 만들 때, 단백질의 양이 많은 강력분을 사용하는 이유가 무엇인가요? ➡ P.231

Q85 물을 제외한 다른 재료를 먼저 섞어 두는 이유는 무엇인가요? ➡ P.183

Q78 작업용 물, 조정수란 무엇인가요? ➡ P.179

Q86 재료에 물을 넣으면 바로 섞는 것이 좋은가요? ➡ P.183

Q83 조정수는 언제 넣어야 하나요? ➡ P.182

Q84 조정수를 전부 사용해도 되나요? ➡ P.182

5 반죽의 경도를 확인하면서 **2**번 과정에서 덜어낸 조정수를 붓고 ^{Q83, Q84} 다시 골고루 섞는다.

※ 가루가 남아 있는 곳에 물을 부으면 반죽이 더 잘 뭉쳐진다.

6 가루가 남지 않고 반죽이 한 덩어리로 뭉쳐질 때까지 계속 섞은 다음, 반죽을 작업대 위에 꺼내 놓는다. 볼에 들러붙은 반죽도 스크레이퍼를 이용해 싹싹 긁어낸다.

Q89 손반죽을 할 때, 반죽을 작업대에 문지르거나 내리치는 이유는 무엇인가요? ➡ P.186

Q91 손반죽은 몇 분 정도 해야 하나요? ➡ P.188

Q99 손이나 스크레이퍼에 묻은 반죽을 말끔히 떼어내야 하는 이유는 무엇인가요? ➡ P.192

15분

7 양손을 위아래로 크게 움직여 손바닥으로 반죽을 작업대에 문지르듯이 치댄다. ^{Q89, Q91}

※ 반죽이 한 덩어리로 뭉쳐지기는 했지만, 재료가 고르게 섞이지 않아 반죽의 경도가 군데군데 차이나는 상태. 먼저 반죽 전체의 경도가 같아질 때까지 반죽을 계속 치댄다.

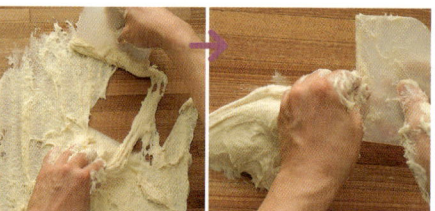

8 치대는 도중에 반죽이 작업대에 너무 넓게 퍼지면 스크레이퍼로 긁어모은다. 스크레이퍼나 손에 들러붙은 반죽도 전부 떼어낸 다음 ^{Q99} 반죽을 다시 작업대에 문지르듯이 치댄다.

9 가끔 **8**번 과정과 같이 작업대나 스크레이퍼, 손에 들러붙은 반죽을 떼어내면서 반죽 전체가 균일한 상태가 되도록 반죽한다.

※ 반죽의 경도가 같아지고, 눈으로 보기에 반죽이 매끄러워질수록 반죽이 더 부드럽게 느껴진다. 이대로 계속 치대면 반죽이 점차 찰지고 묵직해진다.

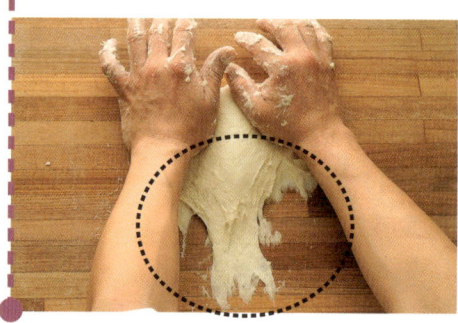

10 반죽을 계속하면 반죽의 가장자리 부분이 작업대에서 떨어지게 된다(사진의 점선 부분 참조).

※ 반죽이 찰지고 탄력이 생기면 작업대에서 반죽이 떨어지게 된다. 이런 상태가 되면 반죽을 내리치는 작업에 들어간다.

11 작업대나 스크레이퍼, 손에 들러붙은 반죽을 말끔히 떼어 반죽을 하나로 뭉친다.

10분

| 옆에서 본 모습 | 위에서 본 모습 |

12 반죽을 들어올려 작업대에 내리치고, 몸쪽으로 살짝 당긴 뒤 위쪽으로 뒤집는다.

※ 반죽을 들어올릴 때는 손목을 사용해 휙 들어 올린다. 그 반동으로 늘어나는 반죽을 작업대에 내리친다.

13 반죽을 90도 돌려 반죽의 방향을 바꾼다.

14 12~13번 과정의 동작을 반복해 반죽을 작업대에 내리치면서 반죽 표면이 매끄러워질 때까지 계속 치댄다. Q97, 98

※ 반죽을 내리치기 시작할 때는 반죽이 약하게 뭉쳐진 상태라 찢어지기 쉬우므로 힘 조절에 주의하자. 반죽에 탄력이 생기기 시작하면 그때부터 강하게 내리친다.

Q97 손반죽하는 도중에 반죽이 수축해 버려 반죽하기가 어려워요. ➡ P.191

Q98 반죽을 내리치면서 치댈 때, 반죽이 찢어지거나 구멍이 뚫려요. ➡ P.192

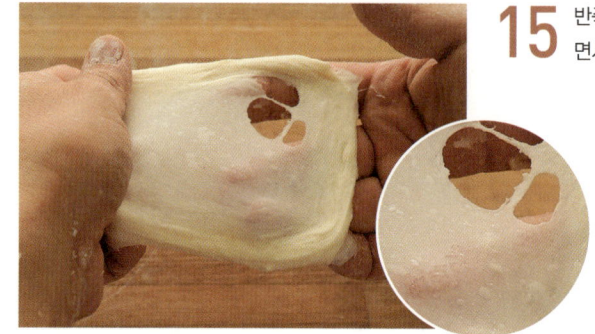

15 반죽 일부를 떼어내서 손끝으로 늘이면서 반죽 상태를 확인한다.

※ 반죽이 뭉쳐져 잘 늘어나는 것처럼 보이지만, 아직 반죽이 조금 두껍다. 열심히 치댈수록 반죽에 공기가 들어가 표면에 작은 기포가 생긴다. 이 상태가 되면 유지를 첨가한다.

Q41 쇼트닝과 버터를 함께 사용할 때가 있는데, 그 이유는 무엇인가요? ➡ P.159

Q87 버터 같은 유지를 나중에 넣는 이유는 무엇인가요? ➡ P.184

16 반죽을 뭉친 다음, 눌러 넓게 펼친다. 버터와 쇼트닝을 올리고, Q41 손으로 뭉개 반죽 전체에 펼친다. Q87

17 반죽을 반으로 접은 다음, 양손으로 잡아당겨 찢는다. 반죽이 잘게 찢길 때까지 잡아당기는 동작을 여러 번 반복한다.

※ 반죽을 잘게 찢어 표면적을 늘려야 유지와 반죽이 잘 섞인다.

5분

18 잘게 찢긴 반죽을 작업대에 문지르듯이 치댄다.

※ 잘게 찢긴 반죽은 서서히 하나로 뭉치지만, 유지가 들어가 반죽이 매끄러워 작업대에는 잘 들러붙지 않는다.

19 가끔씩 8번 과정처럼 작업대나 스크레이퍼, 손에 들러붙은 반죽을 떼어내면서 반죽 가장자리 일부가 작업대에서 떨어질 때까지 치댄다.

※ 반죽이 작업대에 들러붙게 되면 더욱더 치대다가 반죽이 작업대에서 떨어지게 되면 반죽을 내리치는 작업에 들어간다.

10분

20 작업대나 스크레이퍼, 손에 묻은 반죽을 말끔히 떼어내 반죽에 뭉친 다음, **12~13**번 과정의 방법대로 다시 반죽을 작업대에 내려치며 반죽한다.

※ 반죽이 작업대에서 말끔히 떨어지게 되고, 반죽 표면이 매끄러워질 때까지 충분히 치댄다.

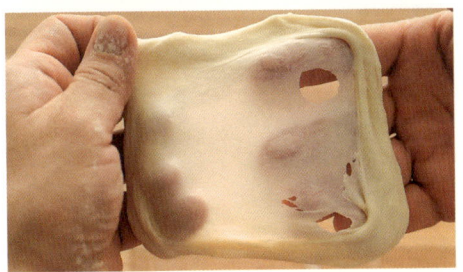

21 반죽 일부를 떼어 손끝으로 늘이면서 반죽 상태를 확인한다. ^{Q93, Q95}

※ 유지를 넣기 전에는 조금 두껍던 반죽이 지문이 비칠 정도로 얇게 늘어나면 반죽이 완성된 것이다. 반죽에 뚫린 구멍의 가장자리가 매끄러운 상태인 것이 좋다.

22 반죽을 뭉친 다음, 양손으로 반죽을 몸쪽으로 살짝 끌어당겨 반죽 표면을 다듬는다.

23 반죽을 90도 돌린 다음, 반죽을 다시 살짝 끌어당긴다. 이 작업을 몇 차례 반복하면서 반죽 표면이 팽팽해지도록 둥글게 모양을 다듬는다.

24 반죽을 볼에 담고 ^{Q102} 반죽 온도를 측정한다. ^{Q77} 완성된 반죽의 적정 온도는 26℃다. ^{Q96}

발효

25 반죽을 발효기에 넣고 ^{Q57} 30℃에서 60분간 발효시킨다. ^{Q104}

Q93 반죽이 다 완성되었는지 어떻게 확인하나요? → P.189

Q95 반죽이 부족하거나 과하면 어떻게 되나요? → P.190

Q102 완성된 반죽을 넣을 용기의 크기는 어느 정도가 적당한가요? → P.195

Q77 반죽 온도란 무엇인가요? → P.178

Q96 반죽 온도가 목표치에 도달하지 않았을 때는 어떻게 해야 하나요? → P.191

Q57 발효기란 무엇인가요? → P.167

Q104 최적의 발효 상태는 어떻게 확인하나요? → P.196

펀치 Q114, Q118

26 작업대에 천을 깔고 ^{Q63} 반죽을 뒤집 듯이 볼에서 꺼낸다.

27 반죽 중앙에서 바깥쪽으로 전체를 골 고루 누른다. Q115, Q116

※ 펀치, 분할, 성형 과정에서 반죽이 들러붙을 때는 필요에 따라 반죽이나 작업대에 덧가루를 뿌린다. Q75

28 먼저 반죽 왼쪽을 3분의 1 접고, 다시 오른쪽을 3분의 1 접은 다음, 반죽 전 체를 눌러준다. 그런 다음 위쪽 3분의 1을 접고, 다시 아래쪽에서 3분의 1을 접은 후, 반죽 전체 를 눌러준다.

※ 볼륨 있는 빵이 되도록 반죽을 골고루 눌러 가스 를 빼준다. Q160

29 반죽을 뒤집어 매끈한 면이 위로 오 게 한 다음, 반죽을 둥글게 다듬어 볼 에 담는다.

발효

30 반죽을 다시 발효기에 넣고, 30℃에서 30분간 더 발효시킨다.

분할

(A)

(B)

31 먼저 볼째로 반죽의 무게(A)를 잰다. 그런 다음 반죽을 뒤집듯이 볼에서 꺼낸 다음, 볼의 무게(B)를 잰다. A에서 B를 빼서 반죽 전체의 무게를 계산한다. 이를 2로 나누어 반죽의 개당 무게를 산출한다.

32 눈대중으로 반죽을 2등분한 다음 Q120 한쪽 반죽을 계량한다.

Q120 분할할 때 스크레이퍼 등으로 반죽을 눌러 자르는 이유는 무엇인가요? ➡ P.206

33 31번 과정에서 산출한 반죽의 개당 무게가 되도록 반죽을 더 넣거나 덜어내어 반죽의 양을 조정한다. Q121

※ 다음 과정에서 매끄러운 면이 겉에 오도록 반죽을 둥글릴 예정이므로 반죽을 더 넣을 때는 그 면을 피해서 올린다.

Q121 반죽을 고르게 분할해야 하는 이유는 무엇인가요? ➡ P.207

둥글리기

34 반죽의 매끄러운 면이 위로 오도록 놓은 다음, 양손으로 반죽을 몸쪽으로 살짝 끌어당겨 표면을 팽팽하게 한다.

35 반죽을 90도 돌린다.

Q124 둥글리기를 할 때 반죽 표면을 팽팽하게 하는 이유는 무엇인가요? ➡ P.211

36 **34∼35**번 과정을 여러 번 반복해 반죽 표면을 팽팽하게 하면서 **Q124** 반죽을 둥글게 다듬는다.

37 작업하는 과정에서 반죽 표면에 큰 기포가 생기면 살짝 두드려 없앤다.

38 천을 깐 판 위에 반죽을 나란히 놓는다.

※ 둥글리기, 성형 작업 중에 놓아 둔 반죽이 마를 것 같을 때는 반죽 위에 비닐을 덮는다.

Q128 벤치 타임이 필요한 이유는 무엇인가요? ➡ P.213

Q130 벤치 타임은 언제 끝마쳐야 하나요? ➡ P.214

벤치 타임 Q128

39 반죽을 다시 발효기에 넣고, 30분간 휴지시킨다. Q130

성형

40 반죽을 작업대 위에 올리고, 반죽 중앙에서 위쪽으로 밀대를 민다.

41 그런 다음 반죽 중앙에서 몸쪽으로 밀대를 민다.

42 반죽을 90도 돌린 다음, 다시 뒤집는다.

43 40~41번 과정을 한 번 더 반복하면서 가스를 충분히 뺀다.

※ 반죽이 최대한 사각형이 되도록 모양을 다듬으면서 가스를 뺀다. 가로세로 18cm의 정사각형 모양으로 만드는 것이 좋다.

44 매끄러운 면이 바닥을 향하게 놓은 다음, 반죽의 위쪽 3분의 1을 접고, 손바닥으로 반죽 전체를 누른다.

45 반죽을 180도 돌린 다음, 위쪽에서 3분의 1을 접고, 반죽 전체를 누른다. 그런 다음 다시 반죽을 90도 돌린다.

※ 반죽을 마는 과정에서 폭이 조금 넓어지므로 이를 고려해 반죽을 틀의 너비보다 좁게 접는다. 또 모양이 예쁘게 잡히도록 반죽을 눌러 전체 두께를 고르게 맞춘다.

옆에서 본 모습　　위에서 본 모습

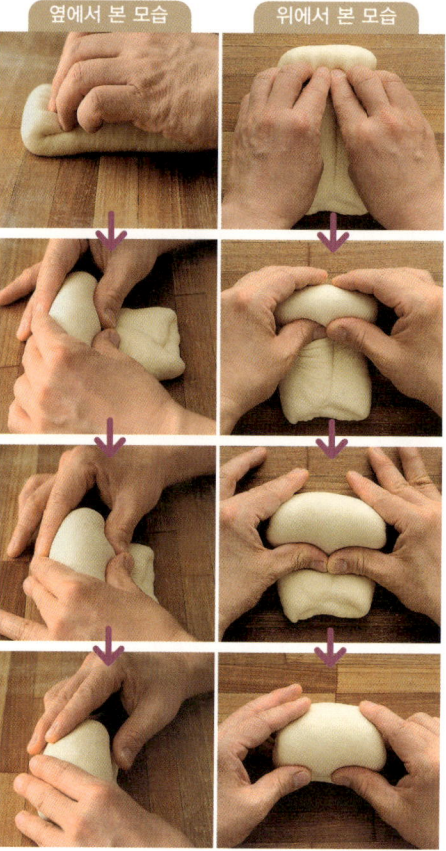

46 반죽의 위쪽 끝을 살짝 접어 가볍게 누른다. 반죽 표면이 팽팽해지도록 엄지손가락으로 반죽을 가볍게 쥐면서 위쪽에서 몸쪽으로 반죽을 만다.

※ 반죽을 너무 꽉 말면 반죽 표면이 갈라지거나 최종 발효에 걸리는 시간이 길어질 수 있다.

Q132 반죽을 성형할 때, 이음매를 오므리거나 누르는 이유는 무엇인가요?
→ P.216

옆에서 본 모습　　위에서 본 모습

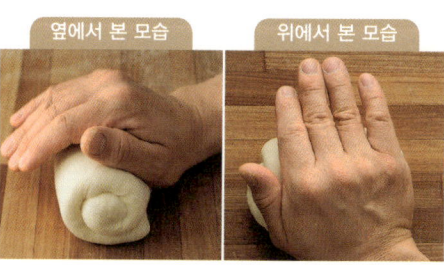

47 말린 끝부분을 손바닥 아래쪽으로 꾹 눌러 붙인다. **Q132**

48 이음매 부분이 바닥을 향하게 ^{Q133} 반죽 두 덩어리를 틀에 넣는다.

최종 발효

49 반죽을 발효기에 넣고, 38℃에서 60분간 발효시킨다.

※ 반죽의 가장 높은 부분이 틀의 높이까지 부풀어 오르는 것이 적당하다.

굽기

50 반죽 표면에 물로 희석한 달걀물을 발라 ^{Q142, Q143} 오븐팬에 놓는다. 210℃로 예열한 오븐에 30분간 굽는다. ^{Q145}

※ 달걀물이 반죽 사이의 우묵한 곳에 고이거나 반죽과 틀 사이로 흘러내리지 않게 주의하자. 굽는 도중에 윗면의 색이 너무 진해지면 그 위에 알루미늄 포일이나 오븐 페이퍼를 덮어 색을 조절한다. ^{Q164}

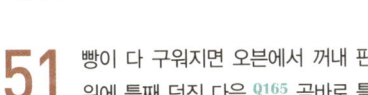
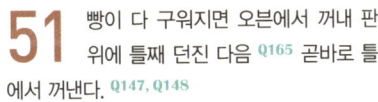

51 빵이 다 구워지면 오븐에서 꺼내 판 위에 틀째 던진 다음 ^{Q165} 곧바로 틀에서 꺼낸다. ^{Q147, Q148}

52 꺼낸 빵은 식힘망에 올려 식힌다.
^{Q163}

산형 식빵 반죽을 응용한 빵 ── 1

검은깨 식빵

산형 식빵 반죽에 검은깨를 첨가한 간단한 버라이어티 브레드(Variety bread)입니다.

버라이어티 브레드란 속살이 하얀 화이트 브레드와는 달리 반죽에 건과일이나 견과류, 잡곡 등을 섞어 만든 빵을 말합니다.

원하는 두께로 썰어 토스트를 해 먹으면 검은깨의 향긋한 풍미가 한층 더 살아납니다.

굽지 않고 좋아하는 재료를 넣어 샌드위치를 만들어 먹어도 좋습니다.

재료(1근짜리 식빵틀 1개 분량)

	분량(g)	베이커스 Q71 퍼센트(%)
강력분	250	100
설탕	12.5	5
소금	5	2
탈지분유	5	2
버터	10	4
쇼트닝	10	4
인스턴트 드라이 이스트	2.5	1
물	195	78
검은깨	12.5	5

※ 1근짜리 식빵틀의 용량은 1,700㎤다. Q159

미리 준비하기

● 물은 적정 온도로 맞춰 둔다. Q80

● 버터는 실온에 미리 꺼내 둔다. Q42

● 발효용 볼과 식빵틀에 쇼트닝을 바른다.

반죽 온도	26℃
발효	60분(30℃)+30분(30℃)
분할	3등분
벤치 타임	30분
최종 발효	50분(38℃)
굽기	30분(220℃)

반죽

1 산형 식빵의 **1~21번** 과정(P.45)과 같은 방법으로 반죽을 만든다. 반죽을 눌러 넓게 편 다음, 반죽 전체에 검은깨를 뿌린다.

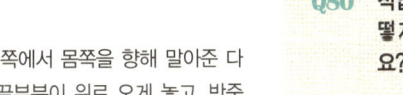

2 반죽을 위쪽에서 몸쪽을 향해 말아준 다음, 말린 끝부분이 위로 오게 놓고, 반죽 전체를 눌러준다.

3 반죽을 90도 돌린 다음, **2번** 과정과 같은 방법으로 반죽을 말아 눌러준다. 같은 작업을 검은깨가 반죽에 골고루 섞일 때까지 반복한다.

4 산형 식빵의 **22~23번** 과정(P.49)과 같은 방법으로 반죽을 둥글게 다듬는다.

Q71 베이커스 퍼센트란 무엇인가요? ➡ P.175

Q159 레시피에 적힌 크기의 식빵틀이 없을 경우에는 어떻게 하나요? ➡ P.231

Q80 작업용 물의 온도는 어떻게 맞추어야 하나요? ➡ P.180

Q42 버터를 실온에 미리 꺼내 둘 때, 어떤 상태가 되어야 하나요? ➡ P.159

5 반죽을 볼에 담고 ^{Q102} 반죽 온도를 잰다. ^{Q77} 완성된 반죽의 적정 온도는 26℃다. ^{Q96}

발효

6 반죽을 발효기에 넣고 ^{Q57} 30℃에서 60분간 발효시킨다. ^{Q104}

펀치 ^{Q114, 118}

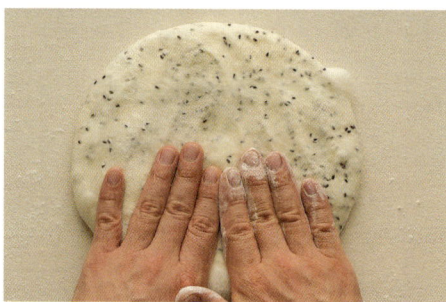

7 산형 식빵의 **26~28**번 과정(P.50)과 같은 방법으로 펀치한다. ^{Q116, Q160}

※ 펀치, 분할, 성형 과정에서 반죽이 들러붙을 때는 반죽이나 작업대에 덧가루를 뿌려준다. ^{Q75}

8 반죽을 뒤집어 매끄러운 면이 위로 오게 놓은 다음, 둥글게 모양을 다듬어 볼에 다시 담는다.

발효

9 반죽을 다시 발효기에 넣고, 30℃에서 30분간 더 발효시킨다.

분할-둥글리기

10 산형 식빵의 **31~33**번 과정(P.51)과 같은 방법으로 반죽을 3등분한다. **34~36**번 과정(P.51)과 같은 방법으로 반죽을 둥글린 다음 ^{Q124} 천을 간 판 위에 가지런히 놓는다. ^{Q63}

벤치 타임 ^{Q128}

11 반죽을 다시 발효기에 넣고, 30분간 휴지시킨다. ^{Q130}

성형

12 산형 식빵의 **40~47**번 과정(P.52)과 같은 방법으로 반죽을 성형한다. 이음매 부분이 바닥을 향하도록 ^{Q133} 반죽 세 덩이를 식빵틀에 넣는다.

최종 발효

13 반죽을 발효기에 넣고, 38℃에서 50분간 발효시킨다. ^{Q161}

※ 반죽의 가장 높은 부분이 틀 높이의 70% 정도까지 부풀어 오르는 것이 적절하다. 반죽이 과발효되면 식빵 모서리가 각지다 못해 옆면이 움푹 들어가는 케이브 인(cave in) 현상이 발생하기 쉽다.

굽기

14 틀에 뚜껑을 덮어 오븐팬에 올린 다음, 220℃로 예열한 오븐에 30분간 굽는다. 다 구워지면 오븐에서 꺼내 곧장 판 위에 틀째 던진 다음 ^{Q165} 곧바로 틀에서 꺼내어 ^{Q147, Q148} 식힘망에 올려 식힌다. ^{Q162}

※ 뚜껑을 덮어 구우므로 산형 식빵보다 높은 온도에서 굽는다.

산형 식빵 반죽을 응용한 빵 — 2

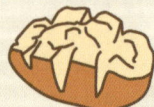

슈거 버터 쿠페 Sugar butter coupe

산형 식빵 반죽에 버터와 설탕을 토핑해 간단히 응용한 빵입니다.
일반적인 쿠페빵에 작은 변화만 주어도 이렇게나 맛있는 빵으로 바뀐답니다.
진하게 스며든 버터와 달콤하면서도 오돌토돌 씹히는 설탕이 어우러져
먹어도 자꾸만 생각나는 맛있는 빵이 만들어집니다.

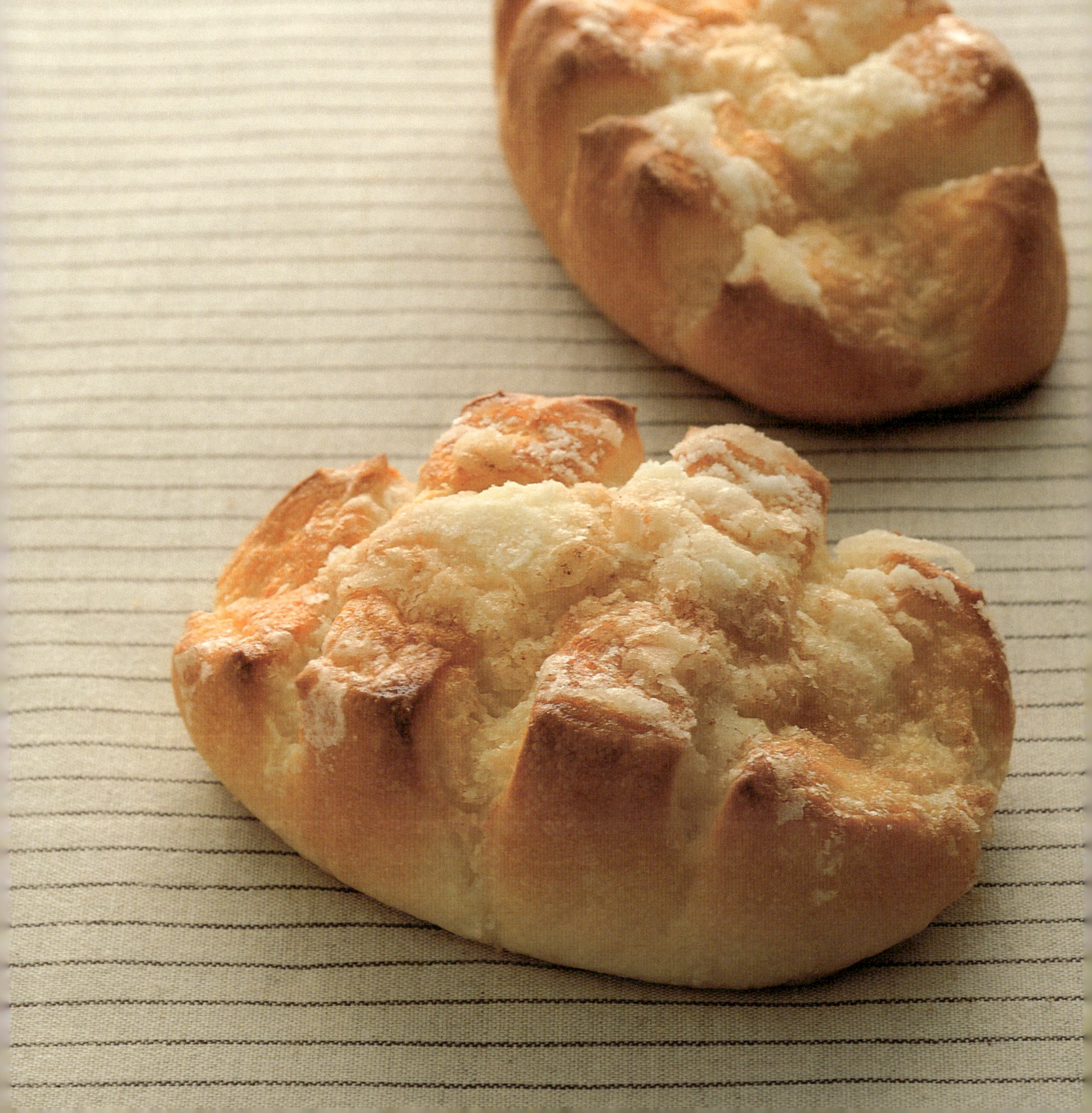

재료(4개 분량)

	분량(g)	베이커스 Q71 퍼센트(%)
강력분	250	100
설탕	12.5	5
소금	5	2
탈지분유	5	2
버터	10	4
쇼트닝	10	4
인스턴트 드라이 이스트	2.5	1
물	195	78
버터	60g	
그래뉴당	60g	

미리 준비하기

● 물은 적정 온도로 맞춰 둔다. Q80

● 버터는 실온에 미리 꺼내 둔다. Q42

● 발효용 볼과 오븐팬에 쇼트닝을 바른다.

반죽 온도	26℃
발효	60분(30℃)+30분(30℃)
분할	4등분
벤치 타임	20분
최종 발효	50분(38℃)
굽기	15분(220℃)

반죽-발효-분할-둥글리기

1 산형 식빵의 **1~30**번 과정(P.45)과 같은 방법으로 반죽을 만들어 발효시킨다. 그런 다음 **31~33**번 과정(P.51)과 같은 방법으로 반죽을 4등분한다. **34~37**번 과정(P.51)과 같은 방법으로 반죽을 둥글린 다음, 천을 깔아준 판 위에 가지런히 놓는다.

※ 펀치, 분할, 성형 과정에서 반죽이 들러붙으면 필요에 따라 반죽이나 작업대에 덧가루를 뿌려준다. Q75

벤치 타임 Q128

2 반죽을 발효기에 다시 넣고, 20분간 휴지시킨다. Q130

성형

3 반죽을 손바닥으로 눌러 가스를 빼준다.

Q71 베이커스 퍼센트란 무엇인가요? ➡ P.175

Q80 작업용 물의 온도는 어떻게 맞추어야 하나요? ➡ P.180

Q42 버터를 실온에 미리 꺼내 둘 때, 어떤 상태가 되어야 하나요? ➡ P.159

Q75 덧가루란 무엇인가요? ➡ P.177

Q128 벤치 타임이 필요한 이유는 무엇인가요? ➡ P.213

Q130 벤치 타임은 언제 끝마쳐야 하나요? ➡ P.214

4 반죽의 매끄러운 면이 바닥을 향하게 놓고, 위쪽 3분의 1을 접은 다음 손끝으로 반죽 가장자리를 눌러 붙인다.

※ 반죽을 손끝으로 세게 누르면 성형한 반죽 표면에 자국이 남아 울퉁불퉁해질 수 있다.

옆에서 본 모습　　위에서 본 모습

5 양쪽 모서리를 반죽 안쪽으로 접어 넣고, 반죽의 끝부분을 눌러 붙인다.

POINT 점선으로 표시된 부분을 접어준다.

Q132 반죽을 성형할 때, 이음매를 오므리거나 누르는 이유는 무엇인가요?
➡ P.216

옆에서 본 모습　　위에서 본 모습

6 반죽을 위쪽에서 반으로 접고, 손바닥 아래쪽으로 반죽 가장자리를 꾹꾹 눌러 오므린다. **Q132**

7 반죽을 위에서 살살 누르면서 굴려 양쪽 끝이 가늘어지도록 모양을 만든다.

※ 양손의 새끼손가락 쪽을 살짝 내리듯이 손바닥을 기울여 굴리면 반죽의 양쪽 끝이 가늘어진다.

8 6번 과정의 이음매 부분이 바닥을 향하 ^{Q133} 오븐팬에 가지런히 놓는다. ^{Q134}

Q133 이음매가 바닥을 향하도록 반죽을 놓는 이유는 무엇인가요? → P.216

Q134 오븐팬에 반죽을 올릴 때 주의해야 할 점이 있나요? → P.217

최종 발효

9 반죽을 발효기에 넣고, 38℃에서 50분간 발효시킨다. ^{Q113}

Q113 최종 발효가 잘 끝났는지 확인하는 방법을 가르쳐 주세요. → P.202

굽기

10 가위를 이용해 반죽 중앙에 세로 방향으로 칼집을 낸다. 세로로 낸 칼집의 양옆에도 군데군데 칼집을 더 낸다.

※ 칼집은 반죽 두께의 절반을 넘을 정도로 깊이 낸다. 이렇게 칼집을 내면 굽는 도중에 반죽이 잘 벌어져 버터나 그래뉴당이 잘 스며들고, 반죽에도 열기가 골고루 전달된다.

11 칼집을 낸 부분에 버터를 얹고, 그래뉴당을 뿌린다.

12 분무기를 이용해 반죽 표면이 살짝 젖을 정도로 물을 뿌린다. ^{Q139} 220℃로 예열한 오븐에 15분간 구운 다음 ^{Q145} 식힘망에 올려 식힌다. ^{Q147}

Q139 분무기로 물을 뿌려 구우면 어떻게 되나요? → P.220

Q145 레시피에 적힌 온도와 시간에 맞춰 구웠는데 빵이 탔어요. → P.223

Q147 빵을 굽자마자 오븐팬이나 틀에서 바로 꺼내야 하는 이유가 있나요? → P.224

바삭하면서도 쫄깃한

프랑스빵

빵의 기본 재료인 밀가루, 소금, 이스트, 물로 만드는 린하고 하드한 빵의 대표 격입니다.

들어가는 재료가 많지 않아 밀의 풍미가 직접적으로 느껴지며,

바삭한 크러스트와 쫄깃한 크럼의 서로 다른 두 가지 식감을 즐길 수 있습니다.

프랑스빵이란

일본에서는 프랑스 전통 제빵에 뿌리를 두고 밀가루, 물, 소금, 이스트만으로 만드는 담백한 빵을 '프랑스빵'이라고 부른다.

대표적으로는 바게트가 있으며 이 책의 레시피에 나오는 프랑스빵은 바타르로 분류할 수 있다.

프랑스빵의 종류에 대해서는 **Q.175** 쿠프는 몇 개 정도 내면 되나요?(P.241)와 **Q.181** 프랑스빵에는 어떤 종류가 있나요?(P.245)를 참고

재료(2개 분량)

	분량(g)	베이커스 퍼센트(%) Q71
프랑스빵용 밀가루	250	100
소금	5	2
인스턴트 드라이 이스트	1	0.4
몰트 엑기스	1	0.4
물	185	74

※ 인스턴트 드라이 이스트는 저당용 제품을 사용한다. Q20

미리 준비하기

● 물은 적정 온도로 맞춰 둔다. Q80
● 발효용 볼에 쇼트닝을 바른다.

반죽 온도	24℃
발효	10분(28℃)+80분(28℃)+90분(28℃)
분할	2등분
벤치 타임	20분
최종 발효	60분(32℃)
굽기	25분(240℃)

반죽

1 볼에 프랑스빵용 밀가루를 담는다. Q168

2 분량의 물에서 조정수로 사용할 물을 덜어 놓는다. Q78

3 2번 과정에서 남은 물 중 소량을 몰트 엑기스에 넣어 갠다. Q47, Q49 이것을 남은 물이 담긴 볼에 다시 붓고 잘 섞는다.

※ 몰트 엑기스는 점성이 있지만 매우 적은 양을 사용하므로 손끝으로 잘 저어서 남김없이 녹인다.

7분

4 3번 과정에서 섞어준 것을 1번 과정의 프랑스빵용 밀가루에 첨가하고, 손으로 잘 섞는다. Q86

Q71 베이커스 퍼센트란 무엇인가요? ➡ P.175

Q20 이스트에는 어떤 종류가 있나요? ➡ P.142

Q80 작업용 물의 온도는 어떻게 맞추어야 하나요? ➡ P.180

Q168 프랑스빵용 밀가루를 고르는 방법은 무엇인가요? ➡ P.237

Q78 작업용 물, 조정수란 무엇인가요? ➡ P.179

Q47 몰트 엑기스란 무엇인가요? ➡ P.162

Q49 몰트 엑기스가 없을 때는 어떻게 해야 할까요? ➡ P.164

Q86 재료에 물을 넣으면 바로 섞는 것이 좋은가요? ➡ P.183

5 가루가 차츰 사라지면서 반죽이 뭉치기 시작한다.

Q99 손이나 스크레이퍼에 묻은 반죽을 말끔히 떼어내야 하는 이유는 무엇인가요? ➡ P.192

6 반죽 전체가 균일한 상태가 되도록 중간에 손이나 볼에 들러붙은 반죽을 떼어내면서 ^{Q99} 계속 섞는다.

Q170 오토리즈란 무엇인가요? ➡ P.238

7 가루가 남지 않고 반죽에 조금 찰기가 생길 때까지 섞어 한 덩어리로 뭉친다. 손이나 볼에 들러붙은 반죽도 말끔히 긁어낸다.

※ 오토리즈 전에 물과 밀가루를 최대한 골고루 섞어 둔다. ^{Q170}

Q171 오토리즈 전에 인스턴트 드라이 이스트를 반죽 표면에 뿌리는 이유는 무엇인가요? ➡ P.239

8 인스턴트 드라이 이스트를 뿌리고 ^{Q171} 반죽이 마르지 않도록 볼에 비닐을 덮는다.

9 실온에서 20분간 휴지시킨다(오토리즈).

※ 육안으로 보기에는 오토리즈 전후에 큰 변화가 없지만, 반죽 전체가 부드러워진다. 오토리즈 전에 반죽을 잡아당기면 뚝뚝 끊어지지만, 오토리즈 후에는 잘 늘어난다.

오트리즈 전 / 오트리즈 후

10 볼에 담긴 반죽을 꺼내 작업대 위에 올리고, 눌러서 평평하게 한 다음 소금을 뿌린다.

18분

11 양손을 크게 위아래로 움직여 손바닥으로 반죽을 작업대에 문지르듯이 치댄다. Q89, Q91

※ 물과 가루가 거의 섞인 상태지만, 반죽의 경도가 군데군데 차이 날 수 있다. 먼저 반죽 전체의 경도가 같아지도록 치대면서 이스트와 소금이 뭉치지 않고 반죽에 고르게 섞이게 한다.

Q89 손반죽을 할 때, 반죽을 작업대에 문지르거나 내리치는 이유는 무엇인가요? ➡ P.186

Q91 손반죽은 몇 분 정도 해야 하나요? ➡ P.188

12 반죽의 경도를 확인하면서 2번 과정의 조정수를 붓고 Q83, Q84 다시 골고루 섞는다.

Q83 조정수는 언제 넣어야 하나요? ➡ P.182

Q84 조정수를 전부 사용해도 되나요? ➡ P.182

13 치대는 도중에 반죽이 작업대에 너무 넓게 퍼지면 스크레이퍼로 긁어모은다. 스크레이퍼나 손에 들러붙은 반죽도 떼어내어 뭉친 다음, 다시 작업대에 문지르듯이 치댄다. Q169

Q169 프랑스빵을 믹싱할 때, 반죽을 내리치지 않는 이유는 무엇인가요? ➡ P.237

14 13번 과정처럼 작업대나 스크레이퍼, 손에 들러붙은 반죽을 떼어내면서 반죽 전체가 고르고 찰진 상태가 되도록 계속 반죽한다.

※ 반죽 자체가 매우 부드러우므로 반죽이 완성될 때까지 몇 번이고 반죽을 긁어모아 치대야 한다. 반죽 전체의 경도가 같아지고, 겉보기에 매끄러운 상태가 될수록 반죽이 점차 부드럽게 느껴진다. 계속 치대다 보면 반죽이 점차 찰져진다.

15 반죽이 작업대에 넓게 펴진 상태에서 힘을 주어 몸쪽에서부터 반죽을 들어 올리면 반죽이 작업대에서 점차 떨어진다.

※ 반죽에 찰기가 생기기 전에는 반죽을 들어 올려도 작업대에서 잘 떨어지지 않고 찢어지지만, 반죽에 점차 찰기가 생기면 반죽이 작업대에서 떨어져 들어 올릴 수 있게 된다.

16 계속 치대다 보면 반죽이 점차 매끄러워지면서 탄력이 생기기 시작한다.

17 반죽을 긁어모은 다음, 힘을 주어 몸쪽에서부터 들어 올리면 반죽 전체가 떨어진다.

※ 이때 약간의 반죽이 떨어지지 않고 작업대에 남아 있을 수 있지만, 반죽 전체가 말끔히 떨어질 때까지 계속 치대지 않아도 된다. 이 상태를 반죽이 완성된 것으로 보고, 발효 중에 펀치를 두 번 실시해서 반죽이 더 단단히 뭉쳐지게 한다.

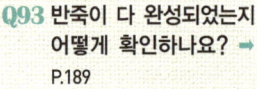

Q93 반죽이 다 완성되었는지 어떻게 확인하나요? ➡ P.189

Q95 반죽이 부족하거나 과하면 어떻게 되나요? ➡ P.190

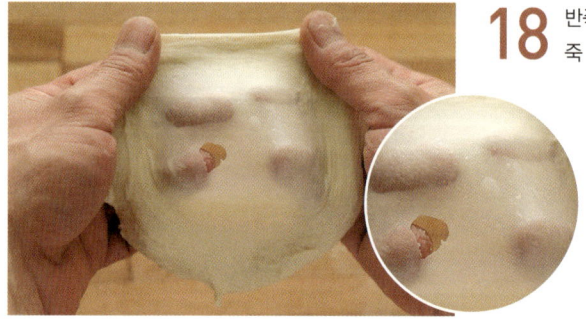

18 반죽 일부를 떼어 손끝으로 늘여 반죽 상태를 확인한다. Q93, Q95

※ 반죽에 공기가 들어가 표면에 기포가 생기지만, 내리치지 않아 기포가 비교적 큰 편이다. 반죽의 뚫린 구멍 가장자리도 깔끔하지 않다.

19 반죽을 들어 올려 표면을 팽팽하게 한 다음, 최대한 둥글게 다듬는다.

※ 반죽이 부드럽고 잘 들러붙으므로 들어 올리는 손을 바꿔 가면서 반죽의 무게로 인해 늘어지는 반죽을 빠르게 들어 모양을 잡는다.

20 볼에 반죽을 담고 ^{Q102} 반죽의 온도를 잰다. ^{Q77} 완성된 반죽의 적정 온도는 24℃다. ^{Q96}

발효

21 반죽을 발효기에 넣고 ^{Q57} 28℃에서 10분간 발효시킨다.

※ 발효 초기 단계에서 펀치를 한 번 할 예정이므로 이번 발효의 목적은 는 반죽을 휴지시키는 것이다.

펀치(첫 번째) ^{Q114, Q118}

22 작업대에 천을 깔아준 후 ^{Q63} 반죽을 뒤집듯이 볼에서 꺼낸다.

23 반죽의 중앙에서 가장자리 방향으로 반죽 전체를 누른다. ^{Q115, Q116}

※ 반죽에 탄력이 생기도록 첫 번째 펀치 과정에서 반죽을 충분히 누른다. 펀치, 분할, 성형 단계에서 반죽이 들러붙으면 필요에 따라 반죽이나 작업대에 덧가루를 뿌려준다. ^{Q75}

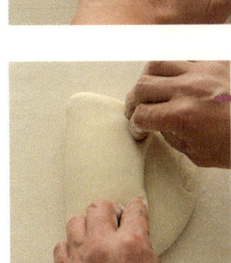

24 반죽을 왼쪽부터 3분의 1을 접고, 다시 오른쪽부터 3분의 1을 접은 다음, 반죽 전체를 누른다.

Q102 완성된 반죽을 넣을 용기의 크기는 어느 정도가 적당한가요? ➡ P.195

Q77 반죽 온도란 무엇인가요? ➡ P.178

Q96 반죽 온도가 목표치에 도달하지 않았을 때는 어떻게 해야 하나요? ➡ P.191

Q57 발효기란 무엇인가요? ➡ P.167

Q114 펀치(가스 빼기)를 하는 이유는 무엇인가요? ➡ P.203

Q118 반죽이 충분히 부풀지 않았어도 시간이 되면 펀치를 하는 편이 좋은가요? ➡ P.206

Q63 반죽을 올려 둘 천으로는 어떤 천을 사용하는 것이 좋은가요? ➡ P.170

Q115 펀치를 할 때 누르듯이 하는 이유는 무엇인가요? ➡ P.204

Q116 펀치는 어떤 빵이든 같은 방식으로 하나요? ➡ P.205

Q75 덧가루란 무엇인가요? ➡ P.177

25 반죽을 위쪽에서 아래로 3분의 1 접고, 다시 몸쪽에서 위로 3분의 1을 접은 다음, 반죽 전체를 누른다.

26 반죽을 뒤집어 매끄러운 면이 위에 오게 한 다음, 모양을 둥글게 다듬어 볼에 다시 담는다.

Q172 프랑스빵은 왜 발효 시간이 긴가요? ➡ P.239

Q104 최적의 발효 상태는 어떻게 확인하나요? ➡ P.196

발효

27 반죽을 다시 발효기에 넣고, 28℃에서 80분간 더 발효시킨다. Q172, Q104

펀치(두 번째)

28 첫 번째 펀치(22~25번) 과정과 같은 방법으로 반죽을 작업대에 올려 펀치 작업을 한다.

※ 두 번째 펀치는 반죽을 볼에서 꺼내 살짝 누른 다음, 접기만 한다.

29 반죽을 뒤집어 매끄러운 면이 위로 오게 한 다음, 반죽을 둥글게 다듬어 다시 볼에 담는다.

발효

30 반죽을 발효기에 다시 넣고, 28℃에 서 90분간 더 발효시킨다.

분할

31 먼저 볼째로 반죽의 무게(A)를 잰다. 그런 다음, 반죽을 뒤집듯이 볼에서 꺼낸 다음, 볼의 무게(B)를 잰다. A에서 B를 빼 반죽의 무게를 계산한다. 이를 2로 나누어 반죽 의 개당 무게를 산출한다.

32 눈대중으로 반죽을 2등분한 다음 Q120 한쪽 반죽의 무게를 잰다.

Q120 분할할 때 스크레이퍼 등으로 반죽을 눌러 자르 는 이유는 무엇인가요?
➡ P.206

Q121 반죽을 고르게 분할해야 하는 이유는 무엇인가요? ➡ P.207

33 31번 과정에서 계산한 반죽의 개당 무게에 맞춰 반죽을 더 넣거나 덜어낸다. **Q121**

※ 다음 과정에서 매끄러운 면이 겉으로 오게 반죽을 다듬을 예정이므로 반죽을 더 넣을 때는 그 면을 피해서 더한다.

반죽 다듬기

34 반죽의 매끄러운 면이 바닥을 향하게 한 다음, 반죽의 위쪽 3분의 1을 접고, 접힌 끝을 살짝 눌러 붙인다.

Q127 반죽 표면이 일어나는 것은 어떤 상태를 말하는 건가요? ➡ P.212

35 반죽을 위쪽에서 아래로 접고, 반죽 표면이 팽팽해지도록 반죽을 양손으로 살짝 몸쪽으로 끌어당긴다.

※ 반죽이 부드러워서 너무 세게 끌어당기면 표면이 거칠게 일어나 버린다. **Q127** 반죽 상태는 표면이 팽팽하고, 손가락으로 눌렀을 때 자국이 남는 정도가 적당하다. 나중에 매끈한 막대 모양으로 성형할 수 있도록 반죽 두께를 되도록 일정하게 맞춘다. 반죽 표면에 큰 기포가 생기면 살짝 두드려 없앤다.

36 천을 깐 판 위에 반죽을 가지런히 놓는다.

※ 다듬기, 성형 과정에서 반죽이 마르지 않도록 필요하면 반죽 위에 비닐을 덮는다.

Q128 벤치 타임이 필요한 이유는 무엇인가요? ➡ P.213

Q130 벤치 타임은 언제 끝마쳐야 하나요? ➡ P.214

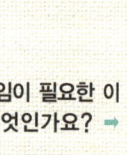

벤치 타임 **Q128**

37 반죽을 발효기에 다시 넣고, 20분간 휴지시킨다. **Q130**

성형

38 반죽을 손바닥으로 눌러 가스를 뺀다.

39 매끄러운 면이 바닥을 향하게 한 다음, 반죽을 위쪽에서 아래로 3분의 1 접고, 접힌 끝을 꾹 눌러 붙인다.

40 반죽을 180도 돌린 다음, 다시 반죽을 위쪽에서 아래로 3분의 1 접고, 접힌 끝을 눌러 붙인다.

옆에서 본 모습　　위에서 본 모습

41 반죽을 위에서 아래로 반 접으면서 손바닥 아래쪽으로 반죽 가장자리를 눌러 오므린다. Q132

※ 손바닥 아래쪽으로 반죽 가장자리를 누르면 반죽의 표면이 팽팽해진다.

42 반죽을 위에서 살살 누르면서 굴려 25cm 길이의 막대 모양을 만든다. Q173

※ 반죽을 길게 늘일 때는 먼저 한쪽 손으로 반죽의 중앙을 굴려 가늘게 만든다. 그런 다음, 양손으로 반죽을 굴리면서 중앙에서 가장자리 방향으로 반죽을 늘여 나간다.

43 판에 천을 깔고, 천의 위쪽을 접어 올려 벽의 형태로 주름을 만든다.

※ 반죽이 탄력이 약해 발효 중에 옆으로 늘어질 수 있으므로 천으로 벽을 만들어 형태를 유지한다. 벽은 반죽보다 2cm 정도 높게 세운다.

Q132 반죽을 성형할 때, 이음매를 오므리거나 누르는 이유는 무엇인가요?
➡ P.216

Q173 반죽을 막대 모양으로 만들기가 어려워요. ➡ P.240

Q133 이음매가 바닥을 향하 도록 반죽을 놓는 이 유는 무엇인가요? → P.216

44 **41**번 과정의 이음매 부분이 바닥을 향하게 반죽을 올린 다음 **Q133** 아래 쪽에도 벽을 만든다.

POINT → 벽과 반죽 사이에 작은 틈을 만들어 둔다.

45 또 다른 반죽도 **38~42**번 성형 과정 과 같은 방법으로 막대 모양으로 성 형한 다음, 이음매 부분이 바닥을 향하도록 천 에 올리고, 그 아래쪽에 다시 벽을 만든다.

최종 발효

46 반죽을 발효기에 넣고, 32℃에서 60 분간 발효시킨다. **Q113**

※ 발효를 지나치게 오래 하면 굽기 전에 반죽에 칼 집을 내는 과정에서 반죽이 수축될 수 있으니 주의 하자.

Q113 최종 발효가 잘 끝났는 지 확인하는 방법을 가 르쳐 주세요. → P.202

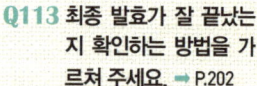

굽기

47 폭 8cm×길이 30cm로 자른 오븐 페 이퍼를 두 장 준비해 판 위에 나란히 올린다.

※ 오븐팬에 옮기기 쉽도록 오븐 페이퍼 위에 반죽 을 올린다.

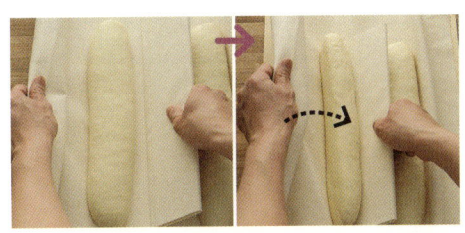

48 천으로 세운 벽을 벌린 다음, 반죽 바로 옆에 천을 깐 판(P.17 참조)을 비스듬하게 댄다. 반대쪽 손으로 천을 들어 올려 반죽을 굴리듯이 판 위에 뒤집어 올린다.

49 47번 과정의 오븐 페이퍼 끝에 판을 갖다 대고, 판을 기울여 반죽을 오븐 페이퍼 위에 올린다.

50 반죽 표면에 쿠프(칼집)를 세 군데 낸다. **Q176, Q178**

Q176 쿠프를 잘 내는 방법이 있나요? ➡ P.242

Q178 쿠프를 낼 때 주의해야 할 점이 있나요? ➡ P.244

51 예열할 때 함께 달궈 둔 오븐팬 위에 **Q62** 판을 가져간 다음, 판을 잡아빼면서 오븐 페이퍼와 그 위에 올라간 반죽을 조심스레 옮긴다. **Q131**

※ 오븐팬이 뜨거우니 조심하자. 발효시킨 반죽에 쿠프를 낸 상태라 충격을 가하면 반죽이 수축될 수 있으니 주의한다.

Q62 오븐팬을 뜨겁게 달궈 놓는 편이 좋은가요? ➡ P.170

Q134 오븐팬에 반죽을 올릴 때 주의해야 할 점이 있나요? ➡ P.217

Q139 분무기로 물을 뿌려 구우면 어떻게 되나요? ➡ P.220

Q145 레시피에 적힌 온도와 시간에 맞춰 구웠는데 빵이 탔어요. ➡ P.223

52 분무기를 이용해 반죽 표면이 젖을 정도로 물을 뿌린 다음 **Q139** 240℃로 예열한 오븐에 25분간 굽는다. **Q145**

※ 분무기로 물을 너무 많이 뿌리면 쿠프에 물이 고여 반죽이 잘 벌어지지 않게 된다. 반대로 물을 너무 적게 뿌리면 굽는 도중에 반죽 표면이 빠르게 말라버려 쿠프가 잘 벌어지지 않는다.

53 빵이 다 구워지면 오븐에서 꺼내 식힘망에 올려 식힌다. **Q147**

Q147 빵을 굽자마자 오븐팬이나 틀에서 바로 꺼내야 하는 이유가 있나요? ➡ P.224

프랑스빵 반죽을 응용한 빵 —— **1**

베이컨 에피 Bacon épi

에피(épi)는 프랑스어로 '이삭'을 뜻합니다.

프랑스빵 반죽과 베이컨, 머스타드만 있어도 충분하지만,

이번 레시피에서는 반죽에 굵게 간 흑후추를 섞어 맛에 포인트를 주었습니다.

재료(4개 분량)

	분량(g)	베이커스 퍼센트(%) Q71
프랑스빵용 밀가루	250	100
소금	5	2
인스턴트 드라이 이스트	1	0.4
몰트 엑기스	1	0.4
물	185	74
굵게 간 흑후추	1	0.4
베이컨(2mm 두께)	4장	
홀그레인 머스타드	적당량	

※ 인스턴트 드라이 이스트는 저당용 제품을 사용한다. Q20

미리 준비하기

● 물은 적정 온도로 맞춰 둔다. Q80
● 발효용 볼과 오븐팬에 쇼트닝을 바른다.

반죽 온도	24℃
발효	10분(28℃)+80분(28℃)+90분(28℃)
분할	4등분
벤치 타임	20분
최종 발효	50분(32℃)
굽기	20분(240℃)

반죽

1 프랑스빵의 **1~18**번 과정(P.65)과 같은 방법으로 반죽을 만든다. 반죽을 작업대에 넓게 편 다음, 반죽 전체에 굵게 간 흑후추를 뿌린다.

2 스크레이퍼로 반죽을 접어 모아준다.

3 반죽을 작업대에 문지르듯이 치대면서 반죽 전체를 고르게 섞어준다.

※ 후추는 아무리 치대도 잘 으깨지지 않으므로 반죽을 문지르듯이 섞는다.

Q71 베이커스 퍼센트란 무엇인가요? ➡ P.175

Q20 이스트에는 어떤 종류가 있나요? ➡ P.142

Q80 작업용 물의 온도는 어떻게 맞추어야 하나요? ➡ P.180

4 프랑스빵의 **19**번 과정(P.68)과 같은 방법으로 반죽을 둥글게 뭉쳐 볼에 담고 **Q102** 반죽의 온도를 잰다. **Q77** 완성된 반죽의 적정 온도는 24℃다. **Q96**

발효

5 반죽을 발효기에 넣고 **Q57** 28℃ 온도에서 10분간 발효시킨다.

※ 발효 초기 단계에서 펀치를 한 번 할 예정이므로 이번 발효의 목적은 반죽을 휴지시키는 것이다.

펀치(첫 번째) Q114, Q118

6 프랑스빵의 **22~25**번 과정(P.69)과 같은 방법으로 펀치 작업을 한다. **Q116**

※ 펀치, 분할, 성형 단계에서 반죽이 들러붙을 때는 필요에 따라 반죽이나 작업대에 덧가루를 뿌린다. **Q75**

7 반죽을 뒤집어 매끄러운 면이 위로 오게 한 다음, 반죽을 둥글게 다듬어 다시 볼에 담는다.

발효

8 반죽을 발효기에 다시 넣고, 28℃ 온도에서 80분간 더 발효시킨다. **Q172, Q104**

펀치(두 번째)

9 프랑스빵의 **28**번 과정(P.70)과 같은 방법으로 펀치 작업을 한다.

10 반죽을 뒤집어서 매끄러운 면이 위에 오게 한 다음, 반죽을 둥글게 다듬어 다시 볼에 담는다.

발효

11 반죽을 발효기에 다시 넣고, 28℃ 온도에서 90분간 더 발효시킨다.

분할~다듬기

12 프랑스빵의 **31~33**번 과정(P.71)과 같은 방법으로 반죽을 4등분한다. **34~35**번 과정(P.72)과 같은 방법으로 반죽을 다듬은 후, 천을 깐 판 위에 가지런히 올린다. Q63

Q63 반죽을 올려 둘 천으로는 어떤 천을 사용하는 것이 좋은가요? ➡ P.170

벤치 타임 Q128

13 반죽을 발효기에 다시 넣어 20분간 휴지시킨다. Q130

Q128 벤치 타임이 필요한 이유는 무엇인가요? ➡ P.213

Q130 벤치 타임은 언제 끝마쳐야 하나요? ➡ P.214

성형

14 반죽을 손바닥으로 눌러 가스를 빼준다.

15 매끄러운 면이 바닥을 향하게 놓은 다음, 베이컨을 올리고 홀그레인 머스타드를 바른다.

※ 베이컨이 빵 밖으로 비어져 나올 것 같으면 반죽을 살짝 잡아당겨 늘인다.

16 가장자리를 조금씩 접으면서 반죽을 말아 나간다.

※ 불필요한 공기가 들어가면 큰 구멍이 뚫리거나 울퉁불퉁하게 구워질 수 있으므로 되도록 틈이 생기지 않게 말아준다.

Q132 반죽을 성형할 때, 이음매를 오므리거나 누르는 이유는 무엇인가요? ➡ P.216

Q173 반죽을 막대 모양으로 만들기가 어려워요. ➡ P.240

Q133 이음매가 바닥을 향하도록 반죽을 놓는 이유는 무엇인가요? ➡ P.216

Q134 오븐팬에 반죽을 올릴 때 주의해야 할 점이 있나요? ➡ P.217

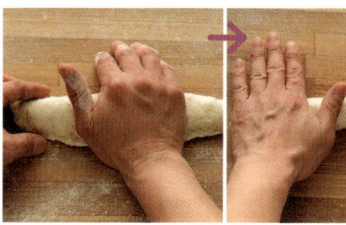

17 말린 끝부분을 손바닥 아래쪽으로 꾹 눌러 오므린다. **Q132** 반죽을 위에서 살살 누르면서 굴려 20cm 길이의 막대 모양을 만든다. **Q173**

18 17번 과정의 이음매 부분이 바닥을 향하게 한 채로 **Q133** 오븐팬에 올린다. **Q134**

※ 막대의 중앙 부분을 오븐팬에 먼저 붙인 다음, 이음매가 바닥을 향해 있는지 확인하면서 양쪽 끝부분을 조심스레 내려놓는다. 반죽 4개를 오븐팬에 일정한 간격으로 놓는다.

19 가위를 반죽에 45도로 비스듬하게 밀어 넣어 반죽을 자르고, 잘린 부분이 엇갈리게 벌린다.

POINT 반죽을 얕게 자르면 반죽이 잘 벌어지지 않으므로 반죽이 완전히 잘리기 직전까지 깊이 자른다.

20 성형을 마무리한 모습

최종 발효

21 반죽을 발효기에 넣고 32℃ 온도에서 50분간 발효시킨다. Q113

굽기

22 분무기를 이용해 반죽 표면이 젖을 정도로 물을 뿌린다. Q139 240℃로 예열한 오븐에 20분간 구운 다음 Q145 식힘망에 올려 식힌다. Q147

Q113 최종 발효가 잘 끝났는지 확인하는 방법을 가르쳐 주세요. ➡ P.202

Q139 분무기로 물을 뿌려 구우면 어떻게 되나요? ➡ P.220

Q145 레시피에 적힌 온도와 시간에 맞춰 구웠는데 빵이 탔어요. ➡ P.223

Q147 빵을 굽자마자 오븐팬이나 틀에서 바로 꺼내야 하는 이유가 있나요? ➡ P.224

프랑스빵 반죽을 응용한 빵 ── **2**

레이즌 넛츠 스틱 Raisin Nut Sticks

견과류와 건포도를 밀가루와 거의 비슷한 양만큼 듬뿍 넣어 속이 꽉 찬 빵입니다.
바삭한 식감과 고소한 견과류의 향, 건포도의 은은한 단맛이 잘 어우러진 빵으로,
와인이나 치즈와도 잘 어울립니다.

재료(12개 분량)

	분량(g)	베이커스 ^{Q71} 퍼센트(%)
프랑스빵용 밀가루	250	100
소금	5	2
인스턴트 드라이 이스트	1	0.4
몰트 엑기스	1	0.4
물	185	74
캘리포니아 건포도	75	30
통아몬드	75g	
호두(반으로 자른 것)	75g	

※ 인스턴트 드라이 이스트는 저당용 제품을 사용한다. ^{Q20}

미리 준비하기

- 물은 적정 온도로 맞춰 둔다. ^{Q80}
- 발효용 볼과 오븐팬에 쇼트닝을 바른다.
- 캘리포니아 건포도는 미지근한 물에 가볍게 씻은 다음 ^{Q53} 체에 건져 물기를 완전히 뺀다.
- 아몬드와 호두는 150℃의 오븐에 10~15분간 구운 다음 ^{Q52} 아몬드는 2분의 1 크기로, 호두는 4분의 1 크기로 자른다.

반죽 온도	24℃
발효	90분(28℃)+90분(28℃)
최종 발효	50분(32℃)
굽기	10분(220℃)+8분(200℃)

굽기

1 프랑스빵의 **1~18**번 과정(P.65)과 같은 방법으로 반죽을 만든다. 반죽을 작업대에 넓게 편 다음, 반죽 전체에 건포도를 고루 뿌린다. 스크레이퍼로 반죽을 접으면서 건포도를 반죽 전체에 고르게 섞는다.

※ 반죽을 작업대에 문지르면 건포도가 뭉개지므로 접는 것만으로 반죽이 골고루 섞이지 않을 때는 반죽을 넓게 펴서 잡아 찢듯이 섞는다.

2 프랑스빵의 **19**번 과정(P.68)과 같은 방법으로 반죽을 둥글게 다듬어 볼에 담고 ^{Q102} 반죽의 온도를 잰다. ^{Q77} 완성된 반죽의 적정 온도는 24℃다. ^{Q96}

발효

3 반죽을 발효기에 넣고 ^{Q57} 28℃에 90분간 발효시킨다. ^{Q172, Q104}

펀치 _{Q114}

4 프랑스빵의 **28**번 과정(P.70)과 같은 방법으로 펀치 작업을 한다. _{Q116}

※ 건포도나 견과류의 식감은 살리면서 반죽이 너무 부풀지 않게 구워내야 하므로 프랑스빵과는 달리 펀치를 한 번만 한다. 반죽이 들러붙을 때는 필요에 따라 반죽이나 작업대에 덧가루를 뿌린다. _{Q75}

5 반죽을 뒤집어 매끄러운 면이 위로 오게 한 다음, 둥글게 다듬어 볼에 다시 담는다.

발효

6 반죽을 발효기에 다시 넣고, 28℃ 온도에서 90분간 더 발효시킨다.

성형

7 반죽이 뒤집히도록 볼에서 꺼낸 다음, 살짝 잡아당겨 사각형을 만든다.

※ 반죽 자체가 잘 들러붙기도 하고, 뿌려준 덧가루가 반죽을 구워낼 때 무늬를 만들기도 하므로 성형 단계에서 덧가루를 넉넉히 뿌린다.

8 반죽의 중간 부분에서 위쪽으로, 그다음에는 중간 부분에서 몸쪽으로 밀대를 민다. 이 작업을 반복해 가로 25cm×세로 35cm의 반죽을 만든다.

※ 도중에 반죽이 작업대에 들러붙을 것 같을 때는 밀대로 반죽을 말아서 들어 올린 다음, 덧가루를 뿌린다.

9 반죽의 아래쪽 절반에는 아몬드와 호두를 뿌리고, 위쪽 절반을 접어 아몬드와 호두를 덮어 버린다.

10 손으로 눌러 반죽과 견과류가 잘 섞이게 한다. 덧가루를 뿌리고, 밀대로 다시 살살 밀어 모양을 다듬는다.

※ 견과류가 단단하므로 밀대로 밀 때 반죽이 찢어지지 않도록 살살 밀어준다. 견과류가 살짝 비쳐 보이는 정도가 적당하다.

11 식칼로 반죽을 위에서 누르듯이 썰어 12등분한다.

※ 먼저 중앙에서 반죽을 2등분한다. 썰린 반죽을 다시 2등분하고, 이를 다시 3등분하면 처음부터 반죽 끝에서 12등분을 하는 것보다 더 고르게 반죽을 나눌 수 있다.

12 반죽을 여러 번 비틀어 20cm 길이로 만든 다음, 오븐팬에 일정한 간격으로 놓는다. Q134, 135

※ 비틀어준 반죽이 풀어질 경우에는 오븐팬에 붙이는 것처럼 양쪽 끝을 살짝 눌러준다.

최종 발효

13 반죽을 발효기에 넣고, 32℃ 온도에서 50분간 발효시킨다. Q113

굽기

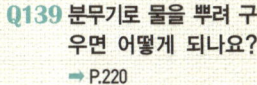

14 분무기로 반죽 표면이 젖을 정도로 물을 뿌린다. Q139 220℃로 예열한 오븐에 10분간 구운 다음, 온도를 200℃로 낮추어 다시 8분간 굽는다. Q145 다 구워지면 식힘망에 올려 식힌다. Q147

※ 분무기로 물을 뿌릴 때, 반죽 표면에 묻은 덧가루가 떨어지지 않을 정도로만 뿌린다.

Q134 오븐팬에 반죽을 올릴 때 주의해야 할 점이 있나요? ➡ P.217

Q135 성형한 빵을 한 번에 굽지 못할 때는 어떻게 해야 하나요? ➡ P.217

Q113 최종 발효가 잘 끝났는지 확인하는 방법을 가르쳐 주세요. ➡ P.202

Q139 분무기로 물을 뿌려 구우면 어떻게 되나요? ➡ P.220

Q145 레시피에 적힌 온도와 시간에 맞춰 구웠는데 빵이 탔어요. ➡ P.223

Q147 빵을 굽자마자 오븐팬이나 틀에서 바로 꺼내야 하는 이유가 있나요? ➡ P.224

버터와 달걀을 듬뿍 넣어 진하고 부드러운

브리오슈 Brioche

버터와 달걀을 듬뿍 넣은 진하고 부드러운 빵입니다.
다양한 모양을 가지 브리오슈가 있지만, 가장 정통적인 형태 중 하나가
바로 이 '브리오슈 아 테트(BRIOCHES À TÊTE 머리가 달린 브리오슈)'입니다.

재료(10개 분량)

	분량(g)	베이커스 퍼센트(%) Q71
프랑스빵용 밀가루	200	100
설탕	20	10
소금	4	2
탈지분유	6	3
버터	100	50
인스턴트 드라이 이스트	4	2
달걀	50	25
달걀노른자,	20	10
물	76	38
달걀(반죽에 바르는 용도)	적당량	

미리 준비하기

● 물은 적정 온도로 맞춰 둔다. Q80

● 버터는 차갑게 굳은 상태의 것을 가로세로 1cm 크기로 잘라 사용하기 직전까지 냉장고에 넣어 둔다. Q182

※ 반죽을 오래 치대므로 반죽 온도가 너무 올라가지 않도록 Q77 버터를 차갑게 해 둔다. 기온이 높은 계절에는 버터뿐만 아니라, 모든 재료를 차갑게 해 두는 것이 좋다.

● 발효용 볼에 쇼트닝을 바르고, 틀에는 실온에 미리 꺼내 부드러워진 버터를 바른다.

● 반죽에 바를 달걀은 잘 풀어 차 거름망에 거른다.

반죽 온도	24℃
발효	30분(28℃)
냉장 발효	12시간(5℃)
분할	10등분
벤치 타임	20분~
최종 발효	50분(30℃)
굽기	12분(220℃)

반죽

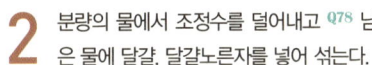

1 볼에 프랑스빵용 밀가루, 설탕, 소금, 탈지분유, 인스턴트 드라이 이스트를 넣고, 거품기로 골고루 섞는다. Q85

2 분량의 물에서 조정수를 덜어내고 Q78 남은 물에 달걀, 달걀노른자를 넣어 섞는다.

※ 달걀이나 달걀노른자는 반죽에 큰 영향을 끼치므로 주걱 등을 이용해 남김없이 넣는다.

3 2번 과정에서 섞어준 재료를 1번 과정의 재료에 붓고 손으로 섞는다. Q86

※ 가루가 점점 사라지면서 반죽이 뭉쳐진다.

Q71 베이커스 퍼센트란 무엇인가요? ➡ P.175

Q80 작업용 물의 온도는 어떻게 맞추어야 하나요? ➡ P.180

Q182 버터를 차갑게 해 두는 이유를 가르쳐 주세요. ➡ P.247

Q77 반죽 온도란 무엇인가요? ➡ P.178

Q85 물을 제외한 다른 재료를 먼저 섞어 두는 이유는 무엇인가요? ➡ P.183

Q78 작업용 물, 조정수란 무엇인가요? ➡ P.179

Q86 재료에 물을 넣으면 바로 섞는 것이 좋은가요? ➡ P.183

Q83 조정수는 언제 넣어야 하나요? ➡ P.182

Q84 조정수를 전부 사용해도 되나요? ➡ P.182

4 반죽의 경도를 확인하면서 **2**번 과정에서 덜어낸 조정수를 붓고 ^{Q83, Q84} 계속 섞는다.

※ 가루가 남아 있는 곳에 조정수를 부으면 반죽이 더 잘 뭉쳐진다.

5 가루가 남지 않고 반죽이 하나로 뭉쳐질 때까지 치댄 다음, 반죽을 작업대 위에 올린다. 볼에 들러붙어 있던 반죽도 스크레이퍼로 싹싹 긁어모은다.

Q89 손반죽을 할 때, 반죽을 작업대에 문지르거나 내리치는 이유는 무엇인가요? ➡ P.186

Q91 손반죽은 몇 분 정도 해야 하나요? ➡ P.188

Q99 손이나 스크레이퍼에 묻은 반죽을 말끔히 떼어내야 하는 이유는 무엇인가요? ➡ P.192

20분

6 양손을 위아래로 크게 움직여 손바닥으로 반죽을 작업대에 문지르듯이 치댄다. Q89, Q91

※ 반죽이 하나로 뭉쳐지기는 했으나 아직 재료가 고르게 섞이지 않은 상태이므로 반죽의 경도가 군데군데 차이 난다. 일단 반죽 전체의 경도가 같아질 때까지 계속 치댄다.

7 도중에 반죽이 작업대에 너무 넓게 퍼지면 스크레이퍼로 긁어모아 다시 뭉친다. 손이나 스크레이퍼에 묻은 반죽도 떼어내어 ^{Q99} 다시 작업대에 문지르듯이 치댄다.

※ 반죽이 매우 부드러우므로 완성될 때까지 여러 번 긁어모아 치대야 한다.

8 반죽 전체의 경도가 균일해지고, 점차 반죽이 매끄러워진다.

※ 달걀과 달걀노른자가 많이 들어가 있어 반죽이 부드럽고 잘 들러붙는다. 이 단계에서 반죽이 손과 작업대에 가장 잘 들러붙는다.

9 가끔 **7**번 과정처럼 작업대나 스크레이퍼, 손에 묻은 반죽을 떼어내면서 계속 반죽하다 보면 반죽 가장자리 일부가 작업대에서 조금씩 떨어지게 된다(사진의 점선 부분 참조).

※ 반죽이 서서히 찰져지고 묵직해지기 시작한다. 끈적임도 줄어들어 손에 들러붙는 반죽의 양도 적어진다.

10 반죽을 긁어모아 끝에서부터 힘껏 들어 올리면 반죽 전체가 떨어진다.

※ 반죽에 탄력이 생겨 작업대에서 떨어지게 된다. 이 상태가 되면 버터를 첨가한다.

11 스크레이퍼로 반죽을 모아준 다음, 눌러서 넓게 펼친다. 버터의 3분의 1 분량을 올리고, 반죽을 반으로 접는다. ^{Q87}

※ 버터의 양이 많아 한꺼번에 모두 넣으면 잘 섞이지 않으므로 세 번에 나누어 섞는다.

Q87 버터 같은 유지를 나중에 넣는 이유는 무엇인가요? → P.184

10분

12 반죽을 작업대에 문지르듯이 치댄다. 버터 덩어리가 거의 보이지 않을 때까지 반죽과 버터를 잘 섞는다.

※ 가끔 작업대나 스크레이퍼, 손에 묻은 반죽을 떼어낸다.

13 11~12번 과정을 두 번 더 반복해 버터를 전부 반죽에 넣고 섞는다.

※ 버터가 반죽에 섞일수록 반죽의 탄력이 줄어들면서 반죽은 부드러워진다. 버터가 많이 들어가서 반죽이 손에 거의 들러붙지 않는다.

14 반죽을 작업대에 계속 문지르듯이 치대면 탄력이 돌아와 반죽 가장자리가 작업대에서 다시 떨어지게 되고, 반죽도 하나로 뭉쳐진다.

※ 이 상태가 되면 반죽을 내리치는 작업에 들어간다.

10분 | 옆에서 본 모습 | 위에서 본 모습

15 반죽을 하나로 뭉친 후, 들어 올려 작업대에 내리친다. 그런 다음 반죽을 몸쪽으로 살짝 잡아당겨 위쪽으로 접어 올린다.

※ 반죽을 들어 올릴 때는 손목을 사용해 휙 들어 올린다. 그 반동으로 늘어나는 반죽을 작업대에 내리친다. 처음 내리칠 때는 반죽이 부드러워 잘 늘어나므로 힘 조절에 주의하자.

16 반죽을 90도 돌려 방향을 바꾼다.

Q97 손반죽하는 도중에 반죽이 수축해 버려 반죽하기가 어려워요. ➡ P.191

Q98 반죽을 내리치면서 치댈 때, 반죽이 찢어지거나 구멍이 뚫려요. ➡ P.192

17 15~16번 과정의 동작을 반복해 작업대에 내리치면서 반죽 표면이 매끄러워질 때까지 계속 치댄다. **Q97, Q98**

※ 반죽에 탄력이 생기기 시작하면 점점 세게 내리친다. 버터가 녹아서 흘러나오지 않도록 빠르게 반죽을 완성한다. 버터가 녹아들 정도로 반죽 온도가 올라가면 얼음물을 담은 비닐봉지를 반죽에 대고 차갑게 식힌다.

Q93 반죽이 다 완성되었는지 어떻게 확인하나요? ➡ P.189

Q95 반죽이 부족하거나 과하면 어떻게 되나요? ➡ P.190

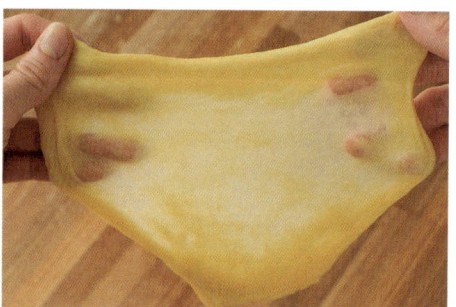

18 반죽 일부를 떼어 손끝으로 늘여 반죽 상태를 확인한다. **Q93, Q95**

※ 지문이 비칠 정도로 반죽이 얇고 탄력 있게 늘어나면 반죽이 완성된 것이다.

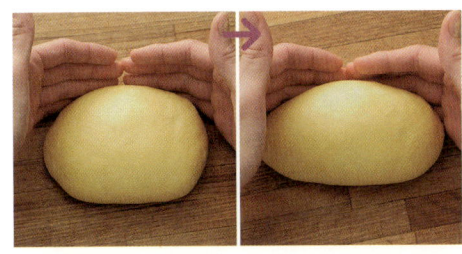

19 반죽을 하나로 뭉쳐 양손으로 감싸 몸 쪽으로 살짝 끌어당겨 반죽을 팽팽하게 한다.

20 반죽을 90도 돌려 끌어당긴다. 같은 동작을 여러 번 반복하면 반죽의 표면이 팽팽해지고 모양이 둥글게 다듬어진다.

21 반죽을 볼에 담고 ^{Q102} 반죽 온도를 잰다. 완성된 반죽의 적정 온도는 24℃이다. ^{Q96, Q183}

※ 버터가 많이 들어갔기 때문에 적정 온도보다 반죽 온도가 높으면 버터가 녹아 반죽에 스며든다.

발효

22 반죽을 발효기에 넣고 ^{Q57} 28℃ 온도에서 30분간 발효시킨다.

※ 펀치한 후에 냉장 발효시킬 예정이므로 이번 발효에서는 반죽이 부드러워질 때까지 발효시키지 않고 일찍 펀치 작업을 한다.

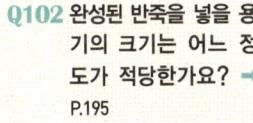

Q102 완성된 반죽을 넣을 용기의 크기는 어느 정도가 적당한가요? ➡ P.195

Q96 반죽 온도가 목표치에 도달하지 않았을 때는 어떻게 해야 하나요? ➡ P.191

Q183 완성된 브리오슈 반죽의 온도가 올라가 버렸어요. ➡ P.248

Q57 발효기란 무엇인가요? ➡ P.167

펀치 Q114

23 반죽을 뒤집듯이 볼에서 꺼낸다.

※ 펀치, 분할, 성형 과정에서 반죽이 들러
붙을 때는 필요에 따라 반죽이나 작업대에 덧가루를
뿌린다. **Q75**

24 반죽 전체를 중앙에서 바깥쪽으로 누른
다. **Q115, Q116**

25 반죽을 왼쪽에서 3분의 1 접고, 다시
오른쪽에서 3분의 1 접은 다음, 전체를
누른다.

26 반죽을 위쪽에서 아래로 3분의 1 접고,
다시 몸쪽에서 위로 3분의 1 접어 올
린다.

27 반죽을 뒤집어 매끄러운 면이 위로 오게 배트에 담는다. 반죽을 위에서 꾹 눌러 평평하게 한 다음, 비닐봉지에 담는다.

※ 반죽 전체가 빠르고 고르게 식도록 두께를 일정하게 맞춘다. 반죽을 열전도가 좋은 금속 재질의 배트에 담아 빠르게 식힌다.

냉장 발효 Q184

28 5℃의 냉장고에 12시간 동안 넣어 냉장 발효를 해준다.

※ 반죽이 식어서 단단해지면 작업을 하기가 수월해진다. 반죽이 식을 때까지 온도가 일정해야 좋으므로 냉장고 문을 되도록 여닫지 않도록 한다. 발효 시간은 8~16시간 정도면 된다.

분할

29 스크레이퍼를 이용해 배트에서 반죽을 꺼내 무게를 잰다. 반죽을 10조각으로 나누기 위해 반죽의 개당 무게를 계산한다.

30 매끄러운 면이 바닥을 향하도록 반죽을 작업대에 올려놓은 다음, 위에서 손바닥으로 살짝 누른다.

31 먼저 반죽의 위쪽과 아래쪽을 각각 접어 삼절접기를 한다. 그런 다음 반죽을 뒤집어 이음매 부분이 바닥을 향하게 한 다음, 반죽이 평평해지도록 손으로 누른다.

※ 분할 작업을 하기 쉽게 모양이나 두께를 일정하게 맞추고, 냉장 발효 중에 부드러워진 반죽의 탄력을 되살린다.

Q184 브리오슈 반죽을 냉장고에 넣어 발효시키는 이유는 무엇인가요? ➡ P.248

Q120 분할할 때 스크레이퍼 등으로 반죽을 눌러 자르는 이유는 무엇인가요? ➡ P.206

32 눈대중으로 반죽의 10분의 1 분량을 잘라내어 ^Q120 무게를 잰다.

Q121 반죽을 고르게 분할해야 하는 이유는 무엇인가요? ➡ P.207

33 ^29번 과정에서 계산한 반죽의 개당 무게가 되도록 반죽을 더 올리거나 덜어낸다. ^Q121

Q185 브리오슈 반죽을 벤치 타임 전에 눌러서 평평하게 하는 이유는 무엇인가요? ➡ P.248

34 매끄러운 면이 위로 오게 하고, 무게를 맞추는 과정에서 더 넣은 반죽 덩어리가 있으면 바닥에 붙인 다음, 반죽을 위에서 살짝 눌러 평평하게 한다. ^Q185

※ 벤치 타임 과정에서 모든 반죽이 고르게 부드러워지도록 두께를 일정하게 맞춘다.

Q63 반죽을 올려 둘 천으로는 어떤 천을 사용하는 것이 좋은가요? ➡ P.170

35 천을 깐 판 위에 반죽을 가지런히 올리고 ^Q63 그 위에 비닐을 덮는다.

벤치 타임

36 실온에서 20분간 휴지시킨다.

※ 안쪽과 바깥쪽의 온도 차가 너무 나지 않도록 반죽 온도를 서서히 올린다. 환경에 따라서는 30분 이상 걸릴 수도 있다.

37 반죽 온도가 일정해지고, 사진에 보이는 것처럼 반죽이 부드러워지면 된다.

※ 정확한 상태를 확인하고 싶을 때는 반죽의 측면에서 중심부까지 온도계를 꽂아 보면 된다. 적정 중심 온도는 18~20℃다.

성형

38 반죽을 손바닥에 올리고 손으로 눌러 가스를 뺀다. 매끄러운 면이 위로 오게 놓은 다음, 반대쪽 손으로 반죽을 감싼다.

※ 손바닥의 열기에 버터가 녹아 흘러나오기 전에 모든 반죽을 빠르게 성형한다.

옆에서 본 모습   위에서 본 모습

39 반죽을 감싸고 있는 오른손을 반시계 방향(왼손으로 감쌌을 때는 시계 방향)으로 움직여 반죽을 둥글리면서 표면을 팽팽하게 한다. Q123, Q124

※ 반죽이 팽팽해질 때까지 충분히 둥글린다. 둥글리기, 성형 과정에서 놓여 있는 반죽이 너무 마를 것 같을 때는 필요에 따라 비닐을 덮는다.

Q123 둥글리기를 잘하는 방법을 가르쳐 주세요. 또 반죽을 어느 정도까지 둥글려야 하나요? ➡ P.208

Q124 둥글리기를 할 때 반죽 표면을 팽팽하게 하는 이유는 무엇인가요? ➡ P.211

40 손끝으로 반죽의 바닥을 단단히 오므린 다음 Q132 천 위에 가지런히 놓는다. 비닐을 덮고, 반죽이 조금 부드러워질 때까지 실온에서 휴지시킨다.

※ 휴지 과정을 거쳐야 반죽이 잘 늘어나 성형하기가 쉬워진다. 반죽을 손끝으로 눌렀을 때 자국이 조금 남는 정도가 적당하다.

Q132 반죽을 성형할 때, 이음매를 오므리거나 누르는 이유는 무엇인가요? ➡ P.216

41 **40**번 과정의 이음매가 옆으로 오게 반죽을 작업대에 올리고, 손바닥을 세워 새끼손가락 측면으로 반죽을 앞뒤로 굴려 이음매에서 3분의 2 부분을 잘록하게 만든다.

※ 반죽이 거의 끊기기 직전까지 잘록하게 만든다.

42 잘록해진 부분을 잡고 들어 올려 큰 반죽을 틀에 넣고, 작은 반죽을 큰 반죽의 중심에 밀어 넣는다.

※ 작은 반죽이 뭉개지지 않도록 조심하면서 손끝이 틀 바닥에 닿을 때까지 밀어 넣는다.

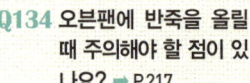

Q134 오븐팬에 반죽을 올릴 때 주의해야 할 점이 있나요? ➡ P.217

43 틀에 담은 반죽을 오븐팬에 가지런히 놓는다. **Q134**

Q113 최종 발효가 잘 끝났는지 확인하는 방법을 가르쳐 주세요. ➡ P.202

최종 발효

44 반죽을 발효기에 넣고, 30℃에서 50분간 발효시킨다. **Q113**

※ 온도가 너무 높으면 버터가 녹아 흘러나와 빵의 볼륨이 잘 살지 않으니 주의한다.

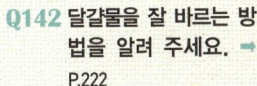
굽기

45 반죽 표면에 달걀물을 발라주고 ^{Q142,} ^{Q143} 220℃로 예열한 오븐에 12분간 굽는다. ^{Q145}

※ 달걀물을 바르기가 쉽지 않다면 틀을 들고 바르면 더 편하게 바를 수 있다. 틀이나 큰 반죽과 작은 반죽의 경계에 달걀물이 고이지 않게 주의하자.

46 오븐에서 꺼내 측면도 노릇노릇하게 잘 구워졌는지 확인한다.

47 판 위에 틀을 살짝 내리쳐 충격을 가하면 빵이 틀에서 쉽게 빠진다. ^{Q147}

48 틀에서 뺀 빵은 식힘망에 올려 식힌다. ^{Q186, Q187}

브리오슈 반죽을 응용한 빵 — ❶

팽 오 레이즌 Pain au raisin

프랑스에서 즐겨 먹는 빵으로 브리오슈 반죽을 이용해 커스터드
크림과 건포도를 말아 만든 달콤한 빵입니다.
빵이 소용돌이 모양인 이유는 롤 케이크처럼 반죽을 만 다음, 잘라서 구웠기 때문입니다.
풍부한 맛의 빵과 깊은 맛을 내는 크림이 어우러져 고급스러운 맛을 냅니다.

재료(8개 분량)

	분량(g)	베이커스 퍼센트(%) Q71
프랑스빵용 밀가루	200	100
설탕	20	10
소금	4	2
탈지분유	6	3
버터	100	50
인스턴트 드라이 이스트	4	2
달걀	50	25
달걀노른자	20	10
물	76	38
커스터드 크림	120g	
설타나 건포도	50g	
달걀(반죽에 바르는 용)	적당량	
분당	적당량	

※ 커스터드 크림을 만드는 법은 P.101을 참조
※ 은박 베이킹컵의 크기는 바닥 지름 9cm, 높이 2cm

미리 준비하기

- 물은 적정 온도로 맞춰 둔다. Q80
- 차갑게 굳은 상태의 버터를 가로세로 1cm 크기로 잘라 사용하기 직전까지 냉장고에 넣어 보관한다. Q182
  ※ 반죽을 오랫동안 치대므로 반죽 온도가 너무 올라가지 않도록 Q77 버터를 차갑게 해 둔다. 기온이 높은 계절에는 버터뿐만 아니라, 모든 재료를 차갑게 해 두는 것이 좋다.
- 발효용 볼에 쇼트닝을 바른다.
- 반죽에 바를 달걀은 잘 풀어 차 거름망에 거른다.
- 설타나 건포도는 미지근한 물에 살짝 씻은 다음 Q53 체로 걸러 물기를 완전히 뺀다.

반죽 온도	24℃
발효	30분(28℃)
냉장 발효	12시간(5℃)
분할	8등분
최종 발효	40분(30℃)
굽기	12분(210℃)

반죽~발효~냉장 발효 Q184

1 브리오슈의 1~28번 과정(P.87)과 같은 방법으로 반죽을 만든 후 발효, 펀치, 냉장 발효 작업을 한다.

※ 펀치, 성형 과정에서 반죽이 들러붙을 경우에는 필요에 따라 반죽이나 작업대에 덧가루를 뿌려준다. Q75

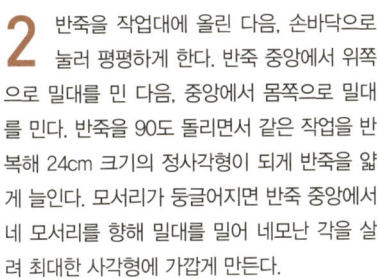

성형

2 반죽을 작업대에 올린 다음, 손바닥으로 눌러 평평하게 한다. 반죽 중앙에서 위쪽으로 밀대를 민 다음, 중앙에서 몸쪽으로 밀대를 민다. 반죽을 90도 돌리면서 같은 작업을 반복해 24cm 크기의 정사각형이 되게 반죽을 얇게 늘인다. 모서리가 둥글어지면 반죽 중앙에서 네 모서리를 향해 밀대를 밀어 네모난 각을 살려 최대한 사각형에 가깝게 만든다.

※ 반죽을 최대한 빠르게 늘인다. 반죽이 부드러워지면 냉장실이나 냉동실에 넣어 차갑게 굳힌다.

옆에서 본 모습　　위에서 본 모습

3 불필요한 덧가루는 털어내고, 매끄러운 면이 바닥을 향하게 한 다음, 반죽의 아래쪽 2cm 부분을 밀대로 밀어 얇게 만든다.

4 얇게 민 부분을 제외한 나머지 반죽에 커스터드 크림을 얇게 펴 바른다.

※ 커스터드 크림은 바르기 쉽도록 주걱으로 살짝 저어 부드럽게 풀어 놓는다. 반죽 중앙에 크림을 올리고, 바깥쪽을 향해 스크레이퍼로 넓게 펴 바른다.

5 설탕이나 건포도를 뿌린다. 반죽을 얇게 민 부분에는 요리용 붓으로 물을 발라준다.

Q132 반죽을 성형할 때, 이음매를 오므리거나 누르는 이유는 무엇인가요?
➡ P.216

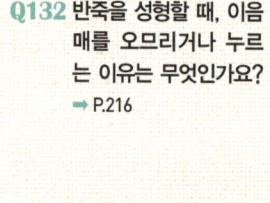

6 위쪽에서부터 몸쪽을 향해 반죽을 조금씩 말아 나가고, 끝부분은 반죽에 단단히 붙인다. **Q132**

※ 틈이 생기지 않게 말아준다.

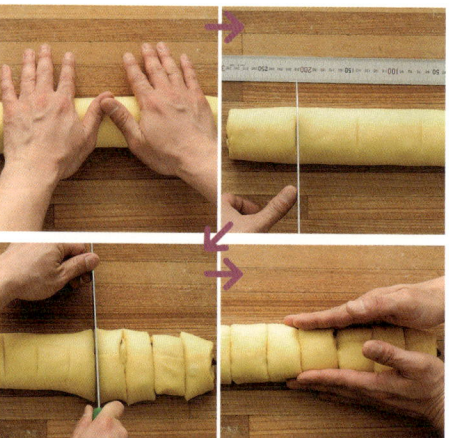

7 반죽을 살살 굴려 두께를 일정하게 맞춘다. 반죽의 길이를 잰 다음, 8등분 표시를 한다. 식칼로 위에서 누르듯이 썬 다음, 모양을 다듬는다.

8 은박 베이킹컵에 반죽을 담고, 오븐팬에 가지런히 올린 다음 ^{Q134, Q135} 위에서 누른다.

※ 구웠을 때 색과 익는 정도가 고르도록 최대한 높이를 맞춰 평평하게 한다.

9 성형을 끝마친 상태.

최종 발효

10 반죽을 발효기에 넣어 30℃에서 40분간 발효시킨다. ^{Q113}

※ 온도가 너무 올라가면 버터가 녹아 흘러나와 빵의 볼륨이 잘 살지 않으니 주의한다.

굽기

11 반죽 표면에 달걀물을 바른다. ^{Q142, Q143} 210℃로 예열한 오븐에 12분간 구운 다음 ^{Q145} 식힘망에 올려 식힌다. ^{Q147} 빵이 완전히 식으면 표면에 분당을 뿌려준다.

※ 달걀물은 윗면과 측면에 모두 바른다.

커스터드 크림

재료(약 300g 분량)
박력분 ·········· 25g
우유 ············ 250g
바닐라빈 ······· 4분의 1개
달걀노른자 ···· 60g
설탕 ··········· 75g

① 바닐라빈은 깍지를 세로로 반을 갈라 씨를 긁어낸다.

② 냄비에 우유, 바닐라빈 깍지와 씨를 넣어 중불에서 끓기 직전까지 데운다.

③ 달걀노른자를 볼에 담고, 거품기로 저어 잘 푼 다음, 설탕을 첨가해 하얗게 변할 때까지 충분히 섞는다.

④ ③번 과정에 박력분을 붓고 잘 섞은 다음, ②번 과정의 우유를 조금씩 부어 가면서 잘 섞는다.

⑤ 우유를 데운 냄비에 ④번 과정의 재료를 체에 걸러 다시 넣고, 중불에 올린다. 거품기로 잘 저으면서 푹 끓인다.

⑥ 윤기가 나는 부드러운 크림 상태가 되면 배트에 붓는다. 표면을 랩으로 덮고, 얼음물을 대어 차갑게 식힌다.

브리오슈 반죽을 응용한 빵 — ②

오렌지 초콜릿 브리오슈

오렌지의 새콤한 맛과 초콜릿의 쌉싸름한 풍미는 잘 어울리는 조합이라
베이킹의 세계에서 자주 볼 수 있는 구성입니다.
마카롱 반죽을 발라 구워서 표면은 바삭하고
속살은 촉촉한 빵이 만들어집니다.

재료(8개 분량)

	분량(g)	베이커스 퍼센트(%) Q71
프랑스빵용 밀가루	200	100
설탕	20	10
소금	4	2
탈지분유	6	3
버터	100	50
인스턴트 드라이 이스트	4	2
달걀	50	25
달걀노른자	20	10
물	76	38
오렌지 필	20	10
초콜릿 칩	40	20
아몬드 가루	30g	
분당	30g	
달걀흰자	30~35g	
분당(장식용)	적당량	

※ 종이 베이킹컵의 크기는 바닥 지름 6.5cm, 높이 5cm

미리 준비하기

● 물은 적정 온도로 맞춰 둔다. Q80

● 버터는 차갑게 굳은 상태의 것을 가로세로 1cm 크기로 잘라 사용하기 직전까지 냉장고에 넣어 둔다. Q182
※ 반죽을 오래 치대므로 반죽 온도가 너무 올라가지 않도록 Q77 버터를 차갑게 해 둔다. 기온이 높은 계절에는 버터뿐만 아니라, 모든 재료를 차갑게 해 두는 것이 좋다.

● 오렌지 필은 2mm 크기로 작게 다진다.

● 발효용 볼에 쇼트닝을 바른다.

반죽 온도	24℃
발효	30분(28℃)
냉장 발효	12시간(5℃)
분할	8등분
벤치 타임	20분~
최종 발효	60분(30℃)
굽기	14분(190℃)

반죽

1 브리오슈의 1~18번 과정(P.87)과 같은 방법으로 반죽을 만든다. 반죽을 넓게 펴고, 그 위에 오렌지 필과 초콜릿 칩을 골고루 뿌린다.

2 반죽을 스크레이퍼로 접어 뭉친다.

3 반죽을 작업대에 문지르듯이 치대 반죽 전체를 골고루 섞는다.

※ 손의 열기나 마찰열에 초콜릿 칩이 녹지 않도록 빠르게 작업한다.

Q71 베이커스 퍼센트란 무엇인가요? → P.175

Q80 작업용 물의 온도는 어떻게 맞추어야 하나요? → P.180

Q182 버터를 차갑게 해 두는 이유를 가르쳐 주세요. → P.247

Q77 반죽 온도란 무엇인가요? → P.178

4 브리오슈의 **19~20**번 과정(P.91)과 같이 반죽을 둥글게 뭉쳐 볼에 담고 ^{Q102} 반죽의 온도를 잰다. 완성된 반죽의 적정 온도는 24℃다. **Q96, Q183**

발효

5 반죽을 발효기에 넣고 ^{Q57} 28℃에서 30분간 발효시킨다.

※ 펀치 후에 냉장 발효시킬 예정이므로 이번 발효에서는 반죽이 부드러워질 때까지 발효시키지 않고, 일찍 펀치 작업에 들어간다.

펀치 ^{Q114}

6 브리오슈의 **23~26**번 과정(P.92)과 같은 방법으로 펀치를 한다.

※ 펀치, 분할, 성형 과정에서 반죽이 들러붙을 때는 필요에 따라 반죽이나 작업대에 덧가루를 뿌린다. **Q75**

7 반죽을 뒤집어 매끄러운 면이 위로 오게 배트에 담는다. 위에서 반죽 전체를 꾹 눌러 평평하게 한 다음, 비닐봉지에 넣는다.

※ 반죽 전체가 빠르고 고르게 식을 수 있도록 두께를 일정하게 맞춘다. 반죽을 열전도가 잘 되는 금속 재질의 배트에 담아 빠르게 식힌다.

냉장 발효 ^{Q184}

8 5℃의 냉장고에 12시간 동안 둔다.

※ 반죽이 식어서 굳어야 작업이 수월해진다. 반죽이 식을 때까지 온도가 일정하게 유지되도록 냉장고를 되도록 여닫지 않는다. 발효 시간은 8~16시간 정도면 괜찮다.

분할

9 브리오슈의 **29~33**번 과정(P.93)과 같은 방법으로 반죽을 8등분한다.

10 매끄러운 면이 위로 오게 하고, 무게를 맞추기 위해 더한 작은 반죽이 있다면 바닥에 붙인 다음, 반죽을 위에서 살짝 눌러 평평하게 한다. Q185

※ 벤치 타임 과정에서 모든 반죽이 고르게 부드러워지도록 두께를 일정하게 맞춘다.

Q185 브리오슈 반죽을 벤치타임 전에 눌러서 평평하게 하는 이유는 무엇인가요? ➡ P.248

11 천을 깐 판 위에 반죽을 가지런히 놓고 Q63 비닐을 덮는다.

Q63 반죽을 올려 둘 천으로는 어떤 천을 사용하는 것이 좋은가요? ➡ P.170

벤치 타임

12 실온에서 20분간 휴지시킨다.

※ 안쪽과 바깥쪽의 온도 차가 심하게 벌어지지 않도록 반죽 온도를 서서히 올린다. 환경에 따라서는 30분 이상 걸릴 때도 있다. 브리오슈의 **37**번 과정(P.95)처럼 되면 된다. 반죽 상태를 정확히 확인하고 싶을 때는 반죽의 측면에서 중심부로 온도계를 꽂는다. 적정 중심 온도는 18~20℃다.

성형

13 브리오슈의 **38~39**번 과정(P.95)과 같이 반죽을 둥글린다.

14 반죽을 둥글리는 과정에서 초콜릿 칩이 표면에 튀어나오면 떼어내어 반죽의 바닥에 붙인다.

Q132 반죽을 성형할 때, 이음매를 오므리거나 누르는 이유는 무엇인가요? ➡ P.216

15 바닥을 손끝으로 집어 꽉 오므린다.
Q132

Q134 오븐팬에 반죽을 올릴 때 주의해야 할 점이 있나요? ➡ P.217

Q133 이음매가 바닥을 향하도록 반죽을 놓는 이유는 무엇인가요? ➡ P.216

16 종이 베이킹컵에 반죽을 담아 오븐팬에 가지런히 놓는다. **Q134**

POINT 이음매 부분이 바닥에 오게 놓는다. **Q133**

Q113 최종 발효가 잘 끝났는지 확인하는 방법을 가르쳐 주세요. ➡ P.202

최종 발효

17 반죽을 발효기에 넣고, 30℃에 60분간 발효시킨다. **Q113**

※ 온도가 너무 높으면 버터가 녹아서 흘러나와 빵의 볼륨이 잘 살지 않는다.

POINT 반죽의 가장 높은 부분이 베이킹컵 높이와 비슷해지는 것이 좋다.

마카롱 반죽

18 최종 발효를 시키는 동안, 마카롱 반죽을 만든다. 아몬드 가루와 분당을 거품기로 섞은 다음, 스트레이너에 거른다.

19 달걀흰자를 잘 푼 다음, 소량만 남기고 18번 과정의 마카롱 반죽에 부은 다음, 덩어리지지 않게 골고루 섞는다.

20 남겨 두었던 달걀흰자를 반죽에 넣어 바르기 쉬운 농도로 맞춘다. 거품기로 떴을 때 걸쭉하게 떨어지는 정도가 적당하다.

굽기

21 17번 과정의 반죽 표면에 마카롱 반죽 을 바른다.

22 표면이 하얘지도록 분당을 듬뿍 뿌리 고, 녹을 때까지 잠시 기다린다.

※ 분당을 뿌릴 때 바닥에 종이 등을 깔아 두면 주변 에 떨어진 분당을 모으기 쉽다.

23 표면에 뿌린 분당이 녹아 사진처럼 반투명해지면 다시 표면이 하얘지도 록 분당을 듬뿍 뿌린다. 190℃로 예열한 오븐에 14분간 구운 다음 Q145 식힘망에 올려 식힌다. Q147

※ 처음 뿌린 분당이 녹지 않고 하얗게 남아 무늬를 이루므로 그 위에 분당을 다시 뿌리고 나면 녹기 전에 얼른 오븐에 넣는다.

Q145 레시피에 적힌 온도와 시간에 맞춰 구웠는데 빵이 탔어요. → P.223

Q147 빵을 굽자마자 오븐팬 이나 틀에서 바로 꺼 내야 하는 이유가 있나 요? → P.224

버터의 풍미가 느껴지는 바삭한

크루아상

얇은 반죽이 겹겹이 쌓여 만든 바삭하고 가벼운 식감과 버터의 풍미가 느껴지는 빵으로,
늘 변함없는 인기를 자랑합니다. 두툼한 버터를 반죽 사이에 넣고 접는 파이 반죽 제법
으로 만드는 독특한 빵입니다.

재료(8개 분량)

	분량(g)	베이커스 ^{Q71} 퍼센트(%)
프랑스빵용 밀가루	200	100
설탕	20	10
소금	4	2
탈지분유	6	3
버터	20	10
인스턴트 드라이 이스트	4	2
달걀	10	5
물	100	50
버터(반죽 사이에 넣는 용)	100	50
달걀(반죽에 바르는 용도)	적당량	

미리 준비하기

- 물은 적정 온도로 맞춰 둔다. ^{Q80}
- 버터는 사용하기 직전까지 냉장고에 넣어 둔다.
- 발효용 볼에 쇼트닝을 바른다.
- 반죽에 바를 달걀은 잘 풀어 차 거름망으로 걸러 둔다.

반죽 온도	24℃
발효	20분(26℃)
냉장 발효	12시간(5℃)
접기	삼절접기×3회(한 번 접을 때마다 −15℃에 30~40분 간 휴지시킨다)
최종 발효	60분(30℃)
굽기	12분(220℃)

반죽

1 분량의 물에서 조정수를 덜어내고 ^{Q78} 남은 물에 인스턴트 드라이 이스트를 뿌려 잠시 그대로 둔다.

※ 반죽 시간이 짧고, 밀가루와 섞어 두기만 해서는 인스턴트 드라이 이스트가 녹지 않을 가능성이 있으므로 물에 녹여 사용한다.

2 볼에 프랑스빵용 밀가루, 설탕, 소금, 탈지분유를 붓고, 거품기로 골고루 섞는다. ^{Q85}

3 2번 과정에 버터를 첨가하고 스크레이퍼로 잘게 자른다. ^{Q190} 버터의 크기가 7~8mm가 되면 버터와 밀가루를 양손으로 비벼 잘 섞는다.

※ 버터가 녹기 전에 빠르게 작업한다. 가루로 된 재료와 버터를 먼저 섞어서 반죽 시간을 최대한 단축해 반죽에 탄력이 생기지 않게 한다. 반죽을 지나치게 해서 탄력이 너무 강해지면 반죽을 늘렸을 때 수축하기 쉬워 접기 작업이 어려워진다.

Q71 베이커스 퍼센트란 무엇인가요? ➡ P.175

Q80 작업용 물의 온도는 어떻게 맞추어야 하나요? ➡ P.180

Q78 작업용 물, 조정수란 무엇인가요? ➡ P.179

Q85 물을 제외한 다른 재료를 먼저 섞어 두는 이유는 무엇인가요? ➡ P.183

Q190 버터를 처음부터 넣어 믹싱하는 이유는 무엇인가요? ➡ P.252

4 1번 과정의 이스트가 녹으면 잘 풀어 놓은 달걀을 붓고 거품기로 골고루 섞는다.

※ 달걀의 사용량이 다른 재료에 비해 많은 것은 아니지만, 반죽에 큰 영향을 끼치므로 주걱을 이용해 남김 없이 싹 넣는다.

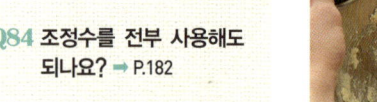

Q86 재료에 물을 넣으면 바로 섞는 것이 좋은가요? ➡ P.183

5 4번 과정의 재료를 3번 과정의 재료에 넣고 손으로 골고루 섞는다. Q86

Q83 조정수는 언제 넣어야 하나요? ➡ P.182

Q84 조정수를 전부 사용해도 되나요? ➡ P.182

6 반죽의 경도를 확인하면서 1번 과정에서 덜어 둔 조정수를 첨가하고 Q83, Q84 계속 섞는다.

※ 가루가 남아 있는 곳에 조정수를 부으면 반죽이 더 잘 뭉쳐진다.

7 가루가 남지 않고 반죽이 하나로 뭉쳐질 때까지 섞은 다음, 반죽을 작업대 위에 올린다. 볼에 묻은 반죽도 스크레이퍼로 싹싹 긁어모은다.

Q91 손반죽은 몇 분 정도 해야 하나요? ➡ P.188

8 양손을 위아래로 움직여 손바닥으로 반죽을 작업대에 살짝 문지르듯이 치댄다. Q91

※ 반죽을 작업대 위에 올렸을 때는 반죽이 한 덩어리로 뭉쳐지기는 했지만, 아직 재료가 고르게 섞이지 않아 반죽의 경도가 군데군데 다르다. 반죽이 과해지지 않도록 주의하면서 반죽 전체의 경도가 같아지게 한다.

Q99 손이나 스크레이퍼에 묻은 반죽을 말끔히 떼어내야 하는 이유는 무엇인가요? ➡ P.192

9 작업대와 스크레이퍼, 손에 들러붙은 반죽을 말끔히 떼어낸다. Q99

3분

10 반죽을 하나로 뭉친 다음, 위쪽에서 몸 쪽으로 접는다.

| 옆에서 본 모습 | 위에서 본 모습 |

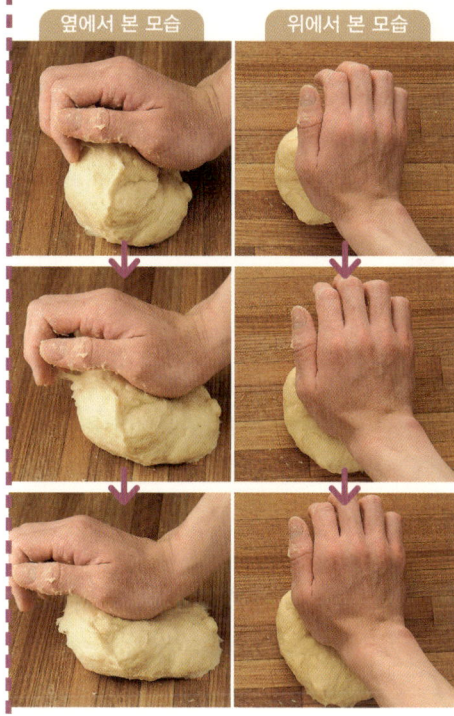

11 손바닥 아래쪽으로 반죽을 몸쪽에서 위 쪽으로 누른다.

12 반죽의 방향을 바꾸면서 **10~11**번 과 정의 작업을 반복하며 반죽을 치댄다.

※ 반죽이 조금 들러붙지만, 반죽 표면은 조금 매끄러 워진다.

13 반죽 일부를 떼어 손끝으로 늘여 반죽 상태를 확인한다. Q93, Q95

※ 반죽이 굳어서 잘 늘어나지 않으므로 강하게 잡아 당기면 바로 찢어지지만, 사진과 같은 상태가 되면 반 죽이 완성된 것이다.

Q93 반죽이 다 완성되었는지 어떻게 확인하나요? ➡ P.189

Q95 반죽이 부족하거나 과하면 어떻게 되나요? ➡ P.190

14 반죽을 뭉친 다음, 손으로 감싸 몸쪽으로 살짝 끌어당겨 반죽 표면을 팽팽하게 한다.

15 반죽을 90도 돌려 끌어당긴다. 같은 작업을 여러 번 반복하면서 반죽 모양을 둥글게 다듬고, 표면이 팽팽해지게 한다.

Q102 완성된 반죽을 넣을 용기의 크기는 어느 정도가 적당한가요? ➡ P.195

Q77 반죽 온도란 무엇인가요? ➡ P.178

Q96 반죽 온도가 목표치에 도달하지 않았을 때는 어떻게 해야 하나요? ➡ P.191

Q57 발효기란 무엇인가요? ➡ P.167

16 반죽을 볼에 담고 ^{Q102} 반죽 온도를 잰다. ^{Q77} 완성된 반죽의 적정 온도는 24℃다. ^{Q96}

발효

17 반죽을 발효기에 넣고 ^{Q57} 26℃에 20분간 발효시킨다.

※ 펀치 후에 냉장 발효를 시킬 예정이므로 반죽이 부드러워질 때까지 발효시키지 않고, 펀치 작업을 빠르게 들어간다.

Q114 펀치(가스 빼기)를 하는 이유는 무엇인가요? ➡ P.203

펀치 ^{Q114}

18 작업대에 비닐을 깔고, 볼에 담긴 반죽을 그 위에 뒤집듯이 꺼낸다.

19 반죽 전체를 중앙에서 바깥 방향으로 살짝 눌러 ^{Q115} 두께를 고르게 한다.

Q115 펀치를 할 때 누르듯이 하는 이유는 무엇인가요? → P.204

20 깔아 놓았던 비닐로 반죽을 감싸 배트에 담는다.

※ 반죽이 빠르게 식도록 열전도가 잘 되는 금속 재질 배트에 담는다.

냉장 발효 ^{Q191}

21 5℃의 냉장고에 12시간 넣어 둔다.

※ 반죽이 식을 때까지는 온도를 일정하게 유지하는 것이 좋으므로 냉장고 문은 되도록 여닫지 않는다. 발효 시간은 8~16시간 정도면 괜찮다.

Q191 크루아상 반죽을 냉장고에 넣어 발효시키는 이유는 무엇인가요? → P.252

접기용 버터 준비

22 덧가루를 뿌린 작업대에 ^{Q75} 차갑고 단단한 상태인 접기용 버터를 꺼내고, 버터에도 덧가루를 넉넉히 뿌린다.

※ 버터가 부드러워질수록 작업대나 밀대에 들러붙기 쉬우므로 필요에 따라 덧가루를 뿌린다. 덧가루도 냉장고에 넣어 차갑게 해 두면 좋다.

Q75 덧가루란 무엇인가요? → P.177

23 밀대 끝을 잡고, 버터 전체를 골고루 두드린다. ^{Q193}

※ 밀대 끝으로 치면 버터가 움푹하게 찌그러지므로 조심하자.

Q193 버터가 너무 딱딱해서 치기 힘들어요. 혹시 전자레인지에 살짝 돌려도 될까요? → P.253

POINT 밀대 끝을 잡으면 편하게 두드릴 수 있다. 작업대에 손을 대지 않고도 수월하게 작업할 수 있다.

24 버터가 어느 정도 늘어나면 좌우를 접어준다.

25 버터를 뒤집어 90도 돌린다.

26 23~25번 과정의 작업을 여러 번 반복해서 버터를 부드럽게 만든다.

※ 작업 도중에 버터가 너무 부드러워지면 냉장고에 넣는다.

Q192 접기용 버터를 늘일 때 사각형으로 만들기가 어려워요. ➡ P.253

27 손끝에 힘을 주어 누르면 자국이 남을 정도로 반죽이 부드러워지면 밀대로 밀어 가로세로 12cm 크기의 정사각형을 만든다.
Q192

28 버터의 표면과 내부의 경도가 같고, 차갑지만 구부려도 갈라지지 않는 상태가 적당하다.

※ 버터가 너무 딱딱하면 신장성(버터의 잘 늘어나는 성질)이 나빠서 버터가 늘어나지 않아 접는 도중에 버터가 찢어져 반죽만 있는 부분이 생긴다. 반대로 버터가 지나치게 부드러우면 버터가 반죽에 스며들어 층을 이루기 어렵다.

접기

29 21번 과정의 반죽을 작업대 위에 올린 다음, 반죽의 중앙 부분에서 3분의 1만큼을 밀대로 민다.

※ 접기, 성형 과정에서 반죽이 들러붙을 때는 필요에 따라 반죽이나 작업대에 덧가루를 뿌린다. 덧가루도 냉장고에 넣어 차갑게 해 두는 것이 좋다.

30 반죽을 90도 돌린 다음, 반죽의 중앙 부분에서 3분의 1만큼을 밀대로 민다.

31 반죽의 중앙에서 대각선 방향으로 밀대를 밀어 반죽을 사각형으로 만든다.

32 반죽을 버터보다 조금 크게 늘인 다음, 불필요한 덧가루를 요리용 붓으로 털어낸다. **28**번 과정의 버터에 남아 있는 덧가루도 요리용 붓으로 털어낸다.

※ 덧가루가 많이 남아 있으면 반듯한 층이 만들어지지 않는다.

33 반죽 위에 버터를 45도 엇갈리게 올린다.

34 버터 밖으로 보이는 반죽의 네 모서리는 대각선상에 마주하는 반죽을 살짝 잡아당겨 안으로 접고, 겹치는 부분은 손으로 눌러 꾹 붙인다.

35 나머지 반죽도 같은 방법으로 접은 다음, 겹치는 부분은 꾹 눌러 붙인다.

36 반죽 끝을 살짝 잡아당겨 틈을 없애고, 단단히 오므려 버터를 완전히 감싸준다.

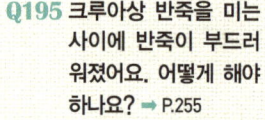

Q195 크루아상 반죽을 미는 사이에 반죽이 부드러워졌어요. 어떻게 해야 하나요? ➡ P.255

37 먼저 반죽의 위쪽과 아래쪽 끝을 밀대로 누른 다음, 반죽 전체를 누른다. 그런 다음 반죽의 3분의 1에 해당하는 중앙 부분을 밀대로 밀고, 중앙에서 위쪽으로, 다시 중앙에서 아래쪽으로 밀대를 민다. Q195

※ 반죽의 양 끝을 먼저 눌러주어야 버터가 한쪽으로 치우치는 것을 방지할 수 있다. 반죽을 늘이는 도중에 반죽이 부드러워지면 그때마다 비닐로 싸서 냉동실에 넣는다.

38 중앙에서 위쪽, 중앙에서 몸쪽으로 밀대를 반복해서 밀면서 반죽을 폭 14cm×길이 42cm가 되게 늘인 다음, 불필요한 덧가루는 요리용 붓으로 털어낸다.

39 반죽을 위쪽에서 3분의 1을 접고, 불필 요한 덧가루를 요리용 붓으로 털어낸 다음, 반죽 끝을 밀대로 눌러준다.

※ 접기 쉽도록 반죽 끝을 눌러 조금 얇게 만든다.

40 반죽을 몸쪽에서 3분의 1 접어 올리고, 반죽 끝을 밀대로 누른 다음, 반죽 전체 를 밀대로 민다.

※ 반죽 전체를 밀대로 밀어서 접힌 반죽과 반죽을 이어 붙인다. 두께가 일정해지므로 반죽이 고르게 식 는다.

41 반죽에 공기가 들어가지 않도록 비닐로 감싸준다.

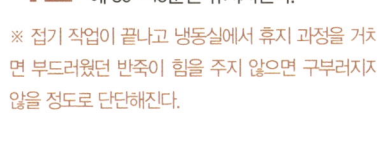

42 배트에 반죽을 올리고, −15℃의 냉동실 에 30~40분간 휴지시킨다.

※ 접기 작업이 끝나고 냉동실에서 휴지 과정을 거치 면 부드러웠던 반죽이 힘을 주지 않으면 구부러지지 않을 정도로 단단해진다.

43 접힌 반죽의 끝이 위로 오게 반죽을 작업대에 놓고, 반죽을 90도 돌린다.

※ 반죽을 접을 때, 반죽 끝이 안으로 들어가게 한다. 한 번 민 방향으로는 반죽이 잘 늘어나지 않으므로 처음 접었을 때와 늘이는 방향을 바꾼다.

44 밀대로 반죽 전체를 누른 다음, **38**번 과정과 같은 방법으로 반죽을 폭 14cm×길이 42cm로 늘이고, 불필요한 덧가루를 요리용 붓으로 털어낸다.

45 **39~40**번 과정을 반복해서 두 번째 삼절접기를 한다.

46 반죽을 비닐로 감싸 배트에 담고, −15℃의 냉동실에 30~40분간 휴지시킨다.

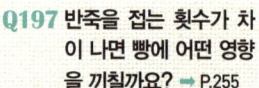
Q197 반죽을 접는 횟수가 차이 나면 빵에 어떤 영향을 끼칠까요? ➡ P.255

47 **43~45**번 과정과 같은 방법으로 세 번째 삼절접기를 한다. **Q197**

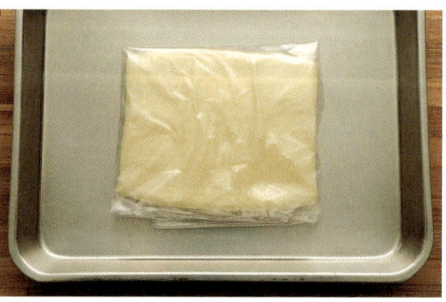

48 반죽을 비닐로 감싸 배트에 담고, −15℃의 냉동실에 30~40분간 휴지시킨다.

옆에서 본 모습　　위에서 본 모습

성형

49 접힌 반죽의 끝이 위로 오게 하고, 반죽을 세 번째 삼절접기를 할 때 늘인 방향과 같은 방향으로 작업대에 올린다.

50 밀대로 반죽 전체를 누른 다음, 중앙에서 위쪽으로, 다시 중앙에서 몸쪽으로 밀대를 반복해서 민다.

옆에서 본 모습　　위에서 본 모습

51 밀대로 미는 도중에 반죽의 위쪽과 아래쪽이 굽어서 사각형이 비뚤어지면 밀대를 기울여 끝부분을 중점적으로 밀어 사각형이 되도록 모양을 다듬는다.

52 반죽의 길이가 18cm가 될 때까지 늘인다.

53 반죽을 90도 돌려준다.

54 반죽의 3분의 1에 해당하는 중앙 부분을 밀대로 민다.

55 그런 다음 중앙에서 위쪽으로, 다시 중앙에서 아래쪽으로 밀대를 민다.

56 밀대로 미는 도중에 반죽이 부드러워지면 그때마다 비닐로 감싸 냉동실에 넣는다.

※ 반죽이 길 경우에는 비닐로 싸서 끝까지 말면 냉동실의 공간을 많이 차지하지 않는다.

57 55번 과정을 반복해서 반죽을 폭 18cm×길이 40cm보다 좀 더 길게 늘인다.

※ 다 늘였을 때 반죽이 부드러우면 다음 작업에 들어가기 전에 앞의 56번 과정과 같이 반죽을 냉동실에 넣는다.

58 반죽을 작업대 위에 가로로 길게 놓고, 한쪽 끝을 식칼로 위에서 누르듯이 잘라낸다.

※ 식칼을 앞뒤로 밀면 층이 밀려 구웠을 때 층이 예쁘지 않을 수 있다.

59 반죽의 위쪽 끝에 9cm 간격으로 네 곳에 표시해둔다.

60 반죽의 아래쪽 끝에서 4.5cm 떨어진 곳에 표시하고, 거기서부터 9cm 간격으로 네 군데에 표시한다.

61 위쪽과 아래쪽 표시를 연결하고, 식칼로 위에서 누르듯이 잘라 반죽을 이등변삼각형 모양으로 나눈다. Q198

Q198 남은 크루아상 반죽을 어떻게 사용하면 좋을까요? → P.257

62 반죽을 이등변삼각형의 밑변이 위로 가게 잡는다. 반대쪽 손으로 반죽의 중간 부분을 잡고, 몸쪽으로 살짝 잡아당겨 늘인다.

※ 반죽을 잡아당길 때, 손을 조금씩 아래쪽으로 내리면서 반죽을 당긴다.

63 반죽의 위쪽 끝을 살짝 접는다.

옆에서 본 모습　위에서 본 모습

64 위에서 살살 누르면서 몸쪽으로 반죽을 절반 정도 만다.

※ 세게 누르면 반죽이 빡빡하게 말려서 구울 때 갈라져 버린다.

옆에서 본 모습　위에서 본 모습

65 나머지 절반은 양손으로 만다.

※ 반죽의 층이 뭉개질 수 있으니 반죽의 단면에는 최대한 손이 닿지 않게 하자.

66 완성된 모습.

※ 반죽이 좌우대칭을 이루어야 구웠을 때 모양이 예쁘게 나온다.

67 반죽의 말린 끝부분이 바닥을 향하게 ^{Q133} 오븐팬에 가지런히 놓는다. ^{Q134}

※ 반죽을 오븐팬에 한 번에 다 올리지 못할 때는 남은 반죽을 성형하지 않고 마르지 않게 비닐로 싸서 냉동실에 10분 정도 넣어 두었다가 나중에 성형한다. 반죽이 굳어서 바로 성형하기 어려울 때는 실온에 잠시 두었다가 반죽이 어느 정도 부드러워지면 성형한다. 다만, 반죽이 얼어 버리면 층이 예쁘게 잡히지 않으므로 냉동실에 너무 오래 두지는 않도록 한다.

최종 발효

68 반죽을 발효기에 넣고, 30℃에 60분간 발효시킨다. ^{Q113}

※ 온도가 너무 올라가면 버터가 녹아 흘러나와 빵의 볼륨이 잘 살지 않는다. ^{Q196}

굽기

69 반죽이 말린 방향과 같은 방향으로 반죽 표면에 달걀물을 바르고 ^{Q142,} ^{Q143} 220℃로 예열한 오븐에 12분간 굽는다. ^{Q145}

※ 오븐팬에 달걀물이 흘러내리지 않게 주의하자.

70 다 구워지면 오븐에서 꺼내 식힘망에 올려 식힌다. ^{Q147, Q194, Q199}

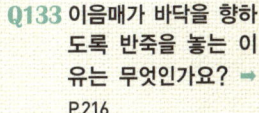
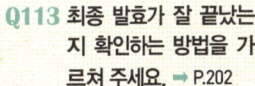

크루아상 반죽을 응용한 빵

팽 오 쇼콜라 Pain au Chocolat

크루아상 반죽으로 스위트 초콜릿을 만 빵으로, 프랑스에서 탄생했습니다.

파이처럼 겹겹이 층을 이루는 반죽을 구우면 바삭하고 향긋하며 다채로운 풍미를 느낄 수 있습니다.

빵과 초콜릿이 잘 어우러져 프랑스에서 인기가 많은 빵 중 하나입니다.

재료(8개 분량)

	분량(g)	베이커스 퍼센트(%) Q71
프랑스빵용 밀가루	200	100
설탕	20	10
소금	4	2
탈지분유	6	3
버터	20	10
인스턴트 드라이 이스트	4	2
달걀	10	5
물	100	50
버터(반죽 사이에 넣는 용)	100	50
초콜릿(6cm×3cm)	8개	
달걀(반죽에 바르는 용)	적당량	

미리 준비하기

● 물은 적정 온도로 맞춰 둔다. Q80

● 버터는 사용하기 직전까지 냉장고에 넣어 둔다.

● 발효용 볼에 쇼트닝을 바른다.

● 반죽에 바를 달걀은 잘 풀어 차 거름망으로 걸러 둔다.

반죽 온도	24℃
발효	20분(26℃)
냉장 발효	12시간(5℃)
접기	삼절접기×3회(한 번 접을 때마다 −15℃에 30~40분 간 휴지시킨다)
최종 발효	50분(30℃)
굽기	12분(220℃)

반죽~발효~냉장 발효 ~접기 Q191

1 크루아상의 **1~48**번 과정(P.109)과 같은 방법으로 반죽을 만든 다음 발효시켜 접기 작업까지 끝낸다.

2 크루아상의 **49~56**번 과정(P.119)과 같은 방법으로 반죽을 폭 16cm×길이 44cm 보다 조금 길게 늘인다.

※ 접어 넣은 버터가 부드러워질수록 작업대나 밀대에 들러붙기 쉬워지므로 필요에 따라 덧가루를 뿌린다. Q75 덧가루는 냉장고에 넣어 차갑게 해 두면 좋다.

3 먼저 반죽을 작업대 위에 가로로 길게 놓고, 위쪽과 아래쪽 끝을 식칼로 누르듯이 잘라낸다. 그런 다음 왼쪽 끝을 같은 방법으로 자른다. 그리고 반죽의 짧은 변을 2등분할 수 있게 양쪽에 표시하고, 표시를 연결해 반죽을 반으로 자른다.

※ 식칼을 앞뒤로 밀면 층이 밀리기 때문에 구웠을 때 층이 예쁘지 않게 나올 수 있다.

Q71 베이커스 퍼센트란 무엇인가요? → P.175

Q80 작업용 물의 온도는 어떻게 맞추어야 하나요? → P.180

Q191 크루아상 반죽을 냉장고에 넣어 발효시키는 이유는 무엇인가요? → P.252

Q75 덧가루란 무엇인가요? → P.177

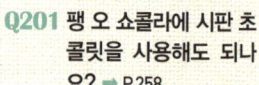

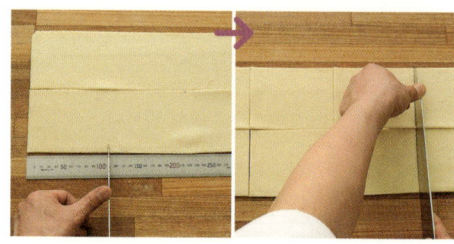

4 반죽의 위쪽과 아래쪽에 11cm 간격으로 표시한다. 그런 다음 위아래 표시를 연결해 반죽을 자른다.

※ 초콜릿의 형태나 크기가 다를 경우에는 초콜릿을 충분히 감쌀 수 있도록 반죽을 다른 모양으로 자른다.

5 반죽을 세로로 길게 놓고, 가운데에 초콜릿 을 올린 다음 ^{Q201} 반죽이 조금 겹치도록 위쪽과 아래쪽을 접고, 겹친 부분을 살짝 눌러 붙 인다.

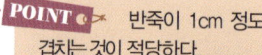
POINT 반죽이 1cm 정도 겹치는 것이 적당하다.

6 이음매 부분이 바닥을 향하게 오븐팬에 가 지런히 올린 다음 ^{Q133, Q134} 반죽을 위에서 살짝 누른다.

※ 오븐팬에 반죽이 다 올라가지 않을 때는 남은 반죽 을 성형하지 않고 마르지 않게 비닐로 싼 다음, 냉동 실에 10분 정도 넣어 두었다가 나중에 성형한다. 반 죽이 굳어서 성형하기 어려울 때는 실온에 잠시 두었 다가 반죽이 어느 정도 부드러워지면 그때 성형한다. 단, 반죽이 얼어 버리면 층이 예쁘게 잡히지 않으므로 반죽을 냉동실에 너무 오래 두지 않게 주의하자.

최종 발효

7 반죽을 발효기에 넣고 30℃에서 50분간 발효시킨다. ^{Q113}

※ 온도가 너무 올라가면 버터가 녹아 흘러나와 빵 의 볼륨이 잘 살지 않는다.

굽기

8 반죽 표면에 달걀물을 바른다. ^{Q142, Q143} 220℃로 예열한 오븐에 12분간 구운 다 음 ^{Q145} 식힘망에 올려 식힌다. ^{Q147, Q200}

2

빵을 만들 때 생기는 의문점 Q&A

빵을 만들다 보면 '이 작업이 왜 필요하지?', '왜 이런 상태가 되는 거지?' 같은 의문점이 자꾸만 생겨납니다. 이처럼 무언가에 의문을 느끼고 그 이유나 원인을 파악하려는 자세는 제빵을 깊이 이해하는 데에 매우 중요합니다. 이번 장에서는 빵이 부풀어 오르는 메커니즘과 같은 과학적인 내용부터 빵을 잘 만드는 비법에 이르기까지 제빵과 관련된 수많은 의문에 대한 답을 제시합니다.

의문에 대한 답을 찾음으로써 빵을 만드는 과정에서 행해지는 작업의 의미나 재료의 특징 등을 배우고, 빵을 만드는 즐거움을 한층 더 넓혀 보기 바랍니다.

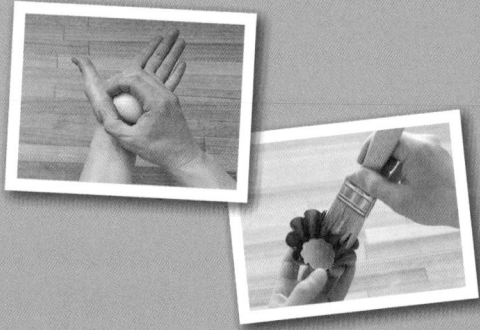

제빵 기술 감수: 가지하라 요시하루, 아사다 가즈히로
제빵 과학 감수: 기무라 마키코

제빵용 재료·제빵용 도구에 관한 궁금증

 Q1 빵을 만들 때 필요한 재료에는 어떤 것들이 있나요?

 A 제빵에 필요한 기본 재료는 밀가루, 물, 이스트(yeast), 소금입니다.

밀가루 중량의 60~70%에 해당하는 물을 밀가루에 부어 치대면 탄력 있는 반죽이 완성됩니다. 이렇게 만든 반죽을 굽기만 한 것도 넓은 의미에서 빵이라 할 수 있습니다. 하지만, 이것만으로는 우리가 평소에 먹는 빵처럼 부풀어 오르지 않으며, 이러한 빵은 무발효 빵이라 부릅니다.

이와 달리 반죽이 부풀어 오르는 발효 빵을 만들려면 밀가루, 물, 이스트, 소금, 이 네 가지가 꼭 필요합니다. 이스트는 반죽 안에 탄산가스를 발생시켜 반죽을 부풀어 오르게 합니다. 그리고 소금은 빵 맛을 결정하는 데에 꼭 필요한 재료입니다.

이 네 가지 기본 재료 외에도 당류, 유제품, 유지, 달걀 등 다른 부재료를 넣어 빵에 단맛이나 풍미를 첨가하기도 하고, 부드러운 식감이나 볼륨을 주는 등 다채로운 변화를 주어 다양한 맛을 지닌 빵을 만들 수 있습니다.

밀가루에 관한 궁금증

 Q2 밀가루는 어떤 성분으로 구성되어 있나요?

 A 밀가루의 주요 성분은 전분과 단백질입니다.

일본에서 시중에 판매되는 일반적인 밀가루의 주요 성분은 전분(70~76%)과 단백질(6.5~14.5%)이고, 그 밖에 회분과 수분 등으로 구성되어 있습니다. 전분이 차지하는 비중이 가장 크기는 하지만, 빵이나 과자, 면 등을 만들 때 완성물에 가장 큰 영향을 끼치는 요인은 사용하는 밀가루에 함유된 단백질의 양입니다. 빵을 만들 때는 단백질 함량이 소수점 단위의 차이만 나도 볼륨이나 식감이 달라집니다. 이러한 이유로 일본에서는 밀가루를 단백질 함량에 따라 분류하고 있습니다(Q5, Q6 참조).

빵의 몸통이 될 뿐만 아니라, 부푼 반죽을 지탱하는 뼈대의 역할도 합니다.

빵은 밀가루에 포함된 성분을 잘 활용해 만든 음식입니다. 밀가루의 역할은 밀가루의 주성분인 전분과 단백질의 작용에 좌우됩니다. 이들이 반죽의 믹싱부터 발효, 굽기에 이르는 일련의 과정에서 변화하고, 서로 작용하면서 빵의 특징을 만들어갑니다.

단백질의 작용

먼저 믹싱 과정에서 반죽을 치대면 밀가루에 함유된 단백질에서 '글루텐 gluten'(Q4 참조)이라는 물질이 형성되어 반죽 속에 그물망 형태로 퍼집니다. 그것이 점차 층을 이루며 얇은 막을 형성하고, 그 안에 전분을 끌어들입니다. 그리고 글루텐 막은 기포(주로 이스트가 발생시킨 탄산가스)를 둘러싸듯 교차하면서 퍼집니다. 이렇게 형성된 글루텐은 크게 두 가지 작용을 합니다.

첫 번째로 발효 과정에서 이스트가 알코올 발효(Q17 참조)로 발생시키는 탄산가스를 반죽 안에 가두는 역할을 합니다. 이스트가 아무리 탄산가스를 발생시켜도 그것이 반죽 안에 가두어지지 않으면 반죽은 마치 구멍 뚫린 풍선처럼 원하는 대로 부풀지 않을 것입니다. 그러므로 발효 전에 반죽을 잘 치대서 마치 가스가 차면 자연히 부푸는 고무풍선처럼 얇은 막을 만들어 두는 것이 중요합니다. 이 막을 형성하는 게 바로 밀가루의 글루텐입니다. 탄산가스의 양이 늘어날수록 글루텐 막이 안쪽에서부터 압력을 받아 반죽 전체가 부풀어 오르게 됩니다.

두 번째로 글루텐은 반죽의 뼈대가 되는 역할을 합니다. 글루텐은 반죽 안에 그물망 형태로 둘러쳐져 부풀어 오른 반죽이 꺼지지 않도록 지탱하며, 구울 때 그대로 구워져 단단한 뼈대를 이룹니다.

전분의 작용

전분은 굽는 과정에서 수분을 흡수해 반죽을 부드럽게 하고, 온도가 더 올라가면 전분 속 수분이 어느 정도 증발해 굳어집니다(Q137 참조). 이것이 볼록한 빵의 몸통이 되어, 전체 조직을 부드럽게 지탱합니다.

빵은 건물에 비유하자면 수많은 방이 줄지어 있는 아파트라 할 수 있습니다. 방 안 공간은 빵을 구웠을 때 생기는 기포 자국에 비유할 수 있습니다. 이 공간만큼 탄산가스가 쌓여 반죽이 부풀게 되는 것입니다. 그리고 전분은 벽을 굳히는 콘크리트 역할을 합니다. 전분의 입자 사이에는 글루텐이 둘러쳐져 철근 역할을 하면서 빵을 지탱합니다.

Q4 글루텐이란 무엇인가요?

A 밀가루 속 단백질에서 생성되는 점성과 탄력을 지닌 물질입니다.

빵 반죽을 치대면 되밀려 오는 듯한 탄력이 느껴지는데, 이러한 탄력을 만들어 내는 것이 밀가루의 글루텐입니다. 글루텐이라고 하는 물질은 밀가루에 처음부터 존재하지는 않습니다. 밀가루에 일정량의 물을 부어 잘 치대면 밀가루에 함유된 단백질 가운데 글리아딘(gliadin)과 글루테닌(glutenin)이라는 두 가지 단백질이 물과 결합해 글루텐으로 변화합니다. 단백질이 함유된 식품은 수없이 많지만, 이런 단백질이 균형 있게 함유된 식품은 오직 밀가루뿐이며, 글루텐이 형성된다는 점은 밀가루가 지닌 독특한 성질입니다.

글루텐은 섬유가 그물망처럼 얽혀 있는 구조로, 점성과 탄력을 지닌 것이 특징입니다. 반죽을 오래 치댈수록 글루텐이 많이 생성되고, 그물망 구조가 더 촘촘해져서 점성과 탄력이 강해집니다.

실제로 반죽에서 글루텐을 추출해서 만져 보면 그 특징을 잘 알 수 있습니다. 먼저 밀가루에 밀가루 중량의 60~70%에 해당하는 물을 붓고 잘 치대 반죽을 만듭니다. 그런 다음 이 반죽을 물속에서 비비면서 씻으면 전분 등이 흘러나와 마지막에 글루텐만 남게 됩니다. 이렇게 추출한 글루텐을 잡아 늘여보면 얇은 막처럼 퍼지면서 껌과 같은 점성과 고무 같은 탄력을 느낄 수 있습니다.

반죽 속에 튼튼한 글루텐을 많이 만들고 싶을 때는 밀가루에 적정량의 물을 부어야 하며, 잘 치대야 합니다. 물의 양이 너무 많거나 적을 경우, 반죽을 충분히 치대지 않았을 때는 무르고 약한 글루텐이 조금밖에 형성되지 않습니다.

● 밀가루에 함유된 글루텐과 그 특징

밀가루(강력분을 사용) 반죽(왼쪽)과 추출한 글루텐(오른쪽)

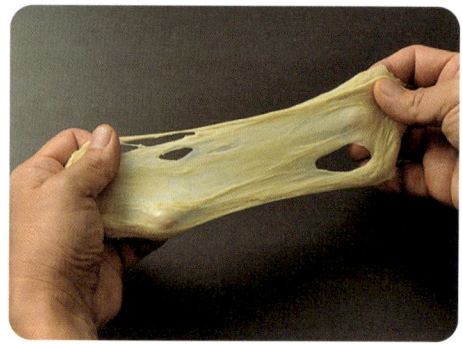

추출한 글루텐을 늘인 모습

밀가루의 종류에는 어떤 것들이 있나요?

A **밀가루는 강력분, 준강력분, 중력분, 박력분으로 나뉩니다.**

일본에서 판매하고 있는 밀가루의 종류는 전세계에서 가장 다양하지 않겠냐는 말을 들을 정도로 매우 다양합니다. 일본에는 빵, 과자, 면 등 밀가루로 만드는 음식의 종류가 매우 많다 보니 업소용 밀가루 중에는 저마다 용도에 맞는 밀가루가 있습니다. 빵 전용 밀가루 중에서도 식빵용, 프랑스빵용 등 각각의 특성에 맞는 밀가루가 있을 뿐만 아니라, 식빵용 밀가루 중에는 볼륨이 잘 생기는 밀가루, 크러스트(겉껍질)가 바삭바삭하게 구워지는 밀가루 등 만들고자 하는 목적에 맞는 각양각색의 밀가루가 생산되고 있습니다. 애초에 일본에서 생산되는 밀가루의 96%가 업소용이며, 가정용으로 판매되는 제품이 차지하는 비중은 극히 적은 편입니다. 가정용 밀가루는 업소용만큼 종류가 다양하지 않으며, 강력분·준강력분·중력분·박력분 등 네 가지로 나뉩니다.

밀가루에는 전분, 단백질, 회분(미네랄), 수분 등의 성분이 함유되어 있지만, 이 성분들을 화학적으로 분석해 산출한 수치로 분류하기는 어려우며, 사실상 종류별로 분류할 만한 세세한 규격은 없습니다. 빵이나 과자, 면 중 어떤 것을 만들든 단백질에서 형성되는 글루텐(**Q4** 참조)의 성질이 큰 영향을 끼치므로 일본에서는 가정용 밀가루를 단백질 함량에 따라 분류하고 있습니다.

단백질 함량이 가장 많은 밀가루는 강력분입니다. 강력분으로 만든 반죽은 글루텐이 많이 형성되므로 점성과 탄력이 모두 강해집니다. 준강력분, 중력분, 박력분의 순서대로 단백질 함량이 적어지며, 그만큼 글루텐도 적게 형성되어 반죽의 점성과 탄력 또한 약해집니다.

● **강력분과 박력분의 글루텐 양 비교**

강력분 반죽(왼쪽 뒤)과 추출한 글루텐(왼쪽 앞)
박력분 반죽(오른쪽 뒤)과 추출한 글루텐(오른쪽 앞)

좀 더 자세히 ❶

밀가루의 단백질 함량은 무엇에 따라 결정되나요?

밀가루의 원료인 밀은 크게 낱알이 단단한 경질밀과 낱알이 무른 연질밀로 나뉩니다. 경질밀은 연질밀에 비해 단백질 함량이 많은 것이 특징입니다.

또 밀은 산지나 품종에 따라서도 단백질의 함량과 질이 차이 납니다. 심지어 같은 품종이라 할지라도 기후, 토질, 비료 살포법 등이 단백질의 함량과 질에 영향을 끼칩니다. 예를 들어 캐나다에서 만드는 빵에 적합한 밀을 비슷한 기후의 홋카이도에서 재배하려 해도 완전히 똑같은 밀을 얻지는 못합니다.

밀가루는 강력분이나 박력분 같은 종류에 따라 단백질 함량이나 질이 차이 나지만, 일반적으로 강력분은 단백질 함량이 많은 경질밀로 만들며, 박력분은 단백질 함량이 적은 연질밀로 만듭니다. 또 원료로 한 가지 품종만을 사용하기도 하지만, 제분 단계에서 몇 가지 경질밀과 연질밀을 혼합하거나 경질밀(또는 연질밀) 중에서 몇 가지를 혼합해서 원하는 단백질 함량과 질을 맞추기도 합니다.

좀 더 자세히 ❷

밀가루의 등급은 어떻게 구분되나요?

밀가루의 종류는 단백질 함량에 따라 나뉘지만, 밀가루의 등급은 회분 함량에 따라 나뉩니다. 회분이란 인, 칼륨, 칼슘, 마그네슘, 철 등의 미네랄을 가리키며, 밀의 경우에는 외피(밀기울)나 배아에 많이 함유되어 있습니다. 밀을 갈아 가루로 만드는 과정에서 외피나 배아의 혼입이 적고, 회분 함량이 적은 것부터 1등급, 2등급, 3등급, 기타로 등급이 나뉩니다. 시판되는 밀가루는 대부분 1등급 혹은 2등급에 해당하지만, 따로 기재되어 있지는 않습니다.

참고로 프랑스에서는 밀가루가 회분 함량에 따라 크게 나뉘며, 일본의 분류 기준과 큰 차이가 있습니다.

빵을 만들기에 적합한 밀가루는 어떤 것이 있나요?

강력분 또는 준강력분입니다.

빵을 부풀리려면 반죽을 치댔을 때 밀가루의 단백질이 형성하는 글루텐이 많이 필요합니다.

글루텐은 발효부터 굽기에 이르는 과정에서 반죽이 부풀 때, 기포 안의 탄산가스가 반죽 밖으로 빠져나가지 못하도록 반죽 안에 가두는 역할을 합니다. 또 부푼 반죽이 꺼지지 않도록 지탱하는 뼈대가 되기도 합니다. 그렇기에 단백질 함량이 많은 밀을 사용해야 빵이 잘 부풀어 오릅니다.

강력분에는 단백질이 많이 함유되어 있어 글루텐이 많이 형성될 뿐만 아니라, 강력분 속 단백질은 박력분 속 단백질보다 점성과 탄력이 강한 글루텐을 형성하는 성질이 있어 빵을 만들기에 적합합니다. 빵의 종류에 따라 준강력분이 적합할 때도 있습니다.

● 일본산 밀가루의 종류에 따른 단백질 함량의 비교와 용도

종류	단백질 함량	용도
박력분	약 6.5~8.5%	과자, 요리 등
중력분	약 8.0~10.5%	면, 과자 등
준강력분	약 10.5~12.0%	빵, 면 등
강력분	약 11.5~14.5%	빵 등

● 한국산 밀가루의 종류에 따른 단백질 함량 비교와 용도

한국에서 생산, 판매되는 밀가루는 박력분, 중력분, 강력분 등 3가지입니다. 한국산 밀가루에는 강력분(11~13%), 중력분(9~11%), 박력분(7~9%)의 순서의 비율로 단백질이 포함되어 있습니다.

종류	단백질 함량	용도
박력분	약 7~9%	과자용
중력분	약 9~11%	면용(건면, 생면)
강력분	약 11~13%	빵용

프랑스빵용 밀가루는 어떤 밀가루인가요?

프랑스빵 같은 하드 계열의 빵을 만들 때 사용하는 전용 밀가루입니다.

프랑스빵용 밀가루란 프랑스빵을 만들기에 적합한 전용 밀가루를 말합니다(Q168 참조). 이 밀가루의 단백질 함량은 약 11.0~12.5%로, 분류상 강력분이나 준강력분에 해당합니다. 프랑스빵 전용 밀가루이기는 하지만, 다른 하드 계열이나 세미 하드 계열의 빵에도 사용할 수 있으며, 이 책에서는 크루아상을 만들 때도 사용합니다.

프랑스빵용 밀가루는 제분 회사마다 독자적인 비율로 혼합해 만들며, 베이킹 재료 전문점에서 구할 수 있습니다.

Q **빵을 만들 때 사용하는 가루로는 또 어떤 것들이 있나요?**

 A **전립분이나 호밀가루도 많이 쓰입니다.**

빵을 만들 때는 주로 밀가루를 사용하지만, 독특한 풍미를 지닌 전립분이나 호밀가루를 쓸 때도 있습니다.

일반적인 밀가루는 밀의 중심에 가까운 부분을 가루로 만들지만, 전립분은 문자 그대로 밀알을 통째로 갈아서 가루 낸 것입니다. 외피(밀기울)나 배아도 들어 있어 일반적인 밀가루보다 식이섬유, 비타민, 회분(미네랄)이 풍부합니다. 또 외피 등이 글루텐 조직을 찢어 버리므로 많이 사용하면 빵이 잘 부풀지 않게 됩니다.

호밀가루는 독일이나 북유럽 지역의 빵에 전통적으로 쓰여 왔습니다. 호밀은 밀과 달리 글루텐을 형성하는 단백질이 거의 함유되어 있지 않아 반죽을 치대도 글루텐이 형성되지 않습니다. 그래서 호밀 사용량이 많은 빵은 이스트가 탄산가스를 발생시켜도 탄산가스를 반죽 안에 가두지 못해 빵이 잘 부풀지 않으며 촘촘하고 묵직한 빵이 됩니다.(호밀이 탄산가스를 반죽 안에 가두지 못하는 이유는 글루테닌의 함유량이 적기 때문입니다.)

전립분이나 호밀가루는 굵게 빻은 제품부터 곱게 빻은 제품까지 입자의 크기도 다양하므로 빵의 풍미나 식감을 고려해 알맞은 제품을 선택하기 바랍니다.

전립분(왼쪽), 호밀가루(오른쪽)

 Q **일본산 밀가루를 사용할 때 주의해야 할 점은 무엇인가요?**

 A **물의 양을 조절할 필요가 있습니다.**

일본에서 제빵용으로 사용되는 밀의 약 99%는 해외로부터 수입하고 있으며, 그 대부분이 미국과 캐나다에서 생산된 제품입니다. 일본산 밀은 미국산이나 캐나다산 밀보다 일반적으로 단백질 함량이 적습니다. 제빵용으로 판매되는 일본산 밀조차 수입 밀을 원료로 한 가루에 비하면 글루텐이 잘 형성되지 않아 폭신폭신하고 부드러운 볼륨 있는 빵을 만들기에 적합하지 않습니다. 굳이 따지자면 씹는 맛이 있는 묵직한 빵에 가깝게 만들어집니다.

일본산 밀가루를 사용하더라도 빵을 만드는 방법 자체는 달라지지 않지만, 물의 배합량을 줄여야 하는 경우가 있습니다. 밀가루의 단백질은 믹싱할 때 물을 흡수해 글루텐을 형성하는데, 일본산 밀은 단백질 함량 자체가 적어서 필요한 물의 양도 그만큼 적기 때문입니다.

Q 한국산 밀가루를 사용할 때 주의해야 할 점은 무엇인가요?

한국에서 생산된 밀가루의 경우도 일본과 비슷하기 때문에 밀가루의 특성에 따라 물의 양을 잘 조절해 사용합니다.

 Q 10 쌀가루로 빵을 만들 때 주의해야 할 점은 무엇인가요?

 A 분말 글루텐을 첨가하거나 밀가루를 섞어야 합니다.

쌀가루는 밀가루와 달리 글루텐을 만드는 단백질이 함유되어 있지 않습니다. 그래서 쌀가루만으로 빵을 만들면 이스트가 발생시키는 탄산가스를 가둘 글루텐 막이 반죽 안에 생기지 않아 볼륨 있는 빵을 만들 수 없습니다. 그러므로 시중에서 판매하는 분말 타입의 글루텐을 첨가하거나 쌀가루와 밀가루를 섞어서 만들어야 반죽이 잘 부풀어 오릅니다.

한국에서 구할 수 있는 분말 타입의 글루텐에는 활성 글루텐, 강력 쌀가루 등이 있습니다.

 Q 11 밀가루를 보관하기 좋은 장소로는 어떤 곳이 좋은가요?

 A 서늘하고 습기가 적은 곳에 보관해야 합니다.

밀가루는 서늘하고 온도 차가 심하지 않으며, 습기가 적은 곳에 보관해야 합니다. 온도가 높은 곳에 두면 밀가루에 함유된 효소가 활동해 밀가루의 품질이 떨어지기 쉽기 때문입니다. 또한 습기와 해충이 침투하지 못하도록 완벽히 밀봉해 두어야 합니다.

제품에 표시된 소비기한은 개봉하지 않은 상태에서 품질이 유지되는 기간을 말합니다. 개봉 후에는 소비기한이 지나지 않았더라도 최대한 빨리 사용하는 것이 좋습니다.

Q 12 밀가루는 체에 치는 편이 좋을까요?

 A 빵을 만들 때는 체에 치지 않아도 문제는 없습니다.

밀가루를 체에 치면 이물질을 제거하고 덩어리를 없앨 수 있으며, 압축된 밀가루의 입자와 입자 사이에 공기를 넣을 수 있다는 이점이 있습니다.

하지만 빵은 스펀지케이크(sponge cake) 같은 과자류와는 부푸는 메커니즘이 다르기에 밀을 체에 치지 않고 만든다고 해서 반죽이 잘 부풀지 않는 것은 아닙니다. 또 빵을 만들 때 주로 사용하는 강력분은 과자를 만들 때 사용하는 박력분보다 덜 덩어리지는 특징이 있습니다(**Q76** 참조).

밀가루의 입자와 입자 사이에 공기가 들어가면 다른 재료와 섞이기 쉬우며, 수분을 고르게 흡수하는 것은 분명합니다. 하지만 그렇다고 해서 빵의 완성도가 크게 차이 나지는 않습니다.

상황에 따라 체에 칠지 말지 스스로 판단하기 바랍니다.

물에 관한 궁금증

 Q 13 물의 역할은 무엇인가요?

 A 물이 없으면 밀가루는 빵이 될 수 없습니다.

빵을 만들 때, 물은 꼭 필요합니다. 물은 특히 밀가루에 함유된 성분의 작용을 돕는 중요한 역할을 담당합니다.

밀가루 속 전분은 물과 함께 가열해야 물을 흡수해서 호화되어야(**Q137** 참조) 비로소 부드러워져서 우리가 소화할 수 있는 상태가 됩니다.

또 글루텐을 형성하기 위해서도 물이 필요합니다. 밀가루에 물을 첨가해 잘 치대면 단백질이 물을 흡수해서 글루텐으로 변화하기 때문입니다.

이 밖에도 물은 소금 같은 재료를 녹이거나 이스트나 효소를 활성화하는 작용도 합니다.

Q 14 빵을 만들기에 적합한 물이 있나요?

 A 수돗물을 쓰더라도 큰 문제는 없습니다.

일본에서는 수돗물로도 충분히 맛있는 빵을 만들 수 있습니다. 또 시중에 판매되는 생수를 사용해도 크게 문제 되지 않습니다. 단, 물의 경도와 pH가 빵의 완성도에 영향을 끼치므로 빵을 만들기에 적합한 물을 고르려면 그러한 점도 잘 알아둡시다(**Q15, 16** 참조).

Q 한국의 수돗물은?

한국의 수돗물은 경도가 약한 연수에 가깝습니다.(지역의 특성에 따라 다름) 경도가 약한 연수의 경우 부드러운 빵을 만들 때 더 잘 어울립니다.

서울시 25개구 평균 경도 : 89.8mg/ℓ – 2021 아리수 기준

 Q 15 사용하는 물의 경도가 영향을 끼치나요?

 A 엄밀히 따지면 일본 수돗물보다 조금 경도가 높은 물이 빵을 만들기에 적합합니다.

빵을 만들 때는 경도가 100mg/ℓ 정도인 물을 사용하는 것이 좋다고 알려져 있습니다.

원래 경도란 물에 함유된 미네랄 가운데 칼슘과 마그네슘이 얼마만큼 함유되어 있는지를 나타내는 지표입니다. 나라마다 경도를 표시하는 방법이나 분류 기준이 다양하지만, 세계보건기구(World Health Organization, WHO)에서 정한 분류 기준은 아래쪽의 표와 같습니다.

일본의 물은 대부분 경도가 50mg/ℓ 정도로, 연수 또는 연수에 매우 가까운 중연수에 해당하므로 빵을 만들기에 문제는 없지만, 경도가 조금 낮은 편입니다.

경수에 좀 더 가까운 경도 100mg/ℓ 정도의 물이 빵을 만들기에 적합한 이유는 글루텐의 연결이 강해지기 때문입니다. 이와는 반대로 경도가 낮은 물을 사용하면 글루텐이 연화되어 반죽이 끈적거리게 됩니다.

시중에 판매되는 생수를 사용할 때는 경도를 미리 확인하는 것이 좋습니다. 해외에서 수입되는 생수 중에는 경도가 높은 물이 많습니다. 경도가 높은 물을 사용하면 글루텐이 너무 강해져서 반죽이 수축해 표면이 거칠게 일어나거나 (**Q127** 참조) 발효가 늦어질 수 있으며, 빵이 보관 중에 딱딱하게 굳기도 합니다.

● 경도에 따른 물의 분류(WHO, 2011)

종류	경도
고경수	180mg/ℓ 이상
경수	120~180mg/ℓ 미만
중연수	60~120mg/ℓ 미만
연수	60mg/ℓ 미만

알칼리 이온수를 사용해도 되나요?

 이스트는 약산성의 환경을 좋아하므로 알칼리성 물은 적합하지 않습니다.

이스트는 약산성 환경에서 가장 활발히 작용하며, 알칼리성이나 강한 산성 환경에서는 발효가 순조롭게 진행되지 않습니다.

일반적으로 빵 반죽은 믹싱부터 굽기 단계까지 pH5.5~6.5의 약산성이 유지됩니다. 애초에 빵을 만들 때 사용하는 재료가 대부분 약산성이며, 발효 중에 이스트의 작용으로 발생한 탄산가스가 물에 녹거나 혹은 젖산균이나 초산균이 유기산을 생성함으로써 반죽의 pH가 자연히 산성에 치우치기 때문입니다. 이 범위의 pH는 이스트의 활동에 적합하며, 산의 작용으로 글루텐이 적당히 연화되어 반죽이 잘 늘어나고 부푸는 조건이 갖추어집니다.

물은 빵에 들어가는 재료 중에서도 배합량이 많고, 반죽의 pH를 크게 좌우하므로 반죽을 약산성으로 유지할 수 있는 pH 수치를 띠어야 합니다. 하지만 알칼리 이온수는 pH가 8.0~9.5 정도의 약알칼리성으로 조정되어 있습니다. 만약 알칼리 이온수로 빵을 만들어 반죽이 알칼리성을 띠게 되면 이스트의 작용이 저하되어 탄산가스가 충분히 발생하지 않아 빵이 부풀지 않게 될 것입니다.

참고로 일본의 수돗물은 pH7 정도의 중성을 띠므로 빵을 만들 때 문제가 되지 않습니다.

Q 한국의 수돗물은?

한국의 수돗물은 아리수의 경우 pH 7.1로 약알카리성이고, 정수기 물의 경우 pH 6.3으로 약산성입니다. 한국의 수돗물도 빵을 만들 때 문제가 되지 않습니다.(국립환경과학원 2021)

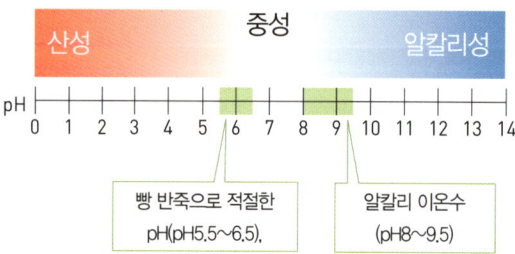

빵 반죽으로 적절한 pH(pH5.5~6.5),

알칼리 이온수 (pH8~9.5)

pH(피에이치 또는 페하라고 읽는다): 수소 이온 농도 지수
수용액의 산성 또는 알칼리성의 정도를 나타낸다. pH7이 중성이며, 그보다 수치가 높을수록 알칼리성이 강해지며, 그보다 수치가 낮을수록 산성이 강해진다. 산성 가운데 pH7에 가까운 경우에는 약산성, pH0에 가까운 경우에는 강산성이라도 한다. 알칼리성도 이와 마찬가지로 약알칼리성과 강알칼리성이 있다.

Q 17 이스트는 어떤 역할을 하나요?

 A 탄산가스를 발생시켜 반죽을 부풀리는 역할을 합니다.

이스트가 하는 역할은 반죽을 부풀리는 것입니다. 이는 이스트가 알코올 발효를 하는 성질을 이용한 것입니다.

알코올 발효란 효모(이스트)가 당(포도당이나 과당)을 분해해 탄산가스(이산화탄소)와 알코올 그리고 소량의 에너지를 발생시키는 반응을 말합니다.

빵을 만들 때는 알코올 발효로 발생한 탄산가스가 기포가 되어 주변 반죽에 압력을 가해 반죽 전체를 부풀리는 작용을 합니다. 또한 알코올이 반죽을 잘 늘어나게 하고, 빵에 독특한 풍미나 향을 선사합니다.

 Q 18 빵 반죽 속에서 이스트가 활발히 활동하게 하려면 어떻게 해야 하나요?

 A 물과 양분을 공급하고, 적절한 온도를 유지할 필요가 있습니다.

시판용 이스트는 보관 중인 동안 소위 휴면 상태에 놓입니다. 이스트를 이러한 휴면 상태에서 깨우려면 물을 주고 활동하기 적합한 온도를 맞추어야 합니다. 그리고 양분인 당을 공급해 이스트가 활발히 활동할 수 있는 환경을 만들어주는 것이 필요합니다.

이스트의 양분이 되는 당은 빵의 재료 중에서 밀가루 속 전분이나 설탕에 주로 들어 있습니다. 단, 당에도 다양한 종류가 있는데, 이스트가 직접 사용할 수 있는 당은 그중에서도 분자가 작은 포도당이나 과당입니다. 밀가루 속 전분이나 설탕은 효소에 의해 작게 분해되어야만 비로소 이스트의 양분이 될 수 있습니다.

또한 이스트는 활동하기 좋은 최적 온도가 있는데, 37~38℃에서 탄산가스를 가장 많이 발생시킵니다. 이 온도를 넘어가면 활성이 떨어지기 시작하며 60℃ 이상이 되면 사멸합니다. 반대로 온도가 너무 낮아도 활성이 저하되어 4℃ 이하에서는 휴면 상태에 들어가 활동을 중지합니다. 단, 이스트를 활발하게 활동시킨다고 해도 시험관 안에서 이스트만 활성화시키는 것과는 달리, 실제로 빵을 만들 때는 가스 발생에 적합한 온도 외에도 반죽 상태 등을 함께 고려해 작업 온도를 정합니다.

예를 들어 발효 작업은 이스트에 의한 가스 발생이 최고조에 달하는 온도보다 낮은 25~35℃에서 진행합니다. 이렇게 하면 가스 발생량이 최고조일 때보다 조금 줄어들어 일정 수준까지 부풀어 오를 때까지 시간이 걸리게 됩니다. 이렇게 하는 이유는 마치 단거리 경주처럼 단시간 동안 가스를 많이 발생시키는 게 아니라, 마치 마라톤처럼 장시간 동안 안정된 상태로 가스를 계속 발생시키고 싶기 때문입니다.

게다가 발효 중에 가스가 발생하면서 반죽이 점차 늘어나므로 반죽의 상태도 함께 고려하는 게 중요합니다. 즉, 가스 발생량을 어느 정도 줄여 반죽에 부담을 주지 않으면서 반죽을 부풀릴 수 있게 하는 것입니다. 또한 발효에 어느 정도 시간을 들임으로써 빵의 풍미를 형성하는 물질이 반죽 안에 축적된다는 장점도 있습니다.

이처럼 빵을 만들 때는 다양한 요소를 종합적으로 고려해 이스트가 활발히 활동할 수 있는 환경을 만들어주는 것이 필요합니다.

좀 더 자세히 ❶

발효를 돕는 효소의 활동

빵의 재료에 함유된 당에는 분자가 작은 것부터 큰 것까지 있습니다.

분자가 작은 포도당이나 과당은 이스트가 알코올 발효를 할 때 그대로 이용할 수 있지만, 그보다 분자가 큰 자당(포도당 1분자와 과당 1분자가 결합한 이당류)이나 맥아당(포도당 2분자가 결합한 이당류), 그보다 큰 전분(수많은 포도당이 결합한 다당류)은 포도당이나 과당으로 작게 분해해야만 사용할 수 있습니다.

이러한 당의 분해에 관여하는 것이 효소로, 밀가루에는 아밀레이스(amylase 아밀라아제)라고 하는 효소가, 이스트에는 말테이스(maltase 말타아제)와 인버테이스(invertase 인베르타아제)라고 하는 두 가지 효소가 각각 함유되어 있습니다.(교과 과정에서 표기가 개정되어 현재의 표기와 예전 표기를 한 번만 함께 표기함–역자)

밀가루 속 전분은 우선 밀가루 자체가 지닌 아밀레이스에 의해 맥아당으로까지 분해되고, 그 후로는 이스트에 함유된 말테이스에 의해 맥아당이 포도당으로 분해됩니다. 설탕은 거의 자당으로 이루어져 있어 이스트에 함유된 인버테이스에 의해 포도당과 과당으로 분해됩니다.

이처럼 효소의 활동으로 분해된 포도당과 과당이 이스트의 양분이 되어 알코올 발효가 이루어집니다.

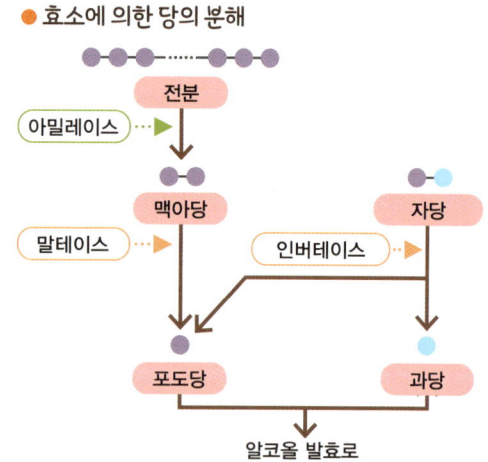

● **효소에 의한 당의 분해**

전분 → 아밀레이스 → 맥아당 / 자당 → 말테이스, 인버테이스 → 포도당 / 과당 → 알코올 발효로

좀 더 자세히 ❷

발효에 사용되는 전분과 빵의 몸통을 만드는 전분

밀가루는 제분공장에서 밀 입자를 롤러 제분기로 갈아 가루 낸 것입니다. 이때 밀에 함유된 전분 가운데 최대 10% 정도가 손상됩니다.

일반적인 전분은 상온에서는 물을 잘 흡수하지 못하며, 믹싱이나 발효 과정에서도 거의 흡수하지 못하지만, 이처럼 제분기로 갈아 손상된 전분은 상온에서도 물을 흡수합니다. 물을 흡수한 손상된 전분은 효소의 작용을 받아들이기 쉬워지고, 효소에 분해되어 포도당이 됩니다. 그리고, 포도당은 이스트의 알코올 발효를 위한 양분으로 사용됩니다.

남은 전분은 대부분 손상을 입지 않은 것들로, 이들은 믹싱이나 발효 단계에서는 거의 변화하지 않으며, 굽는 단계에서 반죽 온도가 약 60℃에 달하면 물을 흡수해 부풀기 시작하면서 빵의 폭신폭신한 몸통을 만드는 역할을 합니다.

이스트란 무엇인가요?

이스트는 효모로, '균류'에 속하는 생물입니다.

원래 이스트(yeast)는 영어로 '효모'를 뜻하는 말로, 빵을 만들 때 사용하는 '이스트'만을 지칭하는 표현은 아닙니다. 효모는 곰팡이나 세균 등과 같이 자연계에 서식하는 미생물로, '균류'에 속하는 단세포 생물입니다.

효모에는 다양한 종류가 있으며, 그중에서 빵을 만들기에 가장 적합한 효모만을 골라 공업적으로 순수배양(동일한 유전적 특성을 가진 한 종류의 세포나 미생물만을 배양하는 것으로 이 방법을 통해 특정 세포나 미생물의 특성에 대해 정확히 연구할 수 있다.)을 한 단일 종류의 효모를 일본에서는 일반적으로 이스트라 부르고 있습니다. 참고로 생이스트(**Q20** 참조) 1g에는 100억 개가 넘는 효모 세포가 존재합니다.

효모는 활동에 적합한 온도나 pH 환경하에서 당을 양분으로 삼아 활발히 활동합니다. 산소가 있는 곳에서는 호흡하고 증식합니다. 반면, 산소가 적은 곳에서는 증식하지 않고 알코올 발효를 해서 당을 탄산가스와 알코올로 분해합니다.

이러한 효모가 일으키는 발효를 이용해 빵, 맥주, 청주, 와인 같은 발효 식품이 만들어지고 있으며, 각각의 식품 제조에 적합한 종류의 효모가 사용되고 있습니다.

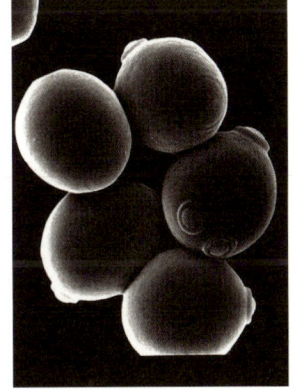

현미경으로 본 이스트의 모습
제공: 오리엔탈 효모공업주식회사

Q 20 이스트에는 어떤 종류가 있나요?

A 생이스트, 드라이 이스트, 인스턴트 드라이 이스트가 있습니다.

시중에서 판매되고 있는 이스트는 크게 생이스트, 드라이 이스트, 인스턴트 드라이 이스트로 나뉩니다.

생이스트

먼저 자연계에 존재하는 다양한 효모 중에서 빵을 만들기에 가장 적합한 효모를 종균으로 선별합니다. 그렇게 선별한 종균을 어느 정도 증식시킨 다음, 당밀(포도당이나 과당을 함유) 같은 양분을 첨가한 배양액 안에서 온도와 pH를 적절히 조정하고 산소를 대량 공급해 공업적으로 순수배양을 합니다. 그런 다음 원심분리기에 돌려 배양액에서 분리한 효모를 세척·탈수·압축해서 덩어리 상태로 만든 것이 생이스트(compressed yeast)입니다. 수분 함량이 70% 정도로 높아서 냉장 유통해야 하며, 소비기한도 한 달 정도밖에 되지 않습니다. 사용할 때는 물에 녹여서 씁니다.

드라이 이스트

생이스트와 종류가 달라 건조해도 죽지 않고 휴면 상태에 들어가는 효모를 배양한 다음, 배양액에서 분리한 효모를 저온에서 건조시켜 입자 형태로 만든 것이 드라이 이스트(dry yeast)입니다. 수분 함량은 7~8% 정도로, 상온에서 유통됩니다. 미개봉 상태에서는 약 2년 동안 보관이 가능합니다. 사용할 때는 드라이 이스트의 5~6배 해당하는 양의 40℃ 물에 녹여 10~15분간 그대로 두어 예비 발효를 시킨 후에 씁니다.

인스턴트 드라이 이스트

가루나 물에 분산되기 쉽도록 가공한 과립 상태의 드라이 이스트로, 믹싱할 때 분말류와 함께 섞어 사용할 수 있는 것이 인스턴트 드라이 이스트(instant dry yeast)의 가장 큰 특징입니다. 드라이 이스트보다도 발효력이 강합니다. 수분 함량은 4~5% 정도로, 상온에서 유통되며, 미개봉 상태에서는 약 2년 동안 보관이 가능합니다.

반죽에 들어가는 설탕의 양에 따라 몇 가지 타입으로 나뉘는 제품도 있습니다. 과자빵처럼 설탕이 많이 들어가는 반죽에 사용하는 고당용과 프랑스빵이나 식빵처럼 설탕이 들어가지 않는 반죽이나 소량만 들어가는 반죽에 사용하는 저당용 제품이 있습니다(Q23, Q24 참조). 또 저당용 제품 중에는 비타민C가 첨가된 제품과 첨가되지 않은 제품이 있습니다(Q25 참조).

생이스트

드라이
이스트

인스턴트
드라이
이스트

1 생이스트
2 드라이 이스트
3 인스턴트 드라이 이스트
4 인스턴트 드라이 이스트(저당용, 비타민C 첨가)
5 인스턴트 드라이 이스트(저당용, 비타민C 무첨가)
6 인스턴트 드라이 이스트(고당용)

 빵의 종류에 따라 적합한 이스트가 따로 있나요?

 설탕이 많이 들어가는 소프트한 빵이냐, 단순한 배합의 하드 계열 빵이냐에 따라 사용하는 이스트가 달라집니다.

일반적으로 설탕이 배합된 소프트한 빵에는 생이스트가 많이 쓰입니다. 드라이 이스트는 배합이 단순한 하드 계열의 빵에 적합하며, 설탕이 많이 들어가는 빵에 넣기에는 발효력이 떨어져 적합하지 않습니다. 인스턴트 드라이 이스트는 하드 타입의 빵에 주로 쓰이는 편이지만, 고당용 제품은 설탕이 많이 들어가는 빵에도 사용할 수 있습니다.

 레시피에 적혀 있는 이스트가 아닌 다른 이스트를 쓰고 싶을 때는 어떻게 해야 하나요?

 10:5:4의 비율로 바꾸어 사용합니다.

레시피에 적혀 있는 이스트가 아닌, 다른 종류의 이스트로 빵을 만들고 싶을 때는 생이스트:드라이 이스트:인스턴트 드라이 이스트를 10:5:4의 비율로 바꾸어 넣으면 거의 비슷한 수준의 발효력을 얻을 수 있습니다.

단, 당류의 배합량에 맞는 이스트를 사용하는 것이 전제되어야 합니다. 배합이 단순한 하드 계열의 빵을 생이스트로 만들거나, 설탕이 많이 들어가는 소프트한 빵을 드라이 이스트로 만드는 것은 어렵습니다.

한 번 이 비율로 만들어 보고, 완성된 빵의 상태에 따라 다음에 만들 때 사용량을 조정합니다.

 고당용 인스턴트 드라이 이스트는 설탕의 분량이 어느 정도일 때부터 쓸 수 있나요?

 밀가루 분량의 약 5% 이상일 때 사용 가능합니다.

고당용 인스턴트 드라이 이스트는 설탕의 배합량이 밀가루 분량의 약 5% 이상일 때 사용할 수 있습니다.

 저당용 이스트를 고당 반죽에, 고당용 이스트를 저당 반죽에 사용하면 발효가 되지 않나요?

 고당용 이스트를 저당 반죽에 사용하면 발효가 잘 이루어지지 않습니다.

저당용 인스턴트 드라이 이스트를 설탕이 들어간 반죽에 사용해도 설탕 배합량이 너무 많지만 않으면 어느 정도 부풀어 오릅니다. 설탕 배합량은 밀가루 양의 약 10%까지가 적당합니다. 그보다 설탕이 많이 들어갈 때는 고당용 이스트를 사용하는 것이 좋습니다.

하지만 고당용 이스트를 설탕이 들어가지 않는 반죽에 사용하면 발효가 잘 이루어지지 않아 반죽이 충분히 부풀지 않습니다.

그러니 만들고 싶은 빵에 적합한 이스트를 골라 사용하는 것이 좋습니다.

저당용과 고당용 이스트는 어떤 차이가 있나요?

저당용과 고당용 이스트는 크게 두 가지 차이점이 있습니다.

① 삼투압에 대한 내구성 차이

저당용 인스턴트 드라이 이스트는 설탕이 많은 환경에서는 세포가 수축해 발효력이 저하됩니다. 예를 들어 과일에 설탕을 뿌려 잠시 그대로 두면 설탕이 녹으면서 과일의 세포 바깥의 삼투압이 높아져 세포 안에 있던 수분이 밖으로 빠져나가면서 과일이 흐물흐물해지는데, 이 같은 일이 이스트에서도 일어납니다. 즉, 반죽 안에 설탕이 많이 함유되어 있으면 이스트의 세포가 수분을 빼앗겨 세포가 수축되어 버립니다. 이는 드라이 이스트도 마찬가지입니다.

하지만 고당용 인스턴트 드라이 이스트 세포는 삼투압에 대한 내구성이 있어 설탕이 배합된 반죽에도 사용할 수 있습니다. 이는 생이스트도 마찬가지입니다.

② 당을 분해하는 효소의 활성 차이

이스트는 당을 양분으로 삼아 알코올 발효를 하는데, 분자가 큰 당의 경우 효소가 이를 분자가 작은 포도당이나 과당으로 분해해야만 사용할 수 있습니다(Q18 '좀 더 자세히 ❶' 참조).

이스트에는 당을 분해하는 말테이스와 인버테이스라는 두 가지 효소가 있는데, 저당용 이스트와 고당용 이스트에서 이들 효소의 활성이 차이가 납니다.

설탕이 들어가지 않은 빵 반죽 안에서 알코올 발효가 일어나려면 먼저 밀가루의 효소(아밀레이스)가 밀가루 속 전분을 맥아당으로 분해하고, 이 맥아당을 이스트가 자신이 지닌 효소(말테이스)를 이용해 다시 포도당으로 분해하는 두 단계를 거칩니다. 설탕이 배합되지 않은 반죽의 경우, 이스트가 주로 이러한 메커니즘을 통해 당을 얻게 됩니다.

반면 설탕이 배합된 반죽의 경우에는 전분이 포도당으로 분해되는 동안, 또 다른 메커니즘이 작용해 이스트가 지닌 효소(인버테이스)가 설탕(자당)을 포도당과 과당으로 분해해 비교적 빠른 단계부터 발효에 사용하기 시작합니다.

하지만 설탕(자당)이 포도당과 과당으로 분해되어야 반죽 속 삼투압이 더 높아지므로 분해가 진행될수록 이스트의 세포가 수축해 발효력이 저하되어 버립니다.

그러므로 고당용 인스턴트 드라이 이스트는 저당용 인스턴트 드라이 이스트보다도 인버테이스의 활성이 낮고, 설탕을 분해하는 작용이 억제되는 것입니다.

반대로 설탕이 들어가지 않은 반죽에는 말테이스와 인버테이스의 활성이 뛰어난 저당용 이스트가 적합하며, 이러한 이스트를 설탕이 많이 들어간 반죽에 사용해도 발효가 잘 이루어지지 않습니다.

Q25 비타민C가 첨가된 이스트와 첨가되지 않은 이스트는 어떤 차이가 있나요?

 A 비타민C가 첨가되면 반죽에 탄력이 생깁니다.

시판되고 있는 인스턴트 드라이 이스트 제품에는 대부분 비타민C가 첨가되어 있습니다. 비타민C는 반죽 속 글루텐에 작용해 반죽의 탄력을 강화합니다.

반죽을 손반죽할 경우에는 믹싱이 부족해지기 쉽습니다. 이때 비타민C가 첨가된 인스턴트 드라이 이스트를 사용하면 반죽의 탄력이 강해져 구울 때 볼륨이 살아나므로 반죽을 만들다가 실패하는 일이 줄어듭니다.

 Q26 인스턴트 드라이 이스트를 물에 녹여도 될까요?

 A 인스턴트 드라이 이스트를 물에 녹였을 때는 바로 사용하세요.

인스턴트 드라이 이스트는 물에 녹이지 않고 분말 상태로 직접 첨가해 믹싱할 수 있다는 점이 장점이지만, 물에 녹여서 사용해도 상관은 없습니다. 다만, 물에 닿은 시점부터 이스트가 활성화하므로 물에 녹이자마자 사용하기 바랍니다.

그 밖의 이스트는 물에 녹여 사용하는 것이 기본 사용 방법입니다. 그러므로, 고형인 생이스트는 반죽에 잘 퍼지기 쉽도록 물에 녹인 뒤에, 드라이 이스트는 40℃의 물에 넣어 10~15분간 예비 발효를 시킨 뒤에 사용합니다. 생이스트와 드라이 이스트 모두 물에 녹이거나 예비 발효가 끝나자마자 바로 사용하도록 합니다.

인스턴트 드라이 이스트를 다른 분말 재료와 섞을 때 소금과 따로 넣는 이유는 무엇인가요?

 이스트가 소금에 취약하기 때문이지만, 그렇게까지 신경 쓰지 않아도 괜찮습니다.

소금이 이스트의 활동을 억제하는 건 사실입니다. 그래서 볼에 밀가루를 담고, 소금과 인스턴트 드라이 이스트를 첨가할 때, 이 둘이 서로 닿지 않도록 넣어야 한다는 말을 자주 들을 것입니다. 하지만 이스트가 소금과 닿자마자 바로 활동성이 떨어지는 것도 아니고, 어차피 물을 부어 섞으면 하나가 되므로 이 책에서는 그렇게까지 신경 쓸 필요는 없을 것 같습니다. 일부러 인스턴트 드라이 이스트에 소금을 뿌리지만 않으면 된다고 생각하면 됩니다.

이스트가 소금에 취약한 이유는 삼투압으로 인해 이스트의 수분이 밖으로 빠져나와 사멸되기 때문입니다. 설탕의 경우도 삼투압이 일어나기는 하지만 소금이 설탕보다 6배나 강하게 삼투압이 작용합니다.

 이스트는 어떻게 보관해야 하나요?

 기본적으로는 냉장 보관합니다.

생이스트는 살아 있는 이스트 세포가 모인 것이므로 온도가 상승하면 활동을 시작합니다. 그리고 이스트는 4℃ 이하가 되면 휴면 상태에 들어가 활동을 중지하는 성질이 있기 때문에 생이스트는 항상 냉장고에 보관해야 합니다.

드라이 이스트나 인스턴트 드라이 이스트는 수분 함량이 적어서 온도가 다소 상승하더라도 휴면 상태에서 깨어나지 않습니다. 그러므로 미개봉 제품은 어둡고 서늘한 곳에 보관하고, 개봉한 제품은 잘 밀봉해서 냉장고에 보관하면 됩니다. 어떤 타입의 이스트든 개봉 후에는 활성이 저하되므로 소비기한에 상관없이 되도록 빨리 사용하는 것이 좋습니다.

Q 29 천연 효모는 무엇인가요?

 A **천연 효모는 과일이나 곡물 등에 자연적으로 붙어 있는 효모입니다.**

시판용 이스트는 자연계에 존재하는 수많은 효모 중에서 빵을 만들기에 적합한 특정 효모를 선별해 인공적으로 순수배양을 한 것입니다.

반면 천연 효모라 불리는 것은 과실이나 곡물 같은 소재에 자연적으로 붙어 있는 효모를 말합니다. 이 효모가 부착되어 있는 소재에 물과 필요한 당류를 첨가해 수일에 걸쳐 효모를 증식시켜 배양액을 만듭니다. 이렇게 만든 배양액과 가루를 반죽해서 발효시킨 것을 자가제 효모종이라고 합니다.

이 자가제 효모종에 함유된 효모는 한 종류만 있지 않습니다. 또 원래 소재에는 효모뿐만 아니라 젖산균이나 초산균 같은 세균도 붙어 있어, 이들이 동시에 증식합니다. 이들은 유기산(젖산 lactic acid, 초산 acetic acid 등)을 발생시켜 독특한 향이나 풍미를 만듭니다.

자가제 효모종을 과실이나 곡물 등을 이용해 직접 만들 때는 어떤 소재로 종을 만드는지에 따라 맛이 달라지는 재미도 느낄 수 있습니다.

또 시중에 판매되는 효모종 제품 중에 드라이 이스트처럼 쓸 수 있는 분말 타입의 제품이나 가루와 섞여 반죽 상태로 나오는 제품 등도 있을 만큼 종류가 다양합니다.

'천연'과 '인공'이라는 표현을 들으면 무조건 자연적인 제품이 좋다는 생각에 사로잡힐 수도 있지만, 시중에 판매되는 이스트도 본래 자연계에 존재하는 효모입니다. 어느 한쪽을 사용해야 꼭 빵이 맛있게 구워지는 것이 아니며, 완성된 빵도 사람마다 호불호가 갈릴 수 있습니다.

 Q 30 자가제 효모종을 사용한 빵은 시판용 이스트를 사용한 빵과 어떤 차이가 있나요?

 A **빵이 부푸는 정도나 풍미, 맛에서 차이가 납니다.**

시중에 판매되는 이스트는 발효력이 뛰어나고 안정되어 있어 같은 재료와 제법으로 만들면 발효에 걸리는 시간을 대략적으로 예측할 수 있어 상태가 비슷한 빵을 만들기 쉽다는 장점이 있습니다.

하지만 자가제 효모종(**Q29** 참조)은 발효력이 약하다 보니 발효에 오랜 시간이 걸립니다. 시간이 오래 걸리는 만큼 유기산 같은 부산물이 증가하므로 다채롭고 깊은 풍미와 맛을 낸다고 할 수 있습니다(**Q101** 참조).

크러스트(겉껍질)나 크럼(속살)이 시판용 이스트를 써서는 얻을 수 없는 독특한 식감을 낸다는 점 또한 특징입니다.

소금에 관한 궁금증

 소금은 어떤 역할을 하나요?

 짠맛을 내는 것 외에도 빵의 탄력이나 볼륨에 영향을 끼칩니다.

보통 빵을 먹을 때 짠맛을 의식하는 경우는 거의 없겠지만, 소금이 들어가지 않으면 전혀 다른 맛의 빵이 되어 버립니다.

소금은 빵 맛을 결정하는 중요한 재료인 동시에 반죽의 연결을 강화하는 역할 등도 담당하고 있습니다. 달콤한 빵을 만들 때도 소금을 반드시 넣어야 하는 이유는 소금이 단순히 짠맛을 내기만 하는 존재가 아니기 때문입니다.

소금의 배합량은 그리 많지 않지만, 소량으로도 빵의 맛이나 반죽의 물리적인 성질에 큰 영향을 끼칩니다.

❶ 빵의 맛을 조절한다

소금을 넣지 않은 빵은 무언가 부족한 느낌이 듭니다. 소금은 짠맛을 내줄 뿐만 아니라, 빵의 풍미나 설탕의 단맛을 끌어올리는 등 빵을 더 맛있게 만듭니다.

❷ 글루텐의 점성과 탄력을 강화한다

반죽 속에서 글루텐이 형성될 때, 소금은 글루텐의 그물망 구조를 촘촘하게 만들 수 있도록 작용합니다. 그 결과, 탄력이 강하고 팽팽한 반죽이 만들어지고, 부드럽고 볼륨 있는 빵이 만들어집니다.

❸ 발효 속도를 조절한다

알코올 발효가 빠르게 진행되어 탄산가스가 단시간에 발생하면 향이 부족하고 맛도 싱거운 빵이 만들어집니다(**Q101** 참조). 먹었을 때 맛있다고 느껴질 정도의 소금이 들어가게 되면 소금에 의해 이스트의 활동이 어느 정도 억제되어 발효가 적당한 속도로 진행됩니다. 소금이 너무 많이 들어가면 맛이 짤 뿐만 아니라, 탄산가스 발생량도 현저히 줄어들어 버립니다.

❹ 잡균의 번식을 억제한다

소금은 잡균의 번식을 막는 역할도 합니다. 그 결과, 이스트가 적정 환경에서 활동할 수 있게 됩니다.

 빵을 만들기에 적합한 소금이 있나요?

 취향껏 고르면 되지만, 염화나트륨 함량에 주의하세요.

짠맛이나 풍미를 중요하게 생각하는 사람이라면 취향에 맞는 천일염이나 암염 등을 사용해도 됩니다. 다만, 소금의 주성분인 염화나트륨 함량이 90% 이상이어야 빵을 만들기에 적합합니다.

소금은 짠맛을 내는 염화나트륨에 간수라 불리는 성분(마그네슘이나 칼륨 등의 화합물)이 더해져 짠맛을 완화한다고 알려져 있습니다.

소금 중에는 염화나트륨이 99% 이상인 것도 있고, 간수 성분이 많이 들어가 그만큼 염화나트륨이 적은 것도 있는데, 빵을 만들 때 소금의 역할을 담당하는 것은 어디까지나 염화나트륨입니다. 그러므로 염화나트륨의 양에 신경 쓸 필요가 있습니다. 염화나트륨의 양이 극단적으로 적으면 빵의 완성도에 영향을 끼칩니다.

Q 33 탈지분유는 어떤 역할을 하나요?

 A 우유의 풍미를 첨가할 뿐만 아니라, 빵을 구울 때 노릇노릇한 색을 입히는 역할도 합니다.

빵에 우유의 풍미와 향을 더하고 싶다면 탈지분유를 넣어줍니다. 빵을 먹었을 때, 우유의 진한 풍미를 느끼고 싶다면 탈지분유를 밀가루 분량의 7~8% 이상 넣어주세요.

그보다 적은 양을 넣더라도 반죽을 구웠을 때 진한 색을 낼 수 있습니다. 탈지분유에 들어 있는 유당은 당의 일종으로, 빵을 구울 때 색을 내는 역할을 합니다.

좀 더 자세히

유당은 이스트의 양분이 되지 않나요?

유당(milk sugar)은 포도당과 갈락토스(galactose)가 결합된 당입니다. 당은 대부분 발효 과정에서 이스트의 양분이 되지만(Q18 참조), 이스트는 유당을 그대로 사용할 수 없으며 밀가루나 이스트에도 유당을 분해할 수 있는 효소가 들어 있지 않아 작은 분자로 분해해서 사용할 수도 없습니다. 그렇기에 유당은 굽는 단계까지 반죽에 남아 있습니다.

굽는 단계에서 반죽에 열이 가해지면 밀가루 등에서 유래한 단백질이나 아미노산, 환원당이 반응합니다. 그리고 갈색을 내는 물질과 고소한 향이 되는 물질을 발생시키는 아미노카르보닐반응(amino carbonyl reaction)이 일어납니다(Q36 '좀 더 자세히' 참조). 유당은 환원당에 속하므로 이 반응을 촉진하고, 그 결과 빵이 노릇노릇하게 구워집니다.

 Q 34 어째서 우유가 아닌 탈지분유를 사용하나요?

 A 가격이 저렴하고, 쓰기 편하기 때문입니다.

빵을 만들 때 탈지분유를 주로 사용하는 이유는 우유보다 저렴하게 살 수 있고, 오래 보관할 수 있으며, 쓰기 편하기 때문입니다. 가정에는 우유가 상비되어 있는 경우가 많으므로 탈지분유 대신 우유를 사용해도 됩니다(**Q35** 참조).

Q 35 탈지분유 대신 우유를 사용하려면 어떻게 해야 하나요?

 A **탈지분유 분량의 10배에 해당하는 우유를 넣고, 그만큼 물을 줄입니다.**

탈지분유는 우유에서 수분과 유지방을 제거한 것으로, 탈지분유 대신 우유를 사용할 때는 탈지분유가 우유 중량의 10%에 해당한다고 생각합시다. 어째서 10%일까요?

우유에는 단백질, 탄수화물, 지질(유지방), 미네랄 같은 고형분이 함유되어 있습니다. 이들 가운데 유지방을 제외한 고형분(무지유고형분)이 일반적인 우유에 약 10% 함유되어 있는데, 이것이 탈지분유에 거의 상응하기 때문입니다.

분말 형태인 탈지분유 대신 액체인 우유를 넣게 되므로 잊지 말고 그만큼 물의 양을 줄이길 바랍니다. 우유 중량의 10%가 탈지분유에 상응하는 무지유고형분이므로 나머지 90%를 수분이라 생각하고, 그만큼 배합할 물의 양을 줄입니다.

우유는 분말 재료를 섞은 후에 첨가합니다. 작업용 물에서 조정수(**Q78** 참조)를 덜어내고 남은 물과 합쳐서 가루에 넣으세요.

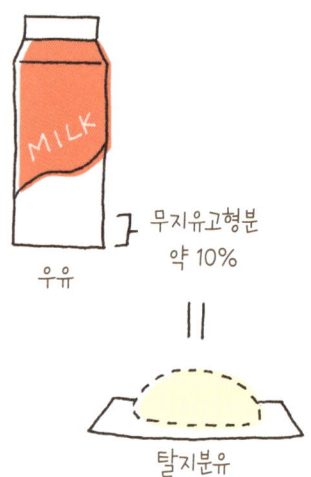

우유

무지유고형분
약 10%

탈지분유

Q 36 설탕은 어떤 역할을 하나요?

 A 단맛을 내거나 구울 때 색을 더하고, 빵이 촉촉하게 구워지게 합니다.

설탕을 첨가하는 가장 큰 목적은 단맛을 내는 것이지만, 이 목적 외에 다른 몇 가지 효과가 있습니다.

❶ **단맛을 첨가한다**

❷ **이스트의 영양원이 된다**

이스트는 자신이 지닌 인버테이스라는 효소로 설탕의 주성분인 자당을 포도당과 과당으로 분해하고, 이를 양분 삼아 알코올 발효를 진행합니다(**Q18** '좀 더 자세히 ①' 참조).

❸ **빵을 구울 때, 진한 색을 낸다**

빵의 종류 중에는 설탕을 배합하는 것과 그렇지 않은 것이 있는데, 설탕의 양이 증가할수록 반죽을 구울 때 노릇노릇한 색을 내기가 쉬워집니다.

원래 빵에 색이 입혀지는 메커니즘은 재료에 함유된 단백질이나 아미노산, 환원당이 고온에서 함께 가열되어 갈색을 띠게 되고 고소한 향기가 나오는 일종의 화학 반응에 의한 것입니다. 이를 아미노카르보닐 반응(마이야르 반응 Maillard reaction)이라고 합니다.

밀가루, 달걀, 탈지분유, 버터 등에도 단백질이나 아미노산, 환원당이 각각 함유되어 있으므로 설탕을 넣지 않은 빵도 구웠을 때 노릇노릇해지지만, 설탕을 넣으면 환원당이 많아져 이 반응이 촉진되어 더 진한 색이 나옵니다.

또 빵을 구울 때 입혀지는 색은 아미노카르보닐 반응에 의한 것이지만, 이때 고온에서 캐러멜화 반응이 동시에 일어나게 됩니다. 캐러멜화 반응(caramelization)은 푸딩에 들어가는 캐러멜 소스처럼 달콤하고 향긋한 향을 발생시킵니다. 온도가 올라갈수록 점차 타는 냄새가 나고, 쓴맛이 나게 됩니다.

❹ **빵이 촉촉하게 구워지게 한다**

설탕에는 물을 흡착해서 유지하는 '보수성 保水性'이라는 성질이 있습니다.

빵 반죽은 오븐에 굽는 단계에서 반죽 속 수분이 어느 정도 증발하면서 구워집니다. 이때 반죽에 설탕이 배합되어 있으면 설탕이 반죽 속으로 물을 끌어들여 증발을 어느 정도 막으므로 빵이 촉촉하게 구워집니다.

❺ 빵이 잘 굳지 않게 한다

빵은 시간이 지날수록 딱딱하게 굳습니다. 빵에서 수분이 증발하면서 굳기도 하지만, 그 밖에도 빵의 부드럽고 촉촉한 식감을 만들어 내는 밀가루 전분의 구조가 시간이 지나면서 점차 변해 굳어버리기 때문입니다.

굽는 단계에서 반죽에 열이 가해지면 전분의 치밀했던 구조가 느슨해지면서 그 틈 사이로 수분이 침투할 수 있게 되어 반죽 속의 물을 흡수하기 시작합니다. 그리고 전분은 '호화 糊化(**Q137** 참조)'되어 부드러워지면서 빵의 폭신폭신한 몸통을 만들어 냅니다. 이렇게 부드러웠던 빵이 시간이 지날수록 굳는 이유는 호화된 전분이 '노화 老化(**Q154** 참조)'되기 때문입니다. 전분이 노화되면 마치 호화되기 전의 치밀한 구조로 돌아가려는 것처럼 구조 안에 갇혀 있던 물을 배출하고, 느슨해진 일부 구조가 결합해 딱딱해집니다.

반죽에 설탕을 배합하면 설탕은 물에 녹은 상태로 전분 구조 사이에 파고들어 갑니다. 그렇게 되면 전분에 노화가 일어나도 물을 흡착해서 유지하는 보수성을 지닌 설탕이 수분을 흡착한 채로 전분 구조 안에 머물러서 쉽게 굳지 않게 됩니다.

좀 더 자세히

반죽을 구울 때 색이 입혀지는 메커니즘 아미노카르보닐 반응이란?

식품을 가열하면 색이 입혀지는 현상은 주로 아미노카르보닐 반응(amino carbonyl reaction 마이야르 반응 Maillard reaction)이라 불리는 화학 반응에 의해 일어납니다. 식품에 함유된 '단백질(수많은 아미노산이 결합한 것)이나 아미노산'과 '환원당(※참조)'이(을) 약 160℃ 이상의 고온에서 함께 가열하면 '구웠을 때 갈색을 띠는 물질(멜라노이딘 melanoidine)'과 '고소한 향이 되는 물질'을 발생시킵니다.

고기, 생선, 달걀 등을 구웠을 때, 갈색으로 변하는 것도 같은 반응이 일어나기 때문입니다. 이 경우에는 한 가지 식품에 단백질과 아미노산, 환원당이 모두 함유되어 있어 이들 성분이 반응하는 것입니다. 빵의 재료 중에서는 밀가루, 탈지분유, 버터 등에 이러한 성분들이 함유되어 있습니다.

하지만 설탕은 주성분인 자당이 환원당도 아닌 데다 단백질과 아미노산을 함유하고 있지도 않습니다. 그러나 자당은 열과 산에 의해 포도당과 과당으로 분해되므로 설탕이 단백질이나 아미노산이 함유된 다른 재료와 함께 가열되면 아미노카르보닐 반응이 촉진됩니다.

※ 환원당(還元糖, reducing sugar)…포도당, 과당, 맥아당, 유당 등이 환원당으로 분류됩니다. 반응성이 높은 부분(환원기)을 가지고 있어 이 부분이 단백질이나 아미노산과 결합해 아미노카르보닐 반응을 일으킵니다. 참고로 설탕의 주성분인 자당은 포도당과 과당이 결합한 것이지만, 환원당은 아닙니다. 왜냐하면 포도당과 과당의 환원기끼리 결합해서 환원성이 없기 때문입니다.

Q37 빵을 만들 때는 어떤 설탕을 사용하는 것이 좋을까요?

A 보통 그래뉴당을 사용합니다.

일본 가정에서는 상백당(上白糖)을 많이 쓰지만, 유럽과 미국에는 상백당이 없으며, 설탕이라고 하면 기본적으로 그래뉴당(granulated sugar)을 가리킵니다. 그래서 빵이나 양과자를 만들 때 일반적으로 그래뉴당을 사용합니다. 하지만 일본에서는 둘 다 구할 수 있으므로 그래뉴당과 상백당의 특징을 잘 이해해 적절히 구분해서 사용하면 좋습니다.

> **좀 더 자세히**

그래뉴당과 상백당의 차이점은?

상백당의 성분은 대부분 자당이며, 그 밖에도 전화당(※참조)과 회분(미네랄)이 소량 함유되어 있습니다. 상백당은 그래뉴당보다 전화당이 많으며, 다음과 같은 성질의 차이를 만듭니다.

※ 전화당…포도당과 과당의 혼합물. 같은 양의 포도당과 과당이 혼합된 것으로, 자당처럼 결합해 있지는 않습니다.

① 단맛

그래뉴당은 깔끔한 단맛을 내고, 상백당은 여운이 느껴지는 단맛을 냅니다. 전화당이 자당보다 단맛이 강하게 느껴지기 때문입니다.

② 촉촉함

그래뉴당 대신 상백당을 사용하면 촉촉한 빵이 만들어집니다. 상백당의 양이 늘어나면 빵에서 끈적임이 느껴질 정도입니다. 전화당은 보수성이 뛰어나므로 반죽을 구울 때 수분이 쉽게 증발하지 않기 때문입니다.

③ 부드러움

상백당을 사용하면 시간이 지나도 빵이 부드러운 식감을 더 오래 유지합니다. 빵이 굳는 이유는 부드러웠던 전분이 노화되면서 전분 구조에 갇혀 있던 물을 배출하기 때문입니다. 설탕에도 원래 보수성이 있어 전분의 노화를 방지해 빵이 쉽게 굳어지지 않게 하지만(Q36 참조), 전화당이 많은 상백당은 보수성이 더 뛰어나서 그 효과가 더 커집니다.

④ 구웠을 때 나는 색

전화당은 환원당에 속하므로 아미노카르보닐반응(마이야르 반응, Q36 '좀 더 자세히' 참조)이 일어나기 쉽습니다. 따라서 상백당을 썼을 때, 빵의 색이 더 진하게 나옵니다.

이 책에서는 모든 빵에 그래뉴당을 사용하고 있지만, 예를 들어 과자빵에는 상백당을 사용해 필링에 잘 어울리는 촉촉한 반죽을 만드는 식으로 빵을 만들 때 이러한 성질을 고려하면 더 좋을 것입니다. 만들고 싶은 빵에 맞게 잘 구분해서 사용하면 됩니다.

● 그래뉴당과 상백당의 성분 비교

	자당	전화당	회분	수분
그래뉴당	99.97%	0.01%	0.00%	0.01%
상백당	97.69%	1.20%	0.01%	0.68%

유지에 관한 궁금증

 Q 38 유지의 역할은 무엇인가요?

 A 빵의 볼륨을 만들고, 결이 곱고 부드럽게 구워지게 하는 역할을 합니다.

빵의 종류는 매우 다양하지만, 대부분의 빵에는 유지가 들어갑니다. 밀가루에 대한 유지의 비율은 식빵이 2~8%, 버터 롤이 10~15%, 브리오슈가 30~60%입니다.

유지를 첨가하는 가장 큰 목적은 진한 맛을 내기 위함입니다. 이 밖에도 빵을 구웠을 때 크러스트(겉껍질)는 얇고 부드러우며, 크림(속살)은 결이 곱고 부드러우며 볼륨 있게 나오는 효과도 있습니다.

또 유지는 구운 빵이 보관 중에 굳는 것을 방지합니다. 이는 유지의 코팅 작용으로, 빵에서 수분이 쉽게 증발하지 않도록 하는 것이 주요 목적이지만, 유지가 빵 조직 속에 얇은 층처럼 퍼짐으로써 조직 전체의 유연성을 유지하는 결과라고 생각할 수도 있습니다.

Q39 빵을 만들 때 자주 쓰이는 유지는 무엇인가요?

 A 버터, 마가린, 쇼트닝입니다.

빵에는 버터, 마가린, 쇼트닝 같은 고형 유지를 사용하는 것이 일반적입니다.

유지가 들어가는 빵은 밀가루, 물, 이스트, 소금 등 유지 이외의 재료를 먼저 치댄 다음, 반죽에 글루텐이 형성되어 탄력이 생기면 그다음에 유지를 섞어야 믹싱을 효율적으로 할 수 있습니다(Q87 참조).

탄력이 생긴 반죽에는 적당히 부드럽게 한 고형 유지를 넣어야 반죽에 잘 어우러져 쉽게 섞을 수 있습니다. 이때 액상 유지를 넣으면 반죽에 섞으려 해도 유지에 반죽이 미끄러져 좀처럼 잘 섞이지 않습니다. 그렇기에 고형 유지를 사용하는 것입니다.

일부 빵에는 올리브유나 샐러드유 같은 액상 유지를 넣는 경우도 있습니다. 그런 경우에는 믹싱을 시작할 때부터 유지를 포함한 모든 재료를 한꺼번에 넣고 섞어서 만들어야 결과물이 좋게 나옵니다.

좀 더 자세히

고형 유지가 지닌 가소성(可塑性)의 장점

버터나 쇼트닝 같은 고형 유지의 장점은 외부에서 힘을 가했을 때 점토처럼 모양을 바꿔 그 형태를 유지하는 성질, 즉 가소성을 지녔다는 것입니다. 빵을 만들 때, 이러한 성질이 넣 가시 경우에 활용됩니다.

먼저 고형 유지를 이겨 넣은 반죽은 부풀어 늘어났을 때 반죽과 함께 유지도 늘어나며, 늘어난 상태에서 그 형태를 유지할 수 있으므로 반죽이 부푼 상태를 유지하기 쉽다는 점을 들 수 있습니다. 그 결과 구웠을 때 빵에 볼륨이 생깁니다. 이 점에 대해 자세히 생각해 봅시다.

이겨 넣은 유지는 반죽 안의 글루텐 막을 따라, 혹은 전분 입자 사이로 넓게 분산됩니다. 반죽이 늘어날 때는 반죽에 가해지는 힘과 같은 방향으로 글루텐이 늘어나는데, 이때 글루텐 막을 따라 분산된 유지가 윤활유 역할을 해서 반죽이 잘 늘어나게 합니다. 반죽이 잘 늘어나게 되면 발효나 굽는 과정에서 반죽이 부풀 때, 반죽에 부드러운 압력이 가해져 전체적으로 잘 부풀어 오르게 됩니다. 고형 유지에는 가소성이 있으므로 글루텐과 함께 힘이 가해지는 방향으로 늘어나 그 형태를 유지합니다.

반대로 액상 유지는 가소성이 없는 데다 고형 유지처럼 단단하지도 않습니다. 그래서 밀가루 분량의 약 5% 수준에서는 고형이나 액상 유지 중 어느 쪽을 사용해도 완성되는 빵의 볼륨에 큰 차이가 없지만, 액상 유지를 밀가루 분량의 약 10% 이상 넣게 되면 반죽이 아무리 잘 늘어나도 축 처지기 쉽습니다. 반죽이 처져 버리면 부풀었던 반죽이 긴장(Q128 '좀 더 자세히' 참조)을 유지하지 못해 부푼 형태를 유지할 수 없게 됩니다. 참고로 고형 유지는 밀가루 분량의 약 50~60%까지 넣을 수 있으며, 이 책에서도 브리오슈에 버터가 밀가루 분량의 50%가 들어갑니다. 원래 브리오슈라는 빵 자체가 진한 버터의 풍미를 내기 위해 버터를 많이 넣는 편이지만, 버터를 그렇게나 많이 넣어도 부푼 형태를 유지할 수 있는 까닭은 고형 유지가 지닌 가소성 덕분입니다.

Q 40 유지는 어떻게 구분해서 사용해야 하나요?

 A 빵에 더해지는 풍미나 식감을 고려해 선택합니다.

버터, 마가린, 쇼트닝 등 어떤 유지를 사용해도 빵을 만들 수 있지만, 각각의 특징을 잘 알아본 후에 적합한 재료를 선택해 봅시다.

버터

버터는 우유의 유지방을 모아 만든 유제품 중 하나로, 독특한 풍미를 빵에 더할 수 있습니다. 또 가열하면 아미노카르보닐 반응(**Q36** '좀 더 자세히' 참조)이 일어나 고소한 향이 생깁니다.

버터
포마드 : 약 23℃
녹는 온도 : 약 32℃

마가린

마가린은 오래전에 프랑스에 버터 대용품으로 개발된 것으로, 식물성 유지나 동물 유지에 분유나 발효유, 소금 등을 첨가해 수분과 유화시켜 만듭니다. 버터와 비슷한 풍미를 내면서도 가격이 저렴하다는 점이나 버터보다 가소성을 발휘할 수 있는 온도의 범위가 넓어 빵을 만들기에 적합하다는 점 등이 평가를 받아 널리 쓰이고 있습니다.

마가린
포마드 : 약 32℃
녹는 온도 : 약 43℃

쇼트닝

쇼트닝은 식물성 유지나 동물성 유지를 주원료로 한 반죽 전용 고형 유지로 개발되었습니다. 거의 100% 유지로 만들어졌으며, 수분이나 유성분이 들어 있지 않아 흰색을 띠며, 맛과 향이 거의 없습니다. 그렇기에 빵에 발라 먹는 용도로는 사용하지 않으며, 빵이나 과자의 재료로 쓰입니다.

쇼트닝을 사용해 빵이나 쿠키를 구우면 바삭한 식감을 냅니다. 이러한 식감을 낼 만큼 무르고 잘 부서지게 하는 성질(쇼트닝성)을 지닌 것이 쇼트닝의 가장 큰 특징입니다. 또한 믹싱할 때, 반죽에 섞기 쉽다는 장점도 있습니다.

쇼트닝과 버터를 함께 사용할 때가 있는데, 그 이유는 무엇인가요?

 쇼트닝으로 식감을 좋게 하고, 버터로 풍미를 내기 위해서입니다.

빵에 배합하는 유지로 버터만을 사용하면 버터의 독특한 풍미나 풍부한 맛을 얻을 수는 있지만, 배합량이 늘어나면 먹었을 때 조금 무거운 느낌이 듭니다. 반대로 쇼트닝만 사용하면 유지가 주는 풍미가 전혀 없지만, 크러스트(겉껍질)가 바삭하고 전체적으로 씹는 맛이 좋은 가벼운 식감의 빵이 만들어집니다.

이처럼 쇼트닝과 버터는 서로 다른 성질을 지녔으므로 두 가지를 원하는 비율로 섞어 사용하면 쇼트닝으로 식감은 살리면서도 버터로 풍미를 보충할 수 있습니다.

 버터를 실온에 미리 꺼내 둘 때, 어떤 상태가 되어야 하나요?

 손가락으로 조금 세게 눌렀을 때, 손가락이 들어갈 정도여야 합니다.

냉장고에서 바로 꺼낸 버터는 차갑게 굳어 있어 그 상태로는 믹싱을 해도 잘 섞이지 않습니다. 그렇기에 버터를 냉장고에서 미리 꺼내 온도를 올려 부드럽게 해 둡니다.

버터 덩어리를 손가락으로 눌러 보았을 때, 힘을 주면 손가락이 들어갈 정도가 딱 적당합니다. 이때 손가락이 쑥 들어간다면 너무 부드러워졌다고 보면 됩니다.

● 버터의 경도를 확인하는 방법

너무 딱딱함
손가락 끝으로 눌러도 버터의 모양이 바뀌지 않는다.

적당한 정도
손가락 끝에 힘을 주어 누르면 살짝 들어간다.

너무 부드러움
손가락 끝에 힘을 주지 않아도 쑥 들어간다.

Q 43 버터가 녹아 버렸는데, 쓸 수 있나요?

A 버터가 녹아 액체 상태가 되면 반죽에 잘 섞이지 않게 됩니다.

빵 반죽에 버터를 넣을 때는 일반적으로 버터를 제외한 다른 재료를 먼저 치댑니다. 그러다가 반죽에 글루텐이 형성되어 탄력이 생기면 나중에 버터를 넣고 다시 치댑니다(**Q87** 참조).

버터 같은 고형 유지는 외부에서 힘을 가하면 점토처럼 모양을 바꿔 그 형태를 유지하는 성질(가소성 可塑性)이 있습니다. 반죽에 섞을 유지에 가소성이 있으면 글루텐 막을 따라 유지가 얇은 층처럼 분산되어 반죽에 더 잘 섞입니다.

버터가 이러한 성질을 발휘할 수 있는 것은 버터가 적절히 부드러워진 상태일 때뿐입니다(**Q42** 참조). 따라서 이미 녹아 버린 버터는 가소성을 잃어 탄력이 생긴 반죽에 섞으려고 해도 잘 섞이지 않습니다(**Q39** 참조). 게다가 녹은 버터에서 수분(성분의 약 16%)이 분리되어 반죽의 경도에도 영향을 끼치므로 기본적으로는 사용해서는 안 됩니다.

> **좀 더 자세히**
>
> **녹은 버터를 냉장고에 넣어 다시 차갑게 굳혔다가 사용해도 될까요?**
>
> 버터가 액체 상태로 녹아 버려도 냉장고에 넣으면 다시 굳습니다. 하지만 부드러웠던 질감이 꺼끌꺼끌해지고, 온도가 조금이라도 다시 오르면 또다시 녹아 버립니다. 게다가 한번 녹은 버터는 가소성을 잃게 됩니다.
>
> 이런 상태가 된 버터는 발효 온도에서 녹을 우려가 있으며, 빵의 재료로 사용하면 빵이 원하는 대로 부풀지 않습니다. 그렇기에 녹은 버터를 차갑게 굳혀 다시 사용하거나 녹은 버터를 그대로 사용하거나 하는 것을 권하지 않습니다. 이 책에서 냉장고에서 바로 꺼낸 차가운 버터를 실온에서 부드럽게 하는 이유는 전자레인지나 중탕을 이용해 버터를 데우다가 자칫 완전히 녹아 액체 상태가 될 수 있기 때문입니다.

 Q 44 무염 버터를 사용하는 편이 좋을까요?

 A 가염 버터를 많이 쓸 때는 소금의 배합량을 줄입니다.

이 책에서는 무염 버터를 사용하지만, 가염 버터를 사용해도 괜찮습니다.

일반적인 가염 버터에는 염분이 1~2% 함유되어 있습니다. 버터의 배합량이 적을 때는 가염 버터를 쓰더라도 버터에 든 염분이 워낙 미량이라 소금의 배합량을 바꿀 필요가 없지만, 버터를 많이 사용할 때는 소금의 배합량을 줄입니다. 이때 버터로 더해질 염분의 양을 미리 계산해 소금의 배합량을 줄여도 되지만, 완성된 빵을 맛보고 취향껏 간을 맞추어도 상관없습니다.

이는 가염 마가린을 사용할 때도 마찬가지입니다.

달걀에 관한 궁금증

 Q 45 달걀은 어떤 역할을 하나요?

 A 맛, 식감, 색에 영향을 끼칩니다.

이 책에서 사용하는 M 사이즈의 전란 1개에는 달걀노른자가 18~20g, 달걀흰자가 35g가량 들어 있습니다. 달걀노른자와 달걀흰자는 반죽에 서로 다른 영향을 끼치는데, 각각 다음과 같은 특징이 있습니다.

계란 1개당 노른자, 흰자, 껍질의 비율은 평균 6:3:1입니다. 우리나라 달걀 60g을 기준으로 보면 노른자는 36g, 흰자는 18g, 껍질은 6g이 됩니다. 일본의 계란도 비율도 따져보면 평균 6:3:1에 가깝습니다.

❶ 맛에 끼치는 영향

달걀노른자는 빵에 진하고 깊은 풍미를 부여합니다. 빵을 먹을 때, 달걀의 풍미를 느끼게 하려면 전란은 밀가루 분량의 15% 이상, 달걀노른자만 사용할 때는 밀가루 분량의 6% 이상을 넣어야 합니다.

❷ 식감에 끼치는 영향

달걀노른자는 지질이 성분의 약 3분의 1을 차지하고, 레시틴이라는 유화제(※참조)를 함유하고 있습니다. 레시틴의 작용으로 크림(속살)의 결이 고와지고 촉촉하고 부드러워져서 빵에 볼륨이 생깁니다.

달걀흰자는 오브알부민(ovalbumin)이라는 단백질이 절반 정도를 차지하는데, 이것이 열에 응고되면 씹는 맛이 좋은 식감을 냅니다.

※유화제…원래 서로 섞이지 않는 물과 기름의 중간 역할을 해서 둘을 잘 섞이게 하는 작용(유화작용)을 하는 물질을 말한다.

❸ 색에 끼치는 영향

달걀노른자에는 노란색~오렌지색을 띠는 카로티노이드(carotenoid)라는 색소가 함유되어 있습니다. 이 색소 때문에 크림이 노릇노릇해져 맛있어 보이게 됩니다.

Q 46 전란을 사용하는 경우와 달걀노른자만을 사용하는 경우는 무엇이 다른가요?

 A 전란을 사용하면 씹는 맛이 좋아집니다.

달걀을 사용할 때는 일반적으로 전란을 사용하거나 달걀노른자를 사용합니다. 달걀흰자의 배합량이 너무 많으면 빵이 퍼석퍼석하게 구워지기 때문입니다.

반대로 달걀노른자만 사용하면 빵이 촉촉하고 부드럽게 구워집니다. 다만, 브리오슈처럼 달걀 배합량이 많은 빵을 달걀노른자만 넣어 구우면 먹을 때 묵직한 느낌이 듭니다. 그럴 때는 전란과 달걀노른자를 적절히 섞어 빵을 가벼우면서도 씹는 맛이 좋게 만듭니다.

몰트 엑기스에 관한 궁금증

 Q 47 몰트 엑기스란 무엇인가요?

 A 맥아당을 농축한 시럽입니다.

몰트(malt) 엑기스는 발아한 보리를 끓여서 만드는 맥아당(moltose)을 농축한 엑기스로, 몰트 시럽이라고도 부릅니다.

보리가 발아할 때는 아밀레이스(amylase)라고 하는 효소가 활성화되어 보리 속 전분을 맥아당으로 분해합니다. 그래서 몰트 엑기스에는 맥아당 외에도 아밀레이스가 함께 들어 있습니다. 이 아밀레이스가 빵 반죽에 들어가 밀 전분을 맥아당으로 분해하는 작용을 합니다(**Q18** '좀 더 자세히①' 참조).

 Q 48 몰트 엑기스는 어떤 역할을 하나요?

 A 이스트의 양분이 되며, 반죽을 구울 때 진한 색을 입히는 작용도 합니다.

몰트 엑기스는 주로 프랑스빵처럼 배합이 단순한 하드 계열의 빵에 사용합니다. 몰트 엑기스는 넣으면 안정된 상태에서 발효를 시작할 수 있어 설탕 같은 단맛을 넣지 않고도 빵을 노릇노릇하게 구울 수 있습니다.

❶ 안정된 상태에서 발효할 수 있게 돕는다

이 책에서는 프랑스빵에 몰트 엑기스를 첨가했습니다. 프랑스빵은 설탕을 넣지 않으며, 이스트도 최대한 적게 넣어 만듭니다. 이스트가 당을 양분 삼아 알코올 발효를 진행해 탄산가스를 발생시켜야 그 가스를 이용해 빵 반죽을 부풀리는데, 프랑스빵처럼 이스트도 적게 들어가고 당도 적은 조건에서는 시간을 들여 천천히 발효를 진행하게 됩니다.

또한 완성된 반죽을 발효기에 넣는다고 해서 바로 이스트가 알코올 발효를 시작하는 것도 아닙니다.

이스트가 알코올 발효를 위해 양분으로 바로 쓸 수 있는 것은 포도당이나 과당처럼 분자가 작은 당입니다(**Q18** '좀 더 자세히①' 참조). 만약 반죽에 설탕(성분의 약 99%가 자당)이 배합되어 있다면 이스트는 자당을 포도당과 과당으로 분해해 바로 양분으로 쓸 수 있으므로 이른 단계에서부터 알코올 발효가 진행될 것입니다.

하지만 프랑스빵은 분자가 큰 밀가루 전분을 자신이 지닌 효소(아밀레이스)로 분해해 맥아당을 만들고, 이를 다시 이스트가 포도당으로 분해해야만 양분으로 쓸 수 있으므로 실제로 이스트가 알코올 발효를 시작하기까지 많은 시간이 소요됩니다.

그런데 몰트 엑기스에는 맥아당과 아밀레이스가 함유되어 있습니다. 그러므로 설탕을 넣지 않은 반죽에 몰트 엑기스를 배합하면 이스트가 그 맥아당을 이용해 안정된 상태에서 발효를 시작할 수 있습니다. 게다가 몰트 엑기스에 함유된 아밀레이스가 전분의 분해를 촉진해 반죽 속에 맥아당이 서서히 늘어나 좀 더 안정된 상태에서 발효를 촉진합니다.

❷ 빵의 색을 진하게 한다

몰트 엑기스를 첨가함으로써 반죽 속에 늘어난 맥아당은 알코올 발효에 전부 쓰이지 않고 반죽 속에 남습니다. 그리고 굽는 단계에서 노릇노릇한 색과 고소한 향을 만들어 내는 아미노카르보닐 반응(**Q36** '좀 더 자세히' 참조)을 촉진합니다. 맥아당은 환원당의 일종이므로 이러한 반응이 일어나기 쉬우며, 빵에 색이 더 잘 입혀지게 합니다.

Q 49 몰트 엑기스가 없을 때는 어떻게 해야 할까요?

 A **배합에서 몰트 엑기스를 빼고, 나머지 재료는 분량을 바꾸지 않고 그대로 만듭니다.**

몰트 엑기스를 넣지 않아도 빵을 만들 수는 있으므로 몰트 엑기스 대신 다른 재료로 대체하거나 나머지 재료의 분량을 바꾸지 않아도 얼마든지 빵을 만들 수 있습니다. 다만, 몰트 엑기스를 넣고 구웠을 때만큼 색이 예쁘게 나오지는 않습니다.

● 몰트 엑기스의 유무에 따른 완성된 빵의 차이

몰트 엑기스를 넣고 구운 빵

넣지 않고 구운 빵

 Q 50 몰트 엑기스를 물에 녹여 넣는 이유는 무엇인가요?

 A **끈적임이 심해 다루기 힘들기 때문입니다.**

몰트 엑기스는 끈적거려서 그대로 넣으면 믹싱할 때 고르게 분산되지 않습니다. 그래서 믹싱하기 전에 먼저 작업용 물에서 조정수(**Q78** 참조)를 덜어내고 남은 물에 몰트 엑기스를 풀어준 다음, 믹싱을 시작합니다.

Q 51 몰트 파우더를 사용할 경우, 사용량과 사용법을 가르쳐 주세요.

 A 사용량은 제품에 따라 다릅니다. 가루에 직접 섞어서 사용하세요.

몰트 파우더(malt powder)는 발아 보리를 건조시켜 분말로 만든 제품을 말합니다. 유화제나 비타민C처럼 발아 보리 이외의 성분을 첨가한 제품도 있어서 일반적인 사용량을 측정할 수 없습니다. 사용량은 제품에 적힌 설명을 따르길 바랍니다. 분말 상태의 제품이라 대부분 믹싱할 때 가루에 직접 섞어 사용할 수 있습니다.

몰트 파우더

견과류·건과에 관한 궁금증

 Q 52 반죽에 섞을 견과류는 미리 굽는 편이 좋은가요?

 A 구우면 더 향긋해집니다.

호두나 아몬드 같은 견과류는 생으로 먹을 수 없으므로 가열해야 합니다. 빵 반죽에 견과류를 넣을 때에는 생으로 넣어도 반죽을 굽는 과정에서 익기 때문에 미리 굽지 않아도 문제는 없습니다. 하지만 반죽에 섞으면 견과류에 직접 열기가 가해지지 않아 향이 조금 부족하게 느껴질 수 있습니다.

이 책에서 견과류를 미리 구워 사용하는 이유는 그렇게 해야 더 풍미가 좋아지기 때문입니다. 다만, 반죽 위에 견과류를 토핑할 때는 굽지 말고 생으로 올리세요.

Q 53 건포도를 미지근한 물로 한 번 씻은 후에 사용하는 이유는 무엇인가요?

 A 이물질이나 코팅된 기름을 제거하기 위해서입니다.

건포도는 미리 씻어서 붙어 있는 이물질을 제거한 후에 사용합니다.

또 건포도끼리 서로 달라붙지 않도록 기름으로 코팅한 제품도 있으므로 찬물이 아니라 미지근한 물로 씻어냅니다.

● 건포도를 미리 준비하는 방법

미지근한 물에 가볍게 씻는다.　　　　체에 건져 물기를 완전히 뺀다.

 Q 54 견과류나 건과일은 얼마나 넣으면 되나요?

 A 밀가루 중량의 15~70% 범위 안에서 넣습니다.

견과류나 건과일은 만드는 사람 마음대로 넣으면 됩니다. 일반적인 범위는 밀가루 중량의 15~70%입니다. 양을 늘릴수록 반죽이 잘 부풀지 않게 되어 구웠을 때 빵의 볼륨이 작아집니다.

 Q 55 견과류나 건과일을 섞으면 반죽이 굳나요?

 A 반죽의 수분을 빨아들여 굳어버립니다.

견과류나 건과일은 건조된 상태라서 반죽의 수분을 적지 않게 빨아들입니다. 그런 이유로 서서히 수분을 빼앗긴 반죽은 완성된 후에 차츰 굳어버립니다.

배합량이나 건조된 정도, 견과류는 로스팅 여부에 따라 반죽이 수축하는 정도가 달라지므로 몇 번 만들면서 구워진 상태를 보고 물의 양을 조절합니다.

빵 만들 때 사용하는 작업대는 목재로 만든 것이 좋은가요?

 어떤 소재든 상관없지만, 목재 작업대가 장점이 많습니다.

작업대는 목재 외에도 스테인리스나 대리석, 플라스틱 등으로 만드는데, 어느 것을 사용하든 빵을 만들 수 있지만, 그중에서도 목재로 만든 작업대가 몇 가지 장점이 있습니다.

목재로 만든 작업대는 스테인리스나 대리석으로 만든 작업대보다 반죽이 잘 들러붙지 않으므로 덧가루를 적게 사용할 수 있습니다. 플라스틱 작업대처럼 반죽이 쉽게 미끄러지지도 않습니다. 또 스크레이퍼 등으로 자를 때, 목재로 만든 작업대는 날이 닿는 부분이 부드럽다는 장점도 있습니다.

이 밖에도 스테인리스 작업대는 실내온도가 낮으면 쉽게 차가워지고, 대리석 작업대는 실내온도와 크게 상관없이 항상 저온을 유지하는 성질이 있어 이런 작업대들을 사용하면 반죽 온도가 내려가 버릴 수 있지만, 목재로 만든 작업대는 그럴 걱정이 없습니다.

한국의 경우 최근에는 위생 플라스틱 도마가 출시되어 많이 사용하는 추세입니다.

 발효기란 무엇인가요?

 발효에 적합한 온도와 습도를 유지해 주는 도구입니다.

발효기는 빵 반죽을 발효하기에 적합한 온도와 습도를 유지하기 위해 사용합니다. 전기로 온도와 습도를 조절할 수 있는 빵 반죽 전용 발효기도 있습니다.

 전용 발효기가 없을 때는 어떻게 하면 좋을까요?

 오븐의 발효 기능을 이용하거나 뚜껑 달린 용기를 대신 사용합니다.

빵집에는 당연히 전용 발효기가 있겠지만, 가정에는 전용 발효기를 두는 사람이 적을 것입니다.

그럴 경우, 오븐의 발효 기능을 이용하거나, 만약 오븐에 발효 기능이 없다면 온도를 가장 낮게 설정하고 단시간 작동시켜 오븐 내 온도를 발효 온도에 가깝게 하는 방법도 있습니다.

아니면 식기 건조대나 스티로폼 상자, 아이스박스, 수납 상자 등 뚜껑이 달린 용기를 이용할 수도 있습니다. 식기 건조대는 용기 바닥에 뜨거운 물을 붓고, 그 밖의 용기는 뜨거운 물을 담은 그릇을 용기 중앙에 놓아 온도와 습도를 조절합니다. 어떤 용기를 사용하든 온도계로 실제 온도를 재서 온도를 조절하세요.

● 식기 건조대를 발효기로 사용하는 방법

식기 건조대를 설치하고, 뜨거운 물을 붓는다.

반죽과 온도계를 넣고 뚜껑을 덮는다.

직사광선이 닿지 않는 곳에 식기 건조대를 둔다. 발효 중에 정기적으로 온도계를 확인하면서 발효 온도를 유지한다. 온도가 너무 내려갔을 때는 뜨거운 물을 더 넣거나 물을 갈아준다.

 Q 59 오븐의 발효 기능을 이용 중인데, 온도를 세세하게 설정할 수가 없어요.

 A 발효 기능 스위치를 껐다 켰다 하면서 온도를 조절합니다.

먼저 오븐을 발효 온도로 설정하고, 온도계를 넣어 정확히 그 온도가 되었는지 확인합니다. 오븐은 기종마다 차이가 나서 실제 온도가 설정 온도보다 높거나 낮을 수 있습니다.

발효 기능은 있지만, 온도 설정을 따로 할 수 없는 오븐은 아마 실제 온도가 이 책에 적혀 있는 발효 온도보다 대부분 높을 것입니다. 그럴 때는 온도계를 넣은 상태에서 발효 기능 스위치를 껐다 켰다 하면서 목표 온도에 가깝게 맞춰줍니다.

발효 온도를 여러 단계로 설정할 수 있다 하더라도 그 단계들이 모두 목표 온도와 차이 나는 경우도 있습니다. 그럴 때는 목표하는 온도보다 높은 설정 온도를 선택한 다음, 같은 방법으로 온도를 조절하세요.

Q 60 **오븐의 발효 기능을 이용 중인데, 반죽이 자꾸 건조해져요.**

 A **오븐 안에 뜨거운 물을 담은 그릇을 놓아두면 됩니다.**

오븐 중에 스팀을 발생시켜 습도를 유지하면서 발효시키는 기능을 갖춘 기종도 있지만, 그렇지 않은 기종도 있습니다. 그런 경우에는 반죽이 건조해지기 쉽습니다. 그럴 때는 뜨거운 물을 그릇에 담아 오븐 안에 넣어 두면 거기서 나오는 증기가 습도를 유지해 줍니다.

이렇게 해도 반죽이 건조해진다면 반죽에 보풀이 잘 일지 않는 마른 천(캔버스천, 행주, 무명천 등. **Q63** 참조)를 덮어 놓으면 좋습니다. 반죽이 심하게 건조할 때는 천으로 덮고 그 위에 비닐이나 랩을 한 번 더 씌웁니다. 아니면 분무기로 반죽 표면에 직접 물을 뿌려 반죽을 촉촉하게 적십니다.

 Q 61 **오븐의 발효 기능을 사용하면 반죽을 굽기 전에 오븐을 예열할 수가 없어요.**

 A **오븐에서 최종 발효를 조금 먼저 끝내고, 반죽을 굽기 위한 예열에 들어갑니다.**

최종 발효를 마쳐 부풀어 오른 반죽은 최상의 상태에서 바로 오븐에 굽는 것이 가장 좋습니다.

오븐의 발효 기능을 사용하면 최종 발효를 마친 후 그때부터 오븐을 예열해야 하는데, 굽는 온도에 도달할 때까지 시간이 걸리므로 그동안 실온에 꺼내 둔 반죽의 발효가 진행되어 버립니다.

그러므로 최종 발효를 조금 먼저 끝낸 후 오븐에서 반죽을 꺼낸 다음, 바로 예열에 들어갑니다. 꺼낸 반죽은 최적의 상태에 도달할 때까지 실온에서 발효시킵니다. 이때 실내온도가 높으면 발효가 빨리 진행되고, 반대로 실내온도가 낮으면 발효에 시간이 걸리므로 이를 신경 쓰면서 최종 발효를 얼마만큼 먼저 끝낼 것인지 조정합니다.

또 꺼낸 반죽이 마르지 않도록 주의합니다. 만약 반죽이 마를 것 같을 때는 **Q60**의 방법을 참고하기 바랍니다.

오븐팬을 뜨겁게 달궈 놓는 편이 좋은가요?

 하드 계열의 빵을 만들 때는 오븐팬을 뜨겁게 달궈 놓는 것이 좋습니다.

하드 계열의 빵을 구울 때는 밑불이 약하면 반죽이 잘 부풀지 않아 빵의 볼륨이 작아지므로 오븐을 예열할 때 오븐팬도 함께 미리 달궈 놓습니다.

 반죽을 올려 둘 천으로는 어떤 천을 사용하는 것이 좋은가요?

 캔버스천, 행주, 무명천 등을 사용합니다.

반죽을 올리는 천으로는 수건처럼 섬유가 나오는 천을 피하는 것이 좋습니다. 보풀이 잘 일지 않는 캔버스천, 행주, 무명천 등이 반죽이 잘 달라붙지 않아 좋습니다. 이 책에서는 캔버스천을 사용합니다.

팽팽하고 두툼한 캔버스천이나 행주 등이 적합하다.

Q 64 밀대를 제대로 사용하는 법을 가르쳐 주세요.

 A 반죽에 고르게 힘을 가하는 것이 기본입니다.

밀대를 밀 때는 반죽에 고르게 힘을 가해야 합니다. 필요 이상으로 힘을 주면 반죽이 찢어지거나 작업대에 달라붙어 모양이 찌그러질 수 있으니 주의하세요.

반죽이 작업대에 달라붙지 않았는지 수시로 확인하면서 밀대로 미는 도중에 반죽을 여러 번 움직이거나 덧가루를 뿌립니다.

좀 더 자세히

밀대의 다양한 활용법

밀대는 반죽을 늘일 때 외에도 성형 단계에서 반죽에 든 가스를 뺄 때도 유용하게 쓰입니다.

또 넓게 퍼진 반죽의 방향을 바꿀 때도 도움이 됩니다. 늘인 반죽의 양 끝을 손으로 잡고 반죽을 들어 올려 돌리다 보면 무게 때문에 반죽이 늘어져 일부분이 늘어나 얇아집니다. 이럴 때는 밀대로 반죽을 한쪽 끝부터 힘을 주지 않고 둘둘 만 다음, 방향을 바꿔 말린 반죽을 밀대에서 풀어냅니다.

밀대로 반죽을 말아서 움직인다.

과정에 관한 궁금증

 빵은 어떤 식으로 만드나요?

 '반죽 → 부풀리기 → 성형 → 부풀리기 → 굽기'의 순으로 만듭니다.

빵을 만드는 기본 과정은 다음과 같습니다.

❶ **믹싱(반죽)**

재료를 치대어 반죽을 만듭니다.

❷ **발효**

이스트가 활성화될 수 있는 환경에 반죽을 놓고, 이스트의 알코올 발효를 촉진해 이때 발생하는 탄산가스로 반죽을 부풀립니다. 이와 동시에 향이나 풍미가 되는 물질도 만들어지므로 반죽이 숙성되면서 풍미가 증가합니다.

❸ **펀치**

발효를 거치면서 탄력이 줄어든 반죽을 누르거나 접어서 다시 탄탄하게 만듭니다. 또 반죽 안에 발생한 알코올을 방출해 이스트를 활성화합니다. 빵의 종류에 따라 펀치 작업을 하는 경우와 하지 않는 경우가 있으며, 펀치 후에는 다시 반죽을 발효시킵니다.

❹ **분할**

원하는 크기에 맞춰 반죽을 잘라 나눕니다.

❺ **둥글리기**

반죽을 둥글게 빚거나 가볍게 접어 다듬는 식으로 반죽의 모양을 다듬어 발효로 느슨해진 반죽 표면을 다시 팽팽해지게 합니다.

❻ **벤치 타임**

둥글린(또는 다듬은) 반죽을 잠시 휴지시켜 긴장을 풀게 하고, 반죽이 잘 늘어나게 해서 성형하기 쉽게 만듭니다.

❼ **성형**

빵의 모양을 만듭니다.

❽ 최종 발효

이스트가 활성화될 수 있는 환경에 반죽을 놓고, 알코올 발효로 반죽을 팽창시킵니다.

❾ 오븐에 넣기

오븐에 반죽을 넣습니다. 달걀물을 바르거나 쿠프를 내는 작업을 이 단계에서 합니다.

❿ 굽기

반죽을 굽습니다.

⓫ 오븐에서 꺼내기

다 구워진 빵을 오븐에서 꺼냅니다.

 빵을 만드는 제법에는 어떤 것들이 있나요?

 제법에는 크게 스트레이트법과 발효종법 두 가지가 있습니다.

빵을 만드는 제법은 크게 스트레이트법과 발효종법으로 나눌 수 있습니다.

스트레이트법

한꺼번에 모든 재료를 치대서 반죽을 만드는 일반적인 방법입니다. PART 1에서 소개하는 빵의 제법은 모두 스트레이트법(straight method 직접 반죽법)입니다. 공정이 단순해 알기 쉬우며, 발효종법보다 반죽의 발효 시간이 짧은 경우가 많아 가정에서 빵을 만들기에는 이 방법이 쉬울 것입니다. 재료의 풍미를 살리기 쉽다는 특징이 있습니다.

발효종법

분말 재료, 이스트, 물 등 일부 재료를 미리 반죽해서 발효·숙성시킨 발효종을 만든 다음, 나머지 재료와 발효종을 함께 섞어 본반죽을 만드는 방법입니다. 발효종이 액상인 것은 '액종', 반죽 상태인 것은 '반죽종'이라 부릅니다. 어떤 발효종을 사용하든 발효종으로 만든 빵은 크럼(속살)의 부드러운 식감이 오래 유지되며, 빵에 볼륨이 잘 잡히는 장점이 있습니다.

Q 67 빵의 종류는 어떻게 나눌 수 있나요?

 A 빵의 특징을 나타낼 때 사용하는 표현으로 린과 리치, 하드와 소프트가 있습니다.

린(lean)은 '간소하고 지방이 없다'라는 의미로, 기본 재료에 가까운 반죽으로 만든 빵을 나타내는 말입니다. 빵의 기본 재료는 밀가루, 물, 이스트, 소금 이렇게 네 가지로, 빵을 만들 때 꼭 필요합니다. 리치(rich)는 '풍부하고 깊이가 있다'라는 의미로, 기본 재료에 다른 부재료(당류, 유지, 유제품, 달걀)를 많이 배합한 빵을 말합니다. 다만, 부재료가 얼마나 들어가야 리치하다고 표현하는지는 딱히 정해져 있지 않습니다.

다음으로 하드(hard)와 소프트(soft)라는 표현이 있습니다. 하드는 단순히 크러스트(겉껍질)가 딱딱한 빵을 가리키는 것이 아니라, 밀가루 등을 구웠을 때 나는 고소한 향이나 발효 과정에서 충분한 풍미를 이끌어낸 주로 린한 배합의 빵을 가리킵니다. 반대로 부드럽고 폭신폭신하며 크러스트와 크럼이 모두 부드러운 빵을 소프트한 빵이라고 하는데, 리치한 배합인 경우가 많습니다. 또 하드보다 조금 부드러운 빵을 세미 하드라고 표현하기도 합니다.

이 책에서 소개하는 기본 빵이 어디에 해당하는지는 20~21쪽에 설명해 두었습니다.

준비에 관한 궁금증

 Q 68 어떤 환경이 빵을 만들기에 적합한가요?

 A 실내온도 20~25℃, 습도 50~70%입니다.

빵 반죽을 적절한 상태로 유지하려면 먼저 적절한 환경을 갖춘 작업 공간이 있어야 합니다. 실내온도는 20~25℃, 습도는 50~70%가 적당합니다. 설령 자신의 작업 공간이 이런 조건을 충족하지 않는다고 하더라도 반죽이 건조하지 않은지, 들러붙지는 않는지 반죽 상태를 자주 살피면서 빵을 만들 수 있습니다.

또 레시피를 보다 보면 '실온에 둔다', '실온에서 발효시킨다'와 같은 표현이 등장할 때가 있습니다. 이때 말하는 실온은 약 25℃를 전제로 합니다. 실내온도가 너무 높거나 낮으면 반죽에 영향을 끼치므로 이 온도에서 크게 벗어날 때는 발효기를 이용하기 바랍니다.

Q 69 빵을 만들 때 어느 정도의 공간이 필요한가요?

 A 사방 50cm 정도의 공간이 필요합니다.

가정에서 반죽을 직접 손으로 할 때는 만드는 양에 따라 달라지겠지만, 일반적으로 사방 50cm의 공간이 있어야 작업하기 수월합니다. 물론 잘만 궁리하면 이보다 좁은 공간에서 만드는 것도 가능합니다.

 Q 70 빵을 만들기에 앞서 주의해야 할 점이 있나요?

 A 필요한 재료와 기구를 갖추고, 청결한 상태를 만듭니다.

빵 만드는 작업을 시작하기 전에 필요한 재료를 계량하고, 기구를 갖추어 놓습니다. 그리고 기구와 작업 공간을 청결한 상태로 만들고, 손도 깨끗이 닦습니다.

 Q 71 베이커스 퍼센트란 무엇인가요?

 A 밀가루를 기준으로 빵에 들어가는 각 재료의 비율을 나타낸 것입니다.

베이커스 퍼센트(Baker's percentage)란 빵을 만들 때 사용하기 편리한 표기법 중 하나로, 빵에 들어가는 각 재료를 퍼센트로 표기한 것입니다. 단, 모든 재료의 합을 100%로 잡은 것이 아니라, 반죽에 들어가는 가루의 합을 100%로 잡고, 그 밖의 재료를 가루에 대한 퍼센트로 표기하는 독특한 표기법입니다.

이 책의 레시피에서는 각 재료를 g과 베이커스 퍼센트로 모두 표기하고 있지만, 전문가용 레시피에는 일반적으로 베이커스 퍼센트만 나옵니다. 전문가들은 그날그날 만드는 양이 다르므로 가루를 기준으로 모든 재료를 퍼센트로 표시하는 베이커스 퍼센트를 사용해야 간단한 곱셈만으로 필요한 모든 분량을 계산할 수 있어 편리하기 때문입니다.

Q 72 재료를 계량할 때 주의해야 할 점은 무엇인가요?

 A 무엇보다 정확히 재는 것입니다.

빵을 성공적으로 만들려면 우선 정확한 계량이 중요합니다. 이 책에서는 빵 반죽을 만드는 데에 필요한 모든 재료를 g으로 표기했습니다. 가능하면 0.1g 단위까지, 아니면 적어도 1g 단위까지 측정할 수 있는 디지털 저울을 준비하기 바랍니다.

 Q 73 계량컵으로 계량하면 안 되나요?

 A 오차가 발생하기 쉬우므로 삼가는 편이 좋습니다.

계량컵은 자세한 눈금이 표시되어 있지 않아 정확도가 떨어집니다. 물은 1g이 1㎖에 상응하므로 컵으로 계량하는 것이 가능하지만, 표면장력에 따른 오차도 존재하므로 무게로 계량하는 것이 정확합니다. 특히 기름처럼 물이 아닌 액체는 1g이 1㎖가 아니므로 컵으로 계량하지 않도록 합시다.

또 분말류를 계량컵으로 계량하면 소복하게 담느냐 꽉꽉 눌러 담느냐에 따라 상당한 중량의 차이가 발생합니다.

 Q 74 소량을 계량할 수가 없어요.

 A 정확히 계량할 수 있는 가장 적은 양을 재고, 거기에서 필요한 양만큼 나눕니다.

집에 1g 미만의 미세한 단위까지 측정 가능한 저울이 없어 소량을 어떻게 계량해야 할지 고민하는 분도 많을 것입니다.

그럴 때는 먼저 계량 가능한 범위에서 가장 적은 양을 재고, 이를 평평한 곳에 펼친 다음, 눈대중으로 나누어 필요한 분량을 덜어냅니다. 예를 들어 0.5g을 계량해야 할 때는 먼저 저울로 1g을 계량한 다음, 눈대중으로 반을 나누는 식입니다.

● 소량을 계량하는 법

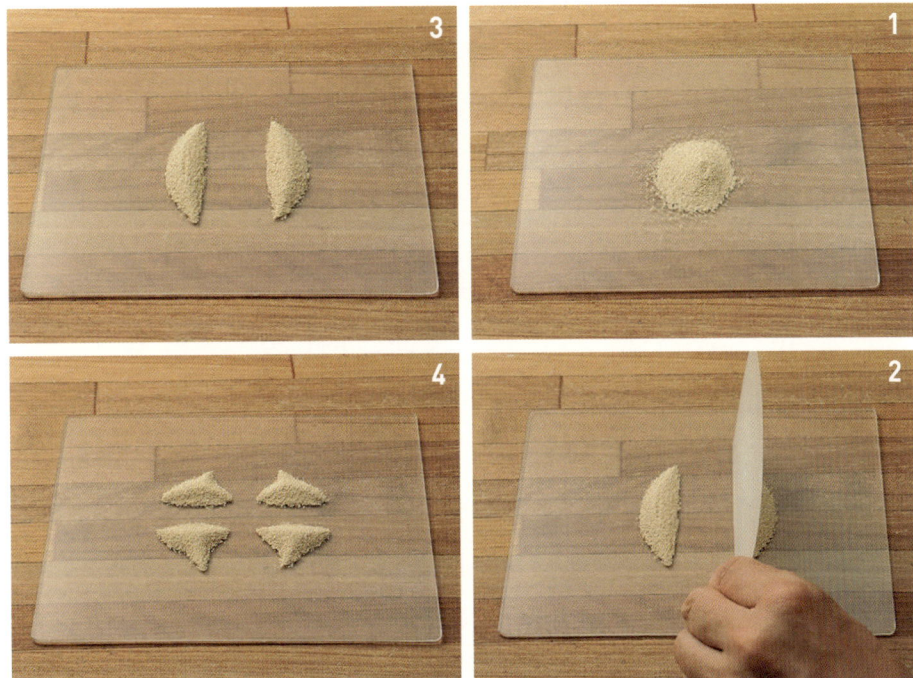

1 정확한 분량을 잰 다음, 작업대에 고르게 펼친다.
2 눈대중으로 반을 나눈다.
3 반을 나눈 모습
4 한 번 더 반을 나눈 모습(나누는 횟수는 구하고자 하는 중량에 맞춰 바꾼다)

 덧가루란 무엇인가요?

 반죽이 작업대나 손에 들러붙지 않도록 뿌리는 가루입니다.

덧가루는 반죽이 작업대나 손 등에 들러붙어 작업하기 어려울 때 뿌리는 가루를 말합니다. 다만, 덧가루는 최대한 적게 사용하세요. 덧가루가 많아지면 반죽 표면에 묻은 가루가 작업하는 도중에 반죽에 들어가 그대로 남았다가 반죽을 다 구운 후에도 가루처럼 보이는 경우가 있기 때문입니다.

또는 덧가루가 반죽의 수분을 흡수해 반죽의 수분량이 부분적으로 줄어들어 딱딱해지거나 그 부분이 발효나 굽는 과정에서 잘 늘어나지 않아 충분히 부풀어 오르지 않거나 딱딱하게 구워질 수도 있습니다.

그러므로 덧가루는 얇게 뿌리고, 뿌리는 횟수도 최대한 줄이며, 불필요한 가루는 요리용 붓으로 털어내면서 작업을 진행하는 것이 중요합니다.

Q 76 덧가루로는 어떤 가루를 사용하나요?

A **강력분이 적합합니다.**

덧가루가 많으면 가루가 반죽에 섞여 들어가 반죽 상태가 나빠지므로 덩어리지지 않고 고르게 퍼지는 가루를 사용하는 것이 좋습니다.

그래서 덧가루로는 강력분을 사용합니다. 강력분은 박력분보다 입자가 굵고, 입자끼리 잘 달라붙지 않아서 잘 덩어리지지 않기 때문입니다.

이러한 차이는 원료가 되는 밀의 성질의 차이에서 옵니다. 강력분의 원료인 경질밀은 알이 단단해 롤러 제분기로 갈아도 잘 갈리지 않아 입자가 굵습니다. 반면 박력분의 원료인 연질밀은 알이 부드러워 쉽게 갈리므로 입자가 곱습니다.

강력분이 아닌 다른 가루로 만드는 빵에도 덧가루로는 기본적으로 강력분을 사용합니다.

● 작업대 위에 강력분과 박력분을 뿌린 모습

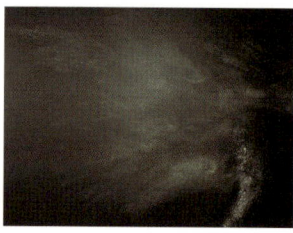 

강력분
고르게 분산된다.

박력분
군데군데 뭉친다.

믹싱(반죽)에 관한 궁금증

 Q 77 반죽 온도란 무엇인가요?

 A **믹싱을 끝냈을 때 반죽의 온도를 말합니다.**

믹싱을 끝냈을 때 반죽의 온도를 '반죽 온도'라고 하며, 각각의 빵에 맞는 적절한 반죽 온도가 정해져 있습니다.

믹싱이 끝난 반죽은 이스트나 효소를 활성화할 수 있는 최적 온도가 설정된 발효기에 넣습니다. 하지만 발효기의 설정 온도를 유지해도 애초에 발효를 시작하는 시점에서 반죽의 온도가 적절하지 않으면 반죽 자체가 발효에 딱 알맞은 온도에 도달하지 않습니다.

그래서 반죽 온도가 중요한 것입니다. 반죽 온도가 목표치에 도달하면 발효나 최종 발효가 예정대로 진행되어 빵을 만드는 작업이 순조롭게 이루어지기 쉽습니다.

믹싱이 끝난 반죽 온도는 빵의 특징에 따라 조금씩 다릅니다. 임태언 셰프가 운영하는 르빵의 경우 프랑스 빵 중 바게트의 반죽 온도는 평균 약 24℃를 기준으로 하고, 식빵의 반죽 온도는 평균 약 27℃를 기준으로 합니다.

온도계를 반죽의 중심부까지 찔러넣어 온도를 잰다.

 작업용 물, 조정수란 무엇인가요?

 재료인 물이 작업용 물이고, 경도 조절에 사용하는 물이 조정수입니다.

작업용 물은 빵 반죽의 재료로서 레시피에 기재된 물을 말합니다. 이 작업용 물의 일부를 덜어 두었다가 믹싱 작업 중에 반죽의 경도를 확인하면서 넣는 것이 바로 조정수(조정수는 프랑스어로 바시나쥬 Bassinage 라고 합니다.)입니다. 덜어 둘 조정수의 양은 작업용 물의 2~3% 정도입니다.

빵 반죽은 정확히 계량한 재료를 사용해 똑같은 방법으로 만들어도 가루의 종류나 보관 상태, 실내온도나 습도 등이 영향을 끼치기 때문에 반드시 같은 경도의 반죽이 만들어진다고 보장할 수 없습니다. 그래서 처음부터 작업용 물을 전부 사용하지 않고, 반죽의 경도를 조절할 수 있도록 조정수를 덜어 놓는 것입니다.

 작업용 물의 온도를 조절해야 하는 이유가 무엇인가요?

 반죽 온도에 영향을 끼치기 때문입니다.

기본 재료 가운데 하나인 물은 반죽에 배합되는 양이 많다 보니 물의 온도가 반죽 자체의 온도를 결정 짓는 가장 큰 요소가 됩니다. 작업용 물의 온도를 조절하는 이유는 바로 반죽 온도를 목표치에 맞추기 위해서입니다.

게다가 물은 가루 같은 다른 재료와는 달리 뜨거운 물을 더 붓거나 얼음을 넣는 식으로 손쉽게 온도를 조절할 수 있으므로 온도를 조절하기 쉽다는 장점도 있습니다.

사전 준비 단계에서 물의 온도를 조절해 둔다.

 작업용 물의 온도는 어떻게 맞추어야 하나요?

 가루의 온도나 실내온도, 믹싱 중 반죽의 온도 변화를 고려해서 정합니다.

작업용 물의 온도를 결정하는 핵심 요소에는 가루의 온도, 실내온도, 믹싱 중 반죽의 온도 변화 등이 있습니다. 그리고 반죽의 온도는 반죽의 종류나 만들 분량, 믹싱 시간 등에 따라서도 달라집니다.

처음에는 작업용 물을 30℃ 정도에 맞추어 만들어 보세요. 빵을 만들 때마다 작업용 물과 가루의 온도, 실내온도, 반죽 온도와 같은 데이터를 측정한 다음, 이를 바탕으로 다음에 만들 때 작업용 물의 온도를 조절합니다.

 작업용 물의 온도는 어느 정도까지 높이거나 낮출 수 있나요?

 5~40℃의 범위에서 조정이 가능합니다.

작업용 물은 5~40℃의 범위 안에서 조정합니다. 그렇지만 5℃나 40℃의 물이 이스트에 직접 닿으면 발효력이 떨어질 수 있으므로 주의가 필요합니다(**Q18** 참조).

작업용 물의 온도를 조절해도 목표한 반죽 온도가 되지 않아요.

 물이 아닌 다른 재료의 온도를 조절하거나 실내온도를 조절합니다.

반죽 온도에는 작업용 물의 온도가 가장 큰 영향을 끼치지만, 그 밖의 재료의 온도나 실내온도 등도 관련이 있습니다. 작업용 물의 온도를 조절해도 반죽 온도가 목표치에 도달하지 못할 때는 다음의 요인도 고려해 온도를 바꿔 보세요.

❶ 실내온도

실내온도도 반죽 온도에 영향을 끼칩니다. 특히 손반죽일 경우에는 극단적으로 덥거나 추운 환경에서 작업하지 않는 것이 좋습니다.

❷ 가루의 온도

작업용 물의 온도를 낮춰도 반죽 온도가 목표치보다 높아질 것 같을 때는 가루를 차갑게 식히는 방법도 있습니다.

❸ 부재료의 온도

예를 들어 달걀의 배합량이 많은 반죽에서 달걀이 차갑거나 건포도를 섞는 반죽에서 건포도가 차가우면 반죽 온도가 낮아지므로 부재료의 온도에도 주의합니다. 반죽 온도를 올리고 싶을 때는 부재료(유지는 제외)를 30℃ 정도까지 따뜻하게 데워 사용할 수 있습니다.

❹ 작업대의 온도

작업대 온도가 반죽에 전해지는 것도 고려합니다. 스테인리스 작업대는 실내온도가 낮으면 차가워지기 쉽고, 대리석 작업대는 실내온도와 크게 상관없이 저온을 유지하는 성질이 있어 이런 작업대를 사용하면 반죽 온도가 떨어져 버릴 수 있습니다.

❺ 기타 요인

손반죽은 반죽하는 데에 시간이 걸릴 때가 많아서 만드는 사람의 손 온도가 반죽에 전해져 반죽 온도가 올라갈 수 있습니다. 반죽 온도의 목표치가 낮은 브리오슈나 크루아상 같은 반죽을 다룰 때는 특히 주의하기 바랍니다.

기계로 반죽할 때도 물론 주의가 필요합니다. 믹싱 시간이 길어지거나 속도가 빠르면 반죽과 볼이 접할 때 발생하는 마찰열에 의해 반죽 온도가 올라가기 쉽습니다.

Q 83 조정수는 언제 넣어야 하나요?

 A 반죽이 연결되기 전에 넣는 것이 좋습니다.

조정수는 믹싱 도중에 반죽의 경도를 조절할 수 있도록 작업용 물 가운데 일부를 덜어 둔 것입니다.

조정수는 믹싱 초기에, 되도록 이른 단계에서 넣는 것이 좋습니다. 왜냐하면 아직 글루텐이 형성되지 않아 반죽의 연결이 적은 시점에서 조정수를 넣어야 물이 고르게 퍼지기 쉬우며, 글루텐 형성에도 물이 필요하기 때문입니다.

하지만 믹싱 초기 단계에서 아직 반죽의 경도를 파악할 수 없다면 나중에 넣어도 상관없습니다. 믹싱 도중에 유지를 넣는 반죽의 경우에는 조정수를 유지와 동시에 넣거나 유지를 먼저 넣은 다음에 넣어도 반죽이 뭉쳐집니다. 다만, 너무 늦은 단계에서 조정수를 넣으면 믹싱이 길어질 수 있습니다.

작업용 물의 2~3% 정도를 조정수로 미리 덜어 둔다.   조정수는 믹싱 초기 단계에서 넣는다.

 Q 84 조정수를 전부 사용해도 되나요?

 A 반죽의 경도를 확인하고 넣을 양을 정합니다.

반죽의 경도는 가루의 종류나 건조 정도, 방의 습도 등에 따라서도 달라집니다. 조정수는 반죽의 경도를 보면서 양을 조절해 넣으므로 덜어 놓은 양을 다 넣지 않을 수도 있습니다. 만약 전부 다 넣어도 여전히 반죽이 딱딱할 때는 물을 더 넣습니다. 적절한 반죽의 경도는 말로 표현하기 어려우며, 빵의 종류에 따라서도 적절한 경도가 달라집니다. 똑같은 빵을 여러 번 만들어 보면서 완성된 빵에 수분이 부족하다는 느낌이 들면 다음번에 물의 양을 늘리고, 반대로 수분이 너무 많다는 느낌이 들면 물의 양을 줄이는 식으로 조절합니다. 처음 만들어 보는 빵이라 잘 모르겠다면 우선 분량의 물을 전부 사용해 만들어 보세요.

 Q 85 **물을 제외한 다른 재료를 먼저 섞어 두는 이유는 무엇인가요?**

 A **재료에 따라 물을 흡수하는 속도가 다르기 때문입니다.**

밀가루, 인스턴트 드라이 이스트, 소금, 탈지분유, 설탕 같은 분말 재료는 먼저 모두 섞은 다음에 물을 넣습니다. 재료에 따라 물을 흡수하는 속도가 다르며, 특히 탈지분유는 흡습성이 뛰어나 제일 먼저 물을 빨아들입니다. 그렇기에 미리 섞어 두지 않으면 반죽에 물이 고르게 분포되지 않습니다. 또 물을 흡수해서 끈적거리게 되면 고르게 섞기 힘들어지므로 물을 넣기 전에 먼저 섞어 두는 편이 좋습니다.

 Q 86 **재료에 물을 넣으면 바로 섞는 것이 좋은가요?**

 A **바로 섞지 않으면 반죽에 덩어리가 생기기 쉽습니다.**

가루에 물을 넣든 물에 가루를 넣든 상관없지만, 어떤 식으로 섞든 재료를 바로 섞어주세요. 그대로 두면 반죽에 물이 고르게 퍼지지 않아 덩어리지기 쉽습니다.

Q 87 버터 같은 유지를 나중에 넣는 이유는 무엇인가요?

 A 처음에 넣는 것보다 믹싱에 시간이 덜 걸립니다.

빵을 만들 때는 일반적으로 버터나 쇼트닝 같은 고형 유지를 사용합니다. 적당히 부드러운 고형 유지는 외부에서 힘이 가해지면 점토처럼 그 형태를 유지하려는 성질(가소성)이 있으며, 빵 반죽 안에서는 글루텐 막을 따라 얇은 층을 이루며 퍼집니다.

이처럼 가소성을 지닌 유지를 빵에 넣을 때는 이미 형성된 글루텐 막을 따라 유지를 분산시키는 편이 반죽에 빠르게 어우러지고, 믹싱에 시간이 덜 걸려 작업을 효율적으로 진행할 수 있습니다. 그렇기에 유지를 제외한 다른 재료를 먼저 치댄 다음, 글루텐이 형성되어 반죽에 탄력이 생기면 그때 유지를 반죽에 넣어 섞는 것이 기본입니다.

 Q 88 손반죽할 때의 포인트를 알려 주세요.

 A 점성이나 탄력이 서서히 생기기 시작하므로 단계별로 반죽법과 힘을 주는 정도를 바꿔 보세요.

손반죽할 때는 믹싱 중에 변화하는 반죽의 상태에 따라 내리치는 힘이나 잡아당기는 힘에 변화를 주면서 반죽을 해 나갑니다.

제1단계

분말류에 물이 퍼지기 시작한 반죽은 아직 부드럽고 끈적이며 잡아당겨도 늘어나지 않고 뚝뚝 끊어집니다. 이런 반죽은 작업대에 문지르듯이 치대는 것이 포인트입니다. 위쪽으로 밀었다가 손으로 반죽을 긁어모으듯이 몸쪽으로 끌어당기는 작업을 반복하면서 계속 치댑니다.

제2단계

반죽에 조금씩 연결이 생겨 작업대에서 쉽게 떨어지는 느낌이 들면 반죽을 모아 작업대에 약하게 내리치면서 접은 다음, 반죽을 90도 돌리는 작업을 반복하며 반죽을 계속 치댑니다. 반죽의 방향을 바꾸는 이유는 같은 방향으로 힘이 계속 가해지면 글루텐의 그물망 구조가 한쪽으로 치우쳐 무리가 가기 때문입니다.

부드러운 반죽의 경우, 처음에는 반죽이 끈적거려 작업대에서 잘 떨어지지 않지만, 잘 뭉쳐지지 않더라도 가볍게 내리치면서 접는 작업을 빠르게 지속합니다. 그러다 반죽에 탄력이 생기고 잘 늘어나게 되면 내리치는 힘을 조금씩 늘립니다.

제3단계

그러다 보면 반죽에 점성이나 탄력이 생겨 강하게 내리칠 수 있게 됩니다. 반죽을 조금 높이 들어 올려 휙 내리칩니다. 반죽을 내리치는 동시에 몸쪽으로 살짝 끌어당겨 위쪽으로 휙 뒤집습니다. 그런 다음 반죽을 90도 돌려 같은 작업을 반복합니다.

제4단계

반죽의 탄력이 더 강해지면 팽팽한 상태로 변합니다. 그렇게 되면 반죽이 잘 늘어나지 않게 되므로 힘을 조금 줄입니다. 반죽 표면이 매끈하고 팽팽한 상태를 유지하도록 하면서 계속 치댑니다.

제3단계와 제4단계에서 반죽을 내리칠 때, 반죽을 높이 들어 올린 후에 내리치면 반죽의 무게로 자연스레 강하게 내리치게 됩니다. 이처럼 반죽의 무게를 이용하면서 일정 속도로 리듬에 맞춰 연속해서 치대면 반죽에 손상을 입히지 않고, 만드는 사람도 큰 힘을 들이지 않으면서 편하게 반죽할 수 있습니다.

● 단계별 반죽 방법의 변화

제1단계

작업대에 문지르듯이 치댄다.

제2~4단계

제2단계에서는 약하게, 제3~4단계에서는 강하게 반죽을 작업대에 내리친다. 강약은 반죽을 내리치는 높이에 따라 조절한다.

Q 89 손반죽을 할 때, 반죽을 작업대에 문지르거나 내리치는 이유는 무엇인가요?

A **반죽 속에 글루텐 조직을 많이 만들기 위해서입니다.**

반죽을 작업대에 문지르거나 내리치는 데는 이유가 있어요. 밀가루에 수분을 충분히 흡수시켜 잘 치대면 글루텐이 형성되기 때문입니다. 반죽을 치댈수록 글루텐의 그물망 구조가 촘촘해지고, 반죽 속에 퍼져나가 반죽의 점성과 탄력이 강해집니다.

Q88의 반죽의 상태 변화는 다음과 같이 설명할 수 있습니다.

믹싱 초기인 제1단계에서는 반죽 전체에 물을 퍼뜨려 각 재료가 고르게 분산되도록 섞는 게 목적입니다. 반죽 초기에는 점성과 탄력을 지닌 글루텐(**Q4** 참조)이 형성되지 않아 반죽이 부드럽고 끈적이며 잡아당겨도 늘어나지 않고 끊어져 뭉쳐지지 않습니다. 이 상태에서는 반죽을 내리치며 치댈 수 없습니다. 뭉쳐진 반죽을 치대는 모습을 상상한 분은 반죽이 너무 부드러워 놀랄지도 모르겠지만, 일단 끈적이는 반죽을 작업대에 문지르듯이 밀어냈다가 몸쪽으로 다시 끌어오는 작업을 반복하는 사이에 반죽이 서서히 뭉쳐지기 시작합니다.

제2단계에서는 반죽이 뭉쳐지기는 하지만, 여전히 부드러워 세게 내리치지는 못합니다. 반죽을 가볍게 내리치면서 치대는 동안, 반죽에 글루텐이 형성되기 시작해 반죽이 조금씩 이어지는 느낌이 듭니다.

제3단계에서는 글루텐이 많이 생겨 반죽의 탄력이 강해집니다. 이 단계가 되어야 비로소 반죽을 세게 내리칠 수 있는 경도가 됩니다.

제4단계가 되면 글루텐이 얇은 막과 같은 조직을 형성합니다. 발효할 때 이 글루텐 막이 이스트가 배출하는 탄산가스를 감싸듯이 반죽 속에 가두어 빵을 부풀리는 데 도움을 줍니다.

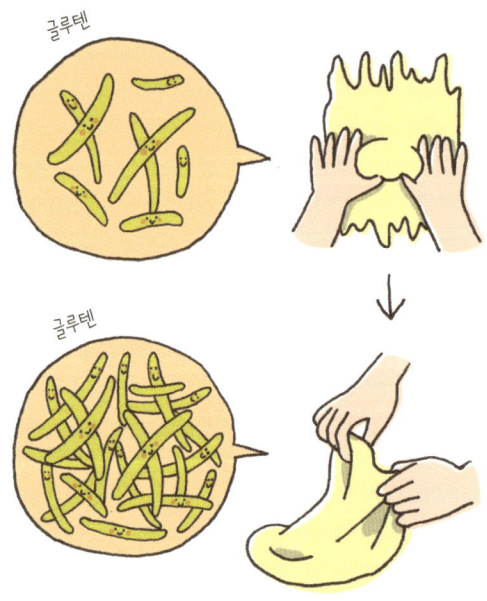

Q 90 빵마다 반죽하는 법이 다른가요?

A 기본적인 반죽법은 같지만, 반죽의 종류에 따라 내리치는 힘의 강도가 차이 납니다.

기본적으로 빵을 반죽하는 법은 Q88과 같습니다. 하지만 빵의 종류에 따라 반죽의 탄력이나 경도가 다르므로 각각의 상태에 맞는 반죽법이 있습니다.

반죽을 치댈 때, 소프트 계열의 빵 반죽은 잘 늘어나므로 내리치는 동시에 반죽을 끌어당겨 휙 뒤집는 동작을 반복합니다. 하드 계열의 빵이나 조금 단단한 반죽은 소프트 계열의 빵보다 반죽의 연결이 약해 잘 늘어나지 않으므로 내리치는 힘을 약하게 하거나 내리치지 않고 작업대에 누르듯이 반죽합니다.

좀 더 자세히

믹싱에 강약이 있는 이유는?

빵마다 각자의 개성이 있으며, 부드러운 빵, 씹는 맛이 좋은 빵, 폭신폭신한 빵, 빽빽한 빵 등 저마다 다양한 특징이 있습니다. 제빵에서는 이러한 빵의 특징에 맞는 반죽을 만드는 것이 중요합니다.

이를 위해서는 사용하는 밀가루의 단백질 함량이 얼마나 되는지, 부재료로 무엇을 넣는지, 각 재료를 어떤 비율로 사용하는지 등 반죽의 재료를 선택하는 동시에 이들 재료로 만드는 반죽에 적합한 각각의 믹싱이나 발효 작업을 진행해야 합니다. 믹싱은 재료를 반죽해 반죽 안에 글루텐을 만들어 내는 과정으로, 여기서 반죽의 성질이 대부분 결정됩니다. 어떤 재료를 어떻게 반죽하느냐에 따라 형성되는 글루텐의 질이나 양이 차이 나기 때문입니다.

이 책에서 소개하는 기본 빵 가운데 반죽을 충분히 치대는 믹싱이 적합한 빵은 식빵과 브리오슈입니다. 산형 식빵은 세로로 늘어나듯이 잘 부풀어 오르는 점이 특징입니다. 그러려면 반죽 속에 탄산가스를 많이 유지할 수 있는 강한 글루텐이 많이 필요합니다. 그렇기에 글루텐을 형성하는 단백질이 많은 강력분을 사용해 반죽에 탄력이 생기도록 내리치는 믹싱을 합니다.

또 브리오슈는 달걀뿐만 아니라 버터를 밀가루 분량의 30~60%나 배합한 리치한 빵입니다. 이처럼 많은 양의 버터를 첨가할 때는 반죽이 부드럽고, 유연한 글루텐이 충분히 형성된 상태에 두어야 유지가 빠르게 섞입니다. 그래서 단백질 함량이 다소 적은 밀가루를 사용해서 달걀이나 달걀노른자로 부드러워진 반죽을 내리치듯이 믹싱해서 유연한 글루텐을 만들어 냅니다.

반면 프랑스빵으로 대표되는 단순한 배합의 하드 계열 빵은 단백질 함량이 조금 적은 밀가루를 사용하고, 이스트의 양은 줄이며, 믹싱은 반죽을 내리치지 않고 가볍게 치대는 것이 적절합니다. 왜냐하면 이런 타입의 빵은 반죽의 숙성을 통해 얻을 수 있는 향이나 풍미, 맛을 강조하기 위해 발효를 장시간 진행하는(Q172 참조) 것을 전제로 하기 때문입니다. 만약 이런 빵을 글루텐이 강화된 반죽으로 만들려고 했다가는 시간을 들여 발효시키는 동안, 반죽이 지나치게 부풀어 버릴 것입니다. 그리고 구웠을 때 볼륨이 생기면 맛이 담백해져서 단순한 배합만으로는 부족함을 느끼게 될 것입니다. 물론 볼륨을 억제한 빵에서 얻을 수 있는 특유의 식감도 약해지고 맙니다. 다만, 반죽을 내리치지 않고 치대기만 하더라도 제대로 연결된 반죽을 만드는 것이 중요하며, 부푸는 정도에 걸맞게 일정량의 글루텐을 만들면서 신장성을 유지하는 것 또한 중요합니다.

손반죽은 몇 분 정도 해야 하나요?

반죽은 시간이 아니라 반죽 상태에 따라 판단합니다.

반죽 시간은 반죽의 종류나 반죽하는 양에 따라 달라집니다. 게다가 손반죽의 경우에는 반죽하는 힘이나 반죽하는 법이 만드는 사람에 따라 크게 차이 납니다. 이 책에 소개한 레시피에는 어디까지나 하나의 기준으로서 반죽 시간을 기재해 놓았지만, 반죽은 시간으로 판단하는 게 아니라, 반죽이 최상의 상태가 될 때까지 해야 합니다. 반죽이 다 되었다고 느끼는 시점에서 반죽을 소량 떼어내어 찢어지지 않도록 최대한 얇게 늘여 글루텐 막이 제대로 형성되었는지를 확인합니다(Q93 참조).

반죽이 너무 부드럽거나 너무 단단하면 어떻게 되나요?

빵이 보기 좋게 부풀지 않습니다.

반죽이 너무 부드러우면 들러붙어서 작업을 하기가 어렵고, 잘 늘어집니다. 이런 반죽으로 구워진 빵은 볼륨이 부족해서 빵의 단면이 편평하고 바닥이 넓어집니다. 먹었을 때 식감이 좋지 않고 끈적거리며 씹는 맛도 좋지 않습니다.

반대로 반죽이 너무 단단하면 탄력이 강하고 수분이 모자라서 반죽이 건조해집니다. 단단한 반죽으로 구워진 빵은 너무 부드러운 반죽과 마찬가지로 볼륨이 부족해서 빵의 단면은 둥글고 바닥은 좁아집니다. 또 크림(속살)이 뻑뻑하며, 크러스트(겉껍질)가 두껍고 딱딱한 것이 특징입니다.

굽기 전

굽기 후

● 경도가 다른 반죽의 굽기 전후 상태

적당함

너무 부드러움
굽기 전의 반죽은 약간 늘어지는 편이며, 표면이 울퉁불퉁하다. 구운 뒤에는 편평하고, 표면에 주름이나 자잘한 기포가 생긴다.

너무 단단함
굽기 전의 반죽은 잘 퍼지지 않고, 탄력이 강하다. 구운 뒤에는 볼륨이 나오지 않고, 말린 부분이 갈라져 있다.

Q 93 반죽이 다 완성되었는지 어떻게 확인하나요?

 A 얇게 늘인 반죽의 상태를 보고 확인합니다.

아래에 나온 사진의 순서대로 반죽을 얇게 늘입니다. 반죽이 찢어지지 않고 얇은 막처럼 늘어나면 글루텐이 충분히 형성된 것입니다. 이처럼 얇게 늘어난 막의 모양(두께, 뭉침, 막을 찢었을 때 찢어지는 방식이나 찢긴 단면)을 보고 반죽이 잘 되었는지 확인합니다.

반죽에 따라 얇게 늘어나는 것과 그렇지 않은 것이 있는데, 이 책에 실린 기본 빵 중에서 가장 얇게 늘어나 매끄러운 막을 형성하는 빵은 브리오슈이며, 식빵, 버터 롤, 프랑스빵, 크루아상의 순서대로 잘 늘어나지 않게 됩니다. 각각의 빵 반죽이 다 되었는지는 레시피의 과정 사진을 보고 판단해 주세요. 그리고 빵이 다 구워진 모습을 기억해 두었다가 다음에 반죽할 때 참고하길 바랍니다. 이렇게 경험을 계속 쌓다 보면 갈수록 빵을 더 잘 만들게 될 것입니다.

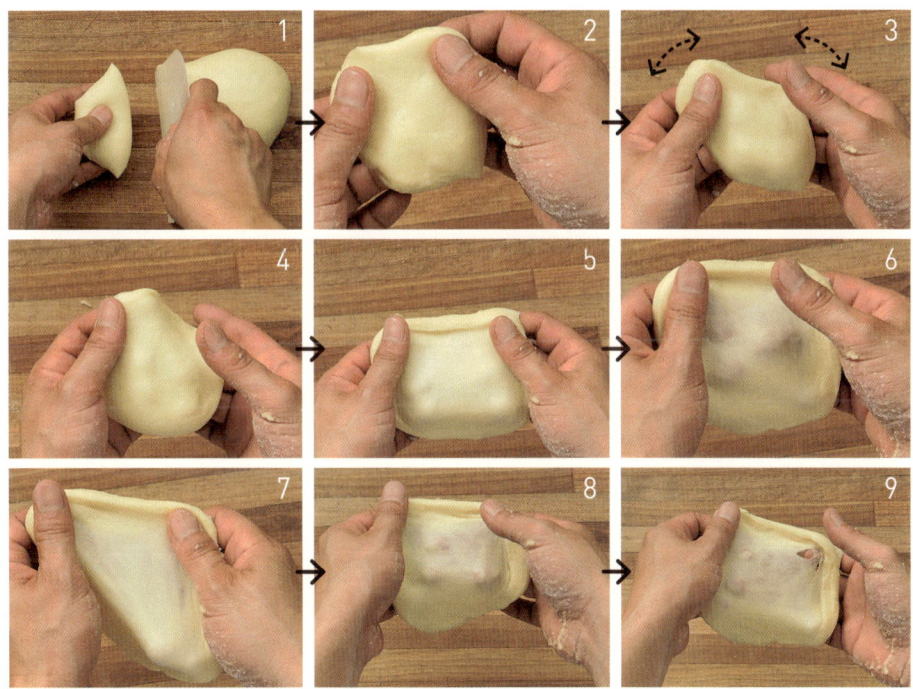

① 반죽을 스크레이퍼를 이용해 달걀 1개 분량 정도의 크기로 자른다.
② 매끄러운 면이 위로 오게 놓고, 손끝을 이용해 반죽을 가로로 천천히 몇 센티미터 정도 잡아당긴다.
③ 이때 양손을 번갈아 앞뒤로 움직이면서 서서히 잡아당긴다.
④~⑧ 반죽을 45도 정도 돌린 다음, ③처럼 손끝으로 천천히 잡아당긴다. 반죽을 돌리면서 여러 번 같은 동작을 반복해서 반죽이 최대한 찢어지지 않게 조심하면서 얇은 막이 생기도록 잡아당긴다.
⑨ 반죽이 완성되었는지는 반죽의 신장성, 두께, 뭉침, 찢어지는 방식이나 찢긴 단편의 상태를 보고 판단한다.

Q 94 기계 반죽과 손반죽은 어떤 차이가 있나요?

A 반죽하는 힘이 다르므로 완성되는 빵의 모습 또한 달라집니다.

기계 반죽과 손반죽은 반죽하는 힘(바꿔 말하면 '마력')이 다르며, 반죽하는 양이 늘어날수록 그 차이가 더 벌어집니다. 그래서 손반죽은 반죽하는 데에 시간이 너무 오래 걸려 반죽 상태가 나빠지거나 형성되는 글루텐의 양이 적어서 빵에 볼륨이 잘 생기지 않을 때가 있습니다. 기계 반죽으로 만든 빵과 똑같이 만들기는 어렵지만, 실력이 붙으면 기계 반죽에 근접한 수준의 빵을 만들 수 있게 됩니다.

Q 95 반죽이 부족하거나 과하면 어떻게 되나요?

A 반죽이 부족하면 빵이 잘 부풀지 않고, 반죽이 과하면 지나치게 많이 부풀어 버려 어느 쪽이든 식감이 나빠집니다.

반죽이 부족하면 글루텐이 충분히 형성되지 않아 볼륨이 부족하고 편평하게 구워지며 빵이 고르게 구워지지 않고 얼룩덜룩해집니다. 갓 구운 빵을 먹으면 크럼(속살)이 끈적거리는 느낌이 나서 식감이 좋지 않고, 시간이 지나면 굳어서 퍼석퍼석해집니다.

반면 반죽을 너무 과하게 하면 구웠을 때 과도한 볼륨이 생기고, 질겨서 잘 끊어지지 않으며, 식감이 퍼석퍼석한 담백한 맛의 빵이 됩니다.

하지만 기계 반죽과 달리 손반죽은 치대는 힘이 약해서 반죽이 과하게 되는 경우는 거의 없습니다. 반대로 반죽이 다 될 때까지 시간이 오래 걸려 반죽이 늘어져 버려 구웠을 때 볼륨이 잘 생기지 않는 일이 자주 일어납니다.

● 반죽 정도가 차이 나는 반죽의 굽기 전과 구운 후의 상태

| 굽기 전 | 굽기 후 |

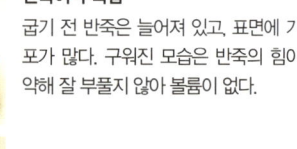

반죽이 부족함
굽기 전 반죽은 늘어져 있고, 표면에 기포가 많다. 구워진 모습은 반죽의 힘이 약해 잘 부풀지 않아 볼륨이 없다.

적당함

Q 96 반죽 온도가 목표치에 도달하지 않았을 때는 어떻게 해야 하나요?

 A 발효 온도와 시간을 바꿔서 대처합니다.

반죽이 다 되면 반죽 온도를 잽니다. 반죽을 하나로 뭉친 다음, 온도계를 반죽 중심부까지 찔러 넣어 온도를 잽니다. 일반적인 반죽 온도는 린한 하드 계열의 빵은 24~26℃. 리치한 소프트 계열의 빵은 26~28℃ 정도입니다.

반죽 온도는 이후의 발효 시간에 큰 영향을 끼칩니다. 계절에 따라, 실내온도나 수온이 크게 바뀌므로 가정에서 빵을 만들 때는 반죽 온도가 목표치와 조금 차이 날 때도 있을 수 있습니다. ±1℃ 정도의 차이는 크게 문제가 없으며, 발효 시간이 5~10분 바뀌는 정도입니다.

만약 반죽 온도가 목표치보다 높을 때는 발효 온도를 1~2℃ 낮춰 조금 낮은 온도에서 발효시킵니다. 발효가 빨리 진행될 때도 있으므로 반죽 상태를 확인하면서 발효 시간을 조정합니다.

이와 반대로 반죽 온도가 낮아진 경우에는 발효 온도를 1~2℃ 올려 조금 높은 온도에서 발효시키는데, 이렇게 하면 발효 시간이 길어질 가능성도 있습니다.

 Q 97 손반죽하는 도중에 반죽이 수축해 버려 반죽하기가 어려워요.

 A 반죽을 조금 휴지시키면 탄력이 약해져서 치대기 쉬워집니다.

손반죽하는 도중에 탄력이 강해져 반죽이 수축해 버리면 반죽을 치대기가 어려워지고 반죽이 잘 늘어나지 않게 됩니다. 그런 경우에는 반죽하는 도중이더라도 반죽을 1~2분간 휴지시키면 탄력이 약해져 치대기 쉬워집니다. 반죽을 휴지시키는 동안에는 볼이나 비닐 등을 덮어 반죽이 마르지 않게 합시다.

반죽을 휴지시킬 때는 마르지 않게 한다.

Q 98 반죽을 내리치면서 치댈 때, 반죽이 찢어지거나 구멍이 뚫려요.

A 내리치면서 반죽하는 작업을 중단하고, 반죽을 1~2분간 휴지시키세요.

믹싱 후반에 반죽이 찢어지는 이유는 반죽의 탄력이 강해졌는데도 무리하게 강한 힘으로 내리치기 때문입니다. 만약 반죽이 찢어져 버렸다면 반죽하는 도중이더라도 **Q97**처럼 반죽을 휴지시켜 주세요.

반죽에 구멍이 뚫리면 휴지시킨다.

 Q 99 손이나 스크레이퍼에 묻은 반죽을 말끔히 떼어내야 하는 이유는 무엇인가요?

 A 반죽의 손실을 줄이기 위해서입니다.

믹싱 초기에는 특히 반죽이 끈적거려 손에 잘 들러붙습니다. 반죽을 할수록 점차 반죽에 연결이 생기면서 반죽이 덜 달라붙게 됩니다. 손에 붙은 반죽은 그대로 두고 계속 반죽하다 보면 어느 정도 떨어지지만, 손에 묻은 채로 말라 버린 반죽이 섞이면 좋은 반죽이 되지 못합니다. 반죽하는 도중에 스크레이퍼나 손으로 떼어낸 반죽에 다시 섞어 주세요. 또 스크레이퍼에 묻은 반죽도 말끔히 떼어냅시다.

손에 묻은 반죽은 스크레이퍼나 손으로 떼어낸다.

Q 100 **발효로 인해 빵이 부푸는 이유는 무엇인가요?**

 A **이스트가 탄산가스를 발생시키면 이를 글루텐 막이 가둡니다.**

발효 과정에서 빵 반죽이 부푸는 이유는 이스트가 탄산가스를 발생시키기 때문입니다. 하지만 반죽이 탄산가스를 가둘 준비가 되어 있지 않으면 가스가 반죽에서 빠져나가 버려 반죽이 부풀지 않습니다. 그러므로 먼저 가스를 충분히 가둘 수 있는 반죽을 만들어 둔 상태에서 이스트가 활발히 가스를 발생시킬 수 있는 환경을 조성하는 것이 중요합니다.

❶ 가스를 가둘 수 있는 반죽의 조직을 만든다

믹싱 단계에서 반죽을 잘 치대면 밀가루의 단백질로부터 점성과 탄력이 있는 글루텐이 많이 만들어집니다. 글루텐은 반죽 안에 그물망 형태로 퍼져나가 얇고 탄력 있는 막을 형성합니다(**Q3** 참조).

❷ 이스트의 활동에 의한 탄산가스 발생

이스트가 활발히 활동하는 온도에 도달해 알코올 발효를 일으키는 조건이 갖추어지면(**Q18** 참조), 이스트는 발효 활동을 시작해서 탄산가스를 많이 발생시킵니다. 반죽 안에서 탄산가스는 기포가 되고, 이 기포들이 커질수록 가스 발생이 진행되어 기포는 더 커집니다.

❸ 탄산가스를 가두어 반죽을 부풀린다

글루텐 막은 기포 주위를 둘러싸듯이 존재하며, 기포가 커질수록 안쪽에서부터 넓게 펼쳐집니다.

고무풍선에 비유하자면 숨을 불어넣었을 때, 고무풍선의 막이 늘어나 팽창하는 듯한 이미지입니다. 빵 반죽을 큰 풍선으로 보면 그 안에 무수히 많은 작은 고무풍선이 가득 차 있는 듯한 이미지로, 그 작은 풍선 하나하나가 발효로 인해 부풀면서 반죽 전체가 부풀어 오르는 것입니다.

그리고 부풀어 오른 반죽이 꺼지지 않는 이유는 글루텐의 그물망 구조가 부풀어 오르는 반죽을 지탱하는 뼈대 같은 역할 또한 하고 있기 때문입니다.

Q 101 발효에 빵을 부풀리는 것 외에 다른 목적이 있나요?

 A 독특한 향이나 풍미를 만들어 내거나 반죽이 잘 늘어나게 합니다.

이스트가 알코올 발효를 해서 탄산가스를 발생시키고, 그 결과 반죽이 부푸는 것만이 발효가 아닙니다. 발효 과정에서는 탄산가스 외에도 많은 물질이 발생합니다.

예를 들어 알코올 발효에서는 탄산가스와 동시에 알코올이 생성됩니다. 이뿐만 아니라, 각종 세균이나 효소가 이스트와 동시에 활동하면서 다양한 물질을 만들거나 반죽에 함유된 물질을 변화시키기도 합니다. 이러한 작용으로 독특한 향이나 풍미가 생겨나 빵에 더 깊은 맛을 냅니다. 또 반죽이 잘 늘어나는 효과도 있습니다.

이러한 변화를 '반죽의 숙성'이라고 하는데, 이는 발효의 또 다른 목적이라 할 수 있습니다. 이스트가 가스를 발생시켜 반죽을 부풀리는 동시에 반죽의 숙성 또한 제대로 진행되어야 발효 과정이 잘 이루어지고 있다고 할 수 있습니다.

좀 더 자세히

반죽의 숙성이란?
발효 중에는 반죽의 팽창 외에도 다음과 같은 메커니즘에 의해 반죽의 숙성이 일어납니다.

① 풍미나 향을 만들어 내는 물질의 발생
   알코올 발효 과정에서 발생하는 알코올은 빵에 독특한 풍미나 향을 선사하기도 합니다. 또 밀가루나 공기 중에서 젖산균이나 초산균 등이 섞여 들어와 젖산균은 젖산 발효로 젖산을, 초산균은 초산 발효로 초산을 각각 발생시킵니다. 이러한 산은 유기산이라 불리며, 향과 풍미를 돋우어 빵에 더 깊은 맛을 선사합니다.
   발효 시간이 길어질수록 이러한 물질이 축적되어 반죽이 부푸는 동시에 숙성으로도 이어집니다.
② 반죽의 신장성이나 탄력 등의 물리적 변화
   글루텐이 형성되어 반죽에 탄력이 생기는 한편, 발효 중에 이와 마치 정반대의 작용처럼 보이는 글루텐의 연화가 작게 일어납니다. 예를 들어 알코올 발효로 발생한 알코올에는 글루텐의 조직을 연화시키는 작용도 있습니다. 또 탄산가스가 물에 녹거나 지질이 산화하거나 젖산이나 초산이 생기면 반죽의 pH가 산성으로 기울어 마찬가지로 연화가 진행됩니다.
   반죽 안에 가스를 가두려면 글루텐의 그물망 구조가 촘촘해져 반죽에 탄력이 생기는 것이 가장 중요하지만, 그저 탄력이 강해지는 것만으로는 가스가 반죽을 부풀리기에 신장성이 부족하다고 할 수 있습니다. 글루텐의 연화 작용은 글루텐의 형성과 상반된 것처럼 보이지만, 이렇게 균형을 맞춤으로써 가스를 막아 부풀어 오르기 좋은 최적의 탄력과 뛰어난 신장성을 갖춘 반죽을 만들어 냅니다.

Q 102 완성된 반죽을 넣을 용기의 크기는 어느 정도가 적당한가요?

 A 반죽의 2~3배 정도의 크기가 적당합니다.

발효를 진행할 때는 반죽의 양에 알맞은 크기의 용기에 넣습니다. 반죽이 발효 중 최고조에 달한 시점에서 용기에 가득 찰 만큼 부풀어 있는 정도가 가장 좋습니다.

반죽의 양에 비해 작은 용기를 사용하면 발효된 반죽이 수축하기 쉬우며, 반대로 반죽의 양에 비해 큰 용기를 사용하면 발효된 반죽이 늘어지기 쉽습니다.

먼저 완성된 반죽의 2~3배 크기인 용기에 발효시켜 보고, 부푼 상태에 따라 다음에 만들 때 용기의 크기를 바꿔 보는 것이 좋습니다.

 Q 103 발효 중에 반죽이 건조해지지 않도록 하는 이유는 무엇인가요?

 A 반죽이 건조해져 부풀어 오르는 것을 막기 때문입니다.

발효 중에 반죽이 두 배 가까이 부풀어 오르므로 반죽이 부푸는 동시에 표면도 항상 잘 늘어나는 상태를 유지해야만 합니다. 표면이 건조해지면 반죽이 잘 부풀지 않을 뿐만 아니라, 그 부분이 딱딱하게 구워집니다.

발효에 적합한 습도는 70~75% 정도로, 반죽의 표면이 마르지 않을 정도의 습기를 공급해야 합니다. 하지만 습도를 반드시 그 수치에 딱 맞춰야 하는 것은 아니며, 반죽을 만져 봤을 때 마르지 않고 촉촉하면 문제 되지 않습니다. 실온에서 발효시킬 때는 반죽을 비닐로 덮는 것도 좋습니다.

반대로 반죽 표면에 물기가 보일 정도라면 습도가 너무 높다고 봐야 합니다.

Q 104 최적의 발효 상태는 어떻게 확인하나요?

 A 반죽의 상태를 눈으로 보고, 손으로 직접 만져본 후 판단합니다.

발효가 잘된 상태인지를 보려면 먼저 반죽을 눈으로 확인했을 때 충분히 부풀어 있어야 합니다. 그 밖에도 발효 상태를 판별하는 방법으로는 반죽으로 손을 만져서 탄력을 확인하는 방법이나 핑거 테스트(**Q105** 참조)라 불리는 방법이 있습니다.

전자의 경우에는 손끝으로 반죽을 살짝 눌렀다가 손을 떼었을 때, 반죽에 손자국이 그대로 남아 있으면 발효가 매우 잘된 상태로 판단합니다. 반죽이 다시 올라와 손자국이 사라진다면 아직 발효가 부족한 것입니다.

이때 반죽이 축축하게 느껴진다면 손에 가루를 묻힌 뒤에 만지도록 합니다.

반죽을 손끝으로 살짝 눌러 손자국 상태로
발효 정도를 판단한다.

좀 더 자세히

최적의 발효 상태를 판별하는 두 가지 관점

반죽의 발효가 잘되었는지 최적의 상태를 판별할 때 반죽이 충분히 부풀어 있는지 눈으로 보고 확인하는 방법은 이스트가 발생시킨 탄산가스의 양을 기준으로 판단하는 것입니다.

반면 핑거 테스트나 반죽을 손으로 직접 만져 확인하는 방법은 글루텐의 탄력을 판단 기준으로 삼습니다. 이스트가 탄산가스를 발생시켜 글루텐 막을 부풀리면 글루텐의 탄력이 약해져 살짝 눌러도 자국이 남을 만큼 반죽이 부드러워집니다(Q128 '좀 더 자세히' 참조).

이처럼 발효 상태는 반죽이 부풀어 오르는 정도와 반죽의 부드러운 정도라는 두 가지 다른 관점에서 판별할 수 있습니다.

빤히

꾹꾹

Q 105 핑거 테스트란 무엇인가요?

A 반죽에 손가락을 찔러 넣어 발효의 진행 상태를 확인하는 방법입니다.

핑거 테스트란 말 그대로 손가락을 반죽에 넣어 발효 상태를 확인하는 방법입니다.

반죽에 손가락을 찔러 넣었다가 뺐을 때 생긴 구멍이 주변 반죽에 밀려 살짝 메워지려다 마는 상태가 가장 적절합니다.

발효가 부족하면 손가락을 찔러 넣었을 때, 반죽의 강한 탄력을 느낄 수 있고, 손가락을 뺐을 때, 구멍이 다시 메워져 버립니다. 그런 경우에는 좀 더 발효시키시길 바랍니다.

발효가 최적의 상태를 지나 과하게 되었을 때는 반죽이 부푼 상태를 지탱할 만한 탄력을 잃어버려 손가락을 찔러 넣자마자 반죽 전체가 푹 꺼지게 됩니다.

● **핑거 테스트 방법**

검지에 밀가루를 묻힌다.

손가락을 반죽에 두 번째 관절 부근까지 찔러 넣었다가 그대로 뺀다

● **발효 정도에 따른 반죽 상태**

반죽이 원래대로 돌아가려고 해서 구멍이 조금씩 작아진다

구멍이 약간 작아지지만, 거의 그대로 유지된다

반죽이 푹 꺼지거나 반죽 표면에 커다란 기포가 생긴다

Q 106 이스트의 양을 늘려 발효 시간을 단축할 수 있나요?

 A **리치한 소프트 계열의 반죽은 가능합니다.**

리치한 소프트 계열의 빵 반죽은 이스트의 양을 늘려 발효 시간을 어느 정도 단축하는 것이 가능합니다.

리치한 반죽은 당류, 유제품, 유지, 달걀 같은 부재료가 많이 들어가므로 발효를 짧게 해도 빵의 풍미를 충분히 낼 수 있습니다. 또 단백질이 많은 강력분을 사용해 강한 믹싱으로 글루텐 형성을 촉진해 반죽이 잘 연결되어 있으며, 유지 등을 넣어 신장성이 좋아 잘 부풀어 오르는 부드러운 반죽이 만들어집니다. 그렇기에 이스트의 양을 늘려 단시간에 가스를 많이 발생시켜도 이를 잘 가둘 수 있는 것입니다.

이 책에서 소개하는 배합의 경우 이스트의 양을 20% 정도까지 늘려주면 발효와 최종 발효 시간을 10분 정도 단축할 수 있습니다. 단, 빵이 빨리 퍼석해질 수 있습니다.

하지만 프랑스빵 같은 린한 하드 계열의 반죽은 이스트의 양을 약간 늘릴 수는 있어도 기본적으로 발효 시간을 줄이는 것을 권하지 않습니다.

왜냐하면 밀가루, 물, 이스트, 소금이라는 기본 재료만으로 풍부한 향을 내는 빵을 만들려면 발효 시간을 길게 해야 숙성 과정에서 독특한 향이나 풍미를 얻을 수 있기 때문입니다 (**Q172** 참조).

그렇기에 이스트의 양을 늘려 반죽을 단시간 발효시켜 빵을 만들면 완성된 빵의 형태나 풍미, 식감 등이 전부 변해 버립니다.

Q 107 발효와 최종 발효를 할 때, 습도는 어느 정도여야 하나요?

 A **70~75%가 적당합니다.**

빵에 따라 다르기도 하지만, 기본적으로는 습도계로 쟀을 때 70~75% 정도가 되도록 발효기 내부의 습도를 유지하면 딱히 문제 되지 않습니다. 습도계가 없을 때는 빵 반죽의 표면이 마르지 않고, 살짝 촉촉한 상태가 되게 해 주세요. 물기가 보일 정도로 반죽이 너무 젖어 있을 때는 습도가 너무 높은 것이니 발효기 뚜껑을 열어 여분의 습기를 날려 보냅니다.

 Q 108 레시피에 적힌 조건대로 발효와 최종 발효를 진행해도 발효 과다·발효 부족이 되는 이유는 무엇인가요?

 A **반죽 온도가 목표치와 다른 것이 주요 원인입니다.**

발효나 최종 발효는 온도가 높거나 시간이 길면 발효 과다가 되고, 반대로 온도가 낮거나 시간이 짧으면 발효 부족이 됩니다. 하지만 레시피에 적힌 온도와 시간에 맞추어 발효를 시켰는데도 반죽이 너무 과하게 발효되거나 반대로 발효가 부족해질 때가 있습니다.

또 발효 전에 완성된 반죽을 뭉칠 때나 최종 발효 전에 성형 작업을 할 때 반죽 표면의 팽팽한 정도에 따라 발효 과다나 발효 부족으로 보일 수가 있습니다.

반죽의 팽팽함이 약할 때, 레시피에 적힌 시간대로 발효시키면 반죽이 적정한 상태를 지나 발효 과다처럼 너무 무른 상태가 됩니다. 반대로 반죽의 팽팽함이 강할 때는 발효 부족처럼 수축된 상태이므로 적정한 상태가 될 때까지 시간을 들일 필요가 있습니다. 그리고 반죽을 충분히 하지 않았을 때도 마치 반죽을 뭉칠 때나 성형 작업을 할 때 반죽 표면의 팽팽함이 약했을 때처럼 반죽이 너무 무른 상태가 되어 버립니다(**Q95** 참조).

Q 109 발효나 최종 발효의 적정 온도와 습도, 시간 등이 빵의 종류에 따라 다른 이유는 무엇인가요?

 A 빵마다 재료나 배합, 제법이 다르므로 이상적인 반죽의 상태 또한 달라지기 때문입니다.

일반적으로는 모든 빵이 믹싱부터 굽기까지 거의 같은 과정을 거치지만, 발효나 최종 발효 같은 과정에서 필요로 하는 온도나 시간 등은 빵의 종류에 따라 달라집니다. 빵마다 재료나 배합, 제법이 다르므로 이상적인 반죽의 상태 또한 다르기 때문입니다.

예를 들어 버터 롤은 이스트가 많이 들어가므로 발효 온도가 높고, 발효 시간이 짧은 편이지만, 프랑스빵이나 산형 식빵은 이스트가 적게 들어가므로 발효 온도를 낮추어 긴 시간 발효하게 됩니다.

또 이스트 사용량은 버터 롤과 비슷한 수준이지만, 버터가 더 많이 들어가는 브리오슈는 버터가 녹지 않도록 발효 온도를 낮춥니다. 발효 온도가 낮아지면 당연히 발효 시간이 길어집니다.

 Q 110 발효와 최종 발효의 온도가 다른 이유는 무엇인가요?

 A 각자 목적이 다르기 때문입니다.

최종 발효 온도는 발효 온도보다 일반적으로 높게 설정합니다. 발효와 최종 발효 모두 이스트의 알코올 발효로 반죽을 부풀린다는 점은 같지만, 온도에 차이를 두는 것은 그 목적이 서로 다르기 때문입니다.

원래 이스트는 37~38℃에서 탄산가스를 가장 많이 발생시킵니다. 그러나 실제로 빵을 만들 때, 발효는 25~35℃에서 진행하는 것이 일반적입니다. 왜냐하면 발효의 목적은 반죽을 충분히 부풀리는 동시에 숙성시켜 맛이나 향을 낼 성분을 반죽에 축적하는 것이기에 반죽이 일정 수준 부풀 때까지 시간을 들여 서서히 발효시킬 필요가 있습니다(**Q101** 참조).

그러므로 탄산가스의 발생량이 최고조에 달하는 온도보다 낮은 온도에서 서서히 가스를 발생시키면서 이스트가 장시간 안정된 상태에서 가스를 계속 발생시킬 수 있도록 처음부터 힘을 다 써 버리지 않고, 좀 더 여유로운 상태에서 활동할 수 있게 하는 것입니다.

또 탄산가스의 발생량과 반죽 상태 사이에서 균형을 잘 잡는 것도 중요합니다. 단시간에 많은 가스를 발생시키면 반죽이 단숨에 부풀어 올라 무리하게 늘어나게 됩니다. 가스의 발생량을 조금 억제하면서 시간을 들이는 편이 반죽에 무리를 주지 않아 더 잘 늘어나고 탄력 있는 상태에서 반죽을 부풀릴 수 있습니다.

하지만 최종 발효는 반죽을 구울 때 반죽의 볼륨이 최고조에 달하도록 가스를 발생시키는 것에 중점을 둡니다. 그렇기에 굽기 전에 이스트의 활성이 가장 활발해지도록 발효 온도보다 높은 30~38℃로 온도를 설정하는 것입니다.

 발효와 최종 발효에서 반죽의 최적 상태는 다른가요?

 발효는 반죽의 부푼 정도가 최고조에 달한 상태, 최종 발효는 최고조에 달하기 조금 전의 상태를 적정하게 봅니다.

발효 단계에서는 반죽의 부푼 정도가 최고조에 달해 탄력이 느슨해질 때까지 발효를 계속하는 것이 기본입니다.

반면 최종 발효 단계에서는 반죽의 부푼 정도가 최고조에 달하기 조금 전의 상태를 최적의 상태로 봅니다. 왜냐하면 그 후 굽는 과정에서 반죽의 내부 온도가 60℃에 도달할 때까지는 이스트가 알코올 발효를 지속해 탄산가스를 발생시키기 때문입니다. 이를 고려해 반죽이 더 부풀 여지를 남긴 상태에서 최종 발효를 끝내야 합니다(**Q113** 참조).

Q 112 같은 반죽이라 하더라도 크기에 따라 최종 발효 시간이 달라지나요?

 A 반죽의 크기나 모양이 다르면 조금 차이가 납니다.

반죽이 커지거나 무게가 같더라도 원래 평평한 모양의 반죽을 둥글게 만든다면 반죽 중심부의 온도가 올라갈 때까지 시간이 걸리므로 최종 발효 시간이 조금 길어질 수 있습니다. 하지만 반죽의 무게가 1.5배가 되었다고 해서 시간도 똑같이 1.5배가 걸리는 것은 아닙니다. 반죽의 상태를 보면서 판단하길 바랍니다(**Q113** 참조).

 Q 113 최종 발효가 잘 끝났는지 확인하는 방법을 가르쳐 주세요.

 A 반죽을 손가락으로 살짝 눌렀을 때, 자국이 약간 남는 정도가 적당합니다.

최종 발효에서는 반죽의 부푼 정도가 최고조에 달하기 조금 전의 상태를 적정한 상태로 봅니다(**Q111** 참조). 이는 반죽의 부푼 정도나 탄력이 느슨해진 정도를 보고 판단합니다.

반죽은 성형 직후의 크기보다 두 배 가까이 부풉니다. 먼저 눈으로 반죽이 적당히 부푼 것을 확인한 후에 손끝으로 반죽 표면을 살짝 눌러 봅니다. 손가락을 떼었을 때, 자국이 약간 남는 정도가 적정한 상태입니다.

이러한 적정 상태를 넘어 반죽이 너무 풀어져 버리면 굽기 전에 반죽을 이동시키거나 달걀물을 바르거나 쿠프를 내는 작업을 할 때, 반죽의 숨이 죽는 경우가 있습니다. 숨이 죽는 반죽은 오븐에 구워도 작게 구워지거나 주름이 잡힙니다.

반대로 최종 발효가 부족한 상태에서 반죽을 구워 버리면 볼륨이 작은 빵이 나오고, 빵이 갈라지거나 부서집니다. 또 크럼(속살)이 촘촘해지기도 하고, 구움색이 얼룩덜룩하거나 진해지기도 합니다.

부족	적정	과다

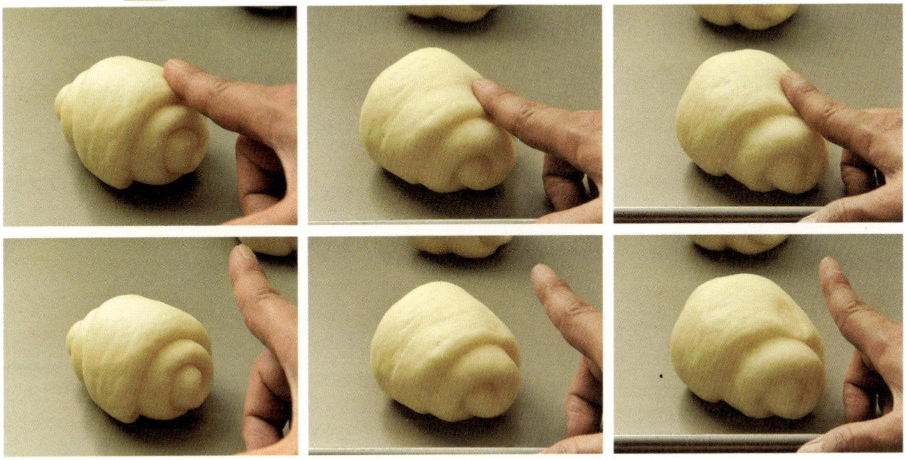

손끝으로 누르면 반죽이 다시 올라온다. | 손끝으로 눌렀을 때 자국이 살짝 남는다. | 손끝으로 눌렀을 때 자국이 또렷하게 남는다.

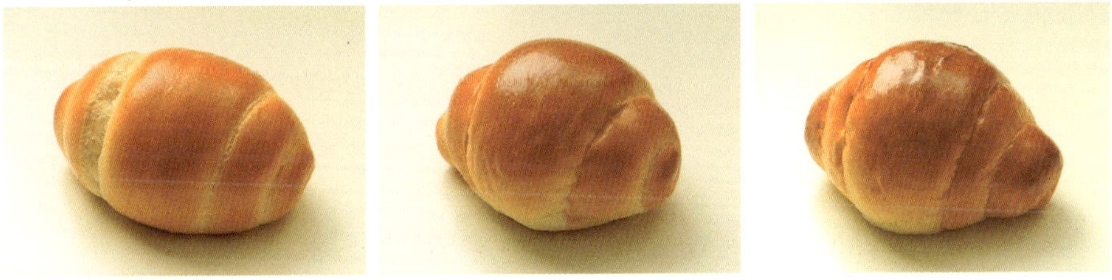

반죽이 잘 부풀지 않고, 반죽이 말린 부분이 갈라져 있다. | 적정하게 구워진 모습 | 볼륨이 지나치다. 크러스트(겉껍질)에 주름이 잡힌다.

Q114 펀치(가스 빼기)를 하는 이유는 무엇인가요?

A 글루텐을 강화해 볼륨 있는 빵을 만들기 위해서입니다.

펀치는 발효를 통해 부풀어 오른 반죽을 손바닥 전체로 누르거나 접어서 두드려 반죽에 든 탄산가스를 빼내는 작업입니다. 그리고 펀치 후에는 다시 발효를 시킵니다.

모든 반죽에 펀치 작업을 하지는 않습니다. 산형 식빵이나 프랑스빵처럼 배합이 단순한 빵을 서서히 발효시킬 때나 브리오슈처럼 버터가 많이 들어가 잘 부풀지 않는 빵에 볼륨을 내고 싶은 경우에 펀치 작업을 합니다.

애써 부풀린 반죽을 다시 뭉개는 것이 아깝게 느껴질 수 있지만, 펀치를 통해 다음과 같은 효과들을 기대할 수 있습니다.

❶ 글루텐을 강화한다

반죽이 부풀면 글루텐 막이 늘어나면서 탄력이 약해지고, 반죽이 느슨해집니다(Q128 '좀 더 자세히' 참조). 이처럼 느슨해진 반죽에 펀치라는 자극을 가하면 글루텐이 더 형성되어 글루텐의 그물망 구조가 더 촘촘해집니다. 글루텐 막은 발생한 가스를 가두는 역할을 하므로 글루텐을 강화하면 반죽이 더 잘 부풀게 됩니다.

❷ 이스트를 활성화시킨다

반죽에 알코올이 가득 차면 이스트는 자신이 발생시킨 알코올에 의해 활성이 저하됩니다. 그래서 반죽을 뭉개는 펀치 작업을 하면 알코올이 배출되어 이스트가 다시 활성화됩니다.

❸ 결이 곱게 구워진다

반죽에 있는 큰 기포가 터져 여러 개의 작은 기포로 나뉘므로 크럼(속살)의 결이 곱게 구워집니다.

 펀치를 할 때 누르듯이 하는 이유는 무엇인가요?

 세게 두드리거나 치대면 반죽이 손상을 입어 잘 부풀지 않기 때문입니다.

펀치라는 표현만 보면 주먹으로 때리는 동작이 연상되지만, 실제로는 손바닥 전체로 반죽을 누르거나 반죽을 접어서 가스를 뺍니다. 반죽을 세게 두드리거나 치대면 글루텐의 그물망 구조가 파괴되어 버려 이후의 발효 단계에서 탄산가스를 반죽 안에 가두지 못해 반죽이 제대로 부풀지 않게 됩니다. 최대한 반죽이 손상을 입지 않도록 펀치 작업을 하는 것이 중요합니다.

205

 Q 116 펀치는 어떤 빵이든 같은 방식으로 하나요?

 A 빵의 종류에 따라 달라집니다.

모든 빵에 같은 방식의 펀치를 하지는 않습니다. 펀치 방식은 빵의 종류에 따라 크게 네 가지로 나뉩니다.

❶ 강한 펀치

소프트 계열의 반죽이나 볼륨을 내고 싶은 반죽에 적합합니다(이 책에서는 산형 식빵, 브리오슈). 펀치 효과를 최대한 많이 내고 싶을 때 사용합니다.

❷ 약간 강한 펀치

소프트 계열의 반죽 가운데 약간 린한 반죽에 적합합니다.

❸ 약간 약한 펀치

세미 하드 계열의 반죽에 적합합니다.

❹ 약한 펀치

하드 계열 반죽에 적합합니다(이 책에서는 프랑스빵의 두 번째 펀치). 반죽의 부푸는 힘이 약하므로 너무 세게 누르지 마세요.

펀치의 강도는 반죽을 접는 횟수, 반죽을 접은 후에 누르는지 아닌지, 누르는 힘의 강도 등에 따라 조정합니다.

또 반죽 상태에 따라서도 펀치의 강도를 바꿀 필요가 있습니다. 예를 들어 발효시켜도 반죽이 늘어져 가스를 가둘 힘이 약할 때는 원래보다 강한 힘으로 펀치를 해서 글루텐에 자극을 가해 탄력이 생기도록 합니다. 반대로 발효를 충분히 했는데도 반죽이 느슨해지지 않고 수축이 심할 때는 약하게 펀치를 합니다.

 Q 117 펀치를 너무 세게 하면 어떻게 되나요?

 A 반죽의 탄력이 강해집니다.

각각의 빵에 적합한 펀치 강도보다 더 세게 펀치를 해 버리면 반죽의 탄력이 강해져 구웠을 때 빵이 부서지거나 금이 갈 수 있습니다.

펀치를 너무 세게 했을 때는 펀치 후의 발효 시간을 조금 늘려 반죽의 탄력을 줄입니다. 또 이후의 둥글리기나 성형 작업에서 반죽이 덜 수축하게 하는 방법도 있습니다.

Q 118 반죽이 충분히 부풀지 않았어도 시간이 되면 펀치를 하는 편이 좋은가요?

 A **발효 시간의 어느 단계에서 펀치를 하는지에 따라 다릅니다.**

반죽의 조율에 따라서도 차이가 나지만, 전체 발효 시간(펀치 전후의 발효 시간을 합친 것)의 전반에 펀치를 하는 경우는 반죽의 강도를 높이는 것이 목적이므로 그다지 부풀지 않았더라도 시간이 되면 펀치를 진행합니다. 이 책에서는 프랑스빵의 첫 번째 펀치가 여기에 해당합니다.

전체 발효 시간이 절반 이상 지난 단계에서 펀치를 할 때는 반죽이 부푼 후에 펀치를 합니다.

분할에 관한 궁금증

 Q 119 반죽에 겉면과 안면이 있나요?

 A **매끄럽고 깨끗한 면이 겉면입니다.**

믹싱이 종료된 시점에서는 반죽에 겉면과 안면이 따로 없지만, 발효 전에 반죽을 매끄럽게 둥글리고 난 후에 보이는 면이 겉면이 됩니다. 이후의 과정에서는 항상 이 면이 겉면이 되도록 작업을 진행합니다.

하지만 반죽을 분할할 때 겉면이 건조하거나 거칠어져 다른 면이 더 매끄럽고 깨끗한 경우 그 면을 겉면이 되게 둥글리거나 다듬어줍니다.

빵을 만들 때는 겉면이 완성된 빵의 얼굴이 되므로 항상 매끄럽고 깨끗한 면이 겉면이 되어야 한다는 점을 의식합시다.

 Q 120 분할할 때 스크레이퍼 등으로 반죽을 눌러 자르는 이유는 무엇인가요?

 A **반죽을 잡아 뜯으면 반죽이 손상되어 제대로 부풀지 않기 때문입니다.**

반죽을 분할할 때는 발효시킨 반죽을 조심스레 꺼내어 스크레이퍼로 눌러 자릅니다. 반죽을 손으로 잡아 뜯거나 식칼을 쓸 때처럼 스크레이퍼를 앞뒤로 밀어 반죽을 썰면 반죽에 든 탄산가스가 너무 많이 빠져나오기도 하고, 단면의 글루텐 그물망 구조가 파괴되어 반죽이 제대로 부풀지 않기 때문입니다.

반죽을 눌러 자른 뒤에는 단면끼리 들러붙지 않도록 곧바로 떼어내는 것 또한 중요합니다.

이 밖에도 반죽의 무게를 똑같이 맞추기 위해 반죽을 덧붙이거나 떼어내는 등 필요 이상으로 잘게 써는 행동도 반죽에 손상을 입히니 피하기 바랍니다. 반죽을 분할할 때는 눈으로 대략적인 크기를 가늠해 반죽을 자르는 횟수를 최소화하는 것이 좋습니다.

● 반죽을 자르는 방법과 단면의 상태

잘 자른 모습 ....
단면이 매끄럽게
잘려 있다.

잘못 자른 모습 ....
단면이 손으로 잡아 뜯은
것처럼 울퉁불퉁하다.

잘 자르는 방법의 예
눌러 자른 다음, 단면을 떼어 놓는다.

잘못 자르는 방법의 예
식칼로 썰 듯이 앞뒤로 움직이며 자른다.

Q 121 반죽을 고르게 분할해야 하는 이유는 무엇인가요?

A 굽는 시간을 맞추기 위해서입니다.

반죽의 크기가 일정하지 않고 크기가 다르면 작은 반죽이 먼저 구워져 큰 반죽과 굽는 시간에 차이가 생깁니다. 다 구워진 빵부터 먼저 꺼내다 보면 굽는 동안에 오븐을 여러 번 여닫게 되고, 그 결과 오븐 내부의 온도가 내려가 아직 굽고 있는 반죽의 상태가 나빠집니다.

분할 단계에서 똑같은 크기로 나눠 놓으면 굽는 시간을 맞출 수 있어 빵이 잘 구워집니다.

Q 122 반죽이 남았을 때는 어떻게 해야 하나요?

 A 남지 않도록 조정해서 분할하세요.

분할하는 반죽의 개당 중량이 레시피에 적혀 있을 때, 그 중량에 맞춰 분할하다 보면 반죽이 남거나 부족해지는 경우가 종종 있습니다. 이는 반죽에 넣는 조정수의 양이나 믹싱 과정 중에 손실되는 반죽의 양 때문에 반죽의 총중량이 그때그때 바뀌기 때문입니다.

반죽을 과부족 없이 사용하고, 되도록 적은 횟수로 분할하려면 먼저 처음에 반죽의 총중량을 잰 다음, 만들 개수로 나눠 개당 중량을 계산한 후 그 무게에 맞춰 분할하면 됩니다. 가정에서 빵을 만들 때는 이 방법으로 분할하는 것을 권합니다.

개당 중량이 약간 차이 나더라도 발효나 굽는 조건을 거의 바꾸지 않고 빵을 만들 수 있습니다.

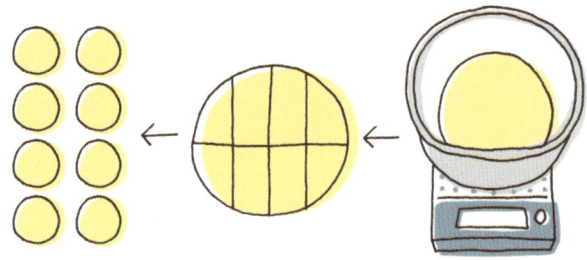

둥글리기에 관한 궁금증

 Q 123 둥글리기를 잘하는 방법을 가르쳐 주세요. 또 반죽을 어느 정도까지 둥글려야 하나요?

 A 반죽 표면이 팽팽하고 매끄러운 상태가 될 때까지 둥글립니다.

둥글리기를 할 때는 단순히 반죽을 둥글게 다듬는 것이 아니라, 반죽 표면을 팽팽하게 하는 것이 중요합니다.

오른손잡이는 반죽을 왼쪽 손바닥에 올리고, 오른쪽 손바닥으로 반죽을 감싸듯이 반시계 방향으로 움직입니다. 이때 손끝으로 반죽의 가장자리를 바닥 쪽으로 보내면 반죽 표면이 잡아당겨져서 매끄럽고 팽팽한 상태가 됩니다. 손바닥이 아닌 작업대 위에서도 같은 방법으로 반죽을 둥글릴 수 있습니다.

반죽 표면을 손끝으로 눌렀을 때, 탄력이 있고 손자국이 남지 않는 상태가 되면 둥글리기를 마칩니다(**Q130** 참조).

● 둥글리기 동작

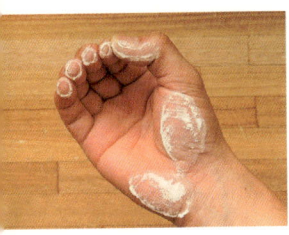

가루가 묻어 있는 부분이 반대쪽 손(또는 작업대)에 닿은 상태에서 반죽을 둥글린다.

1	5
2	6
3	7
4	8

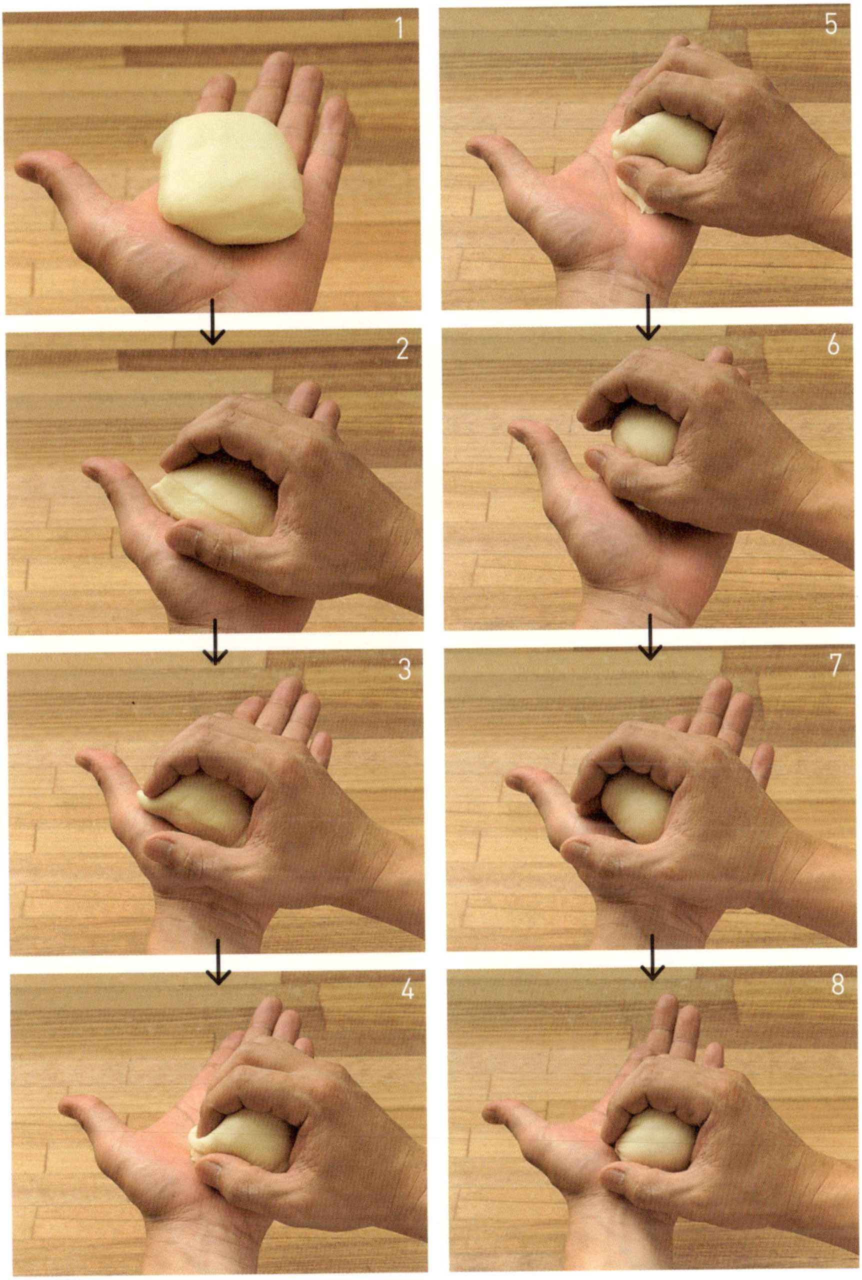

반죽을 손바닥으로 감싸듯이 반시계 방향(왼손잡이는 시계 방향)으로 움직인다.

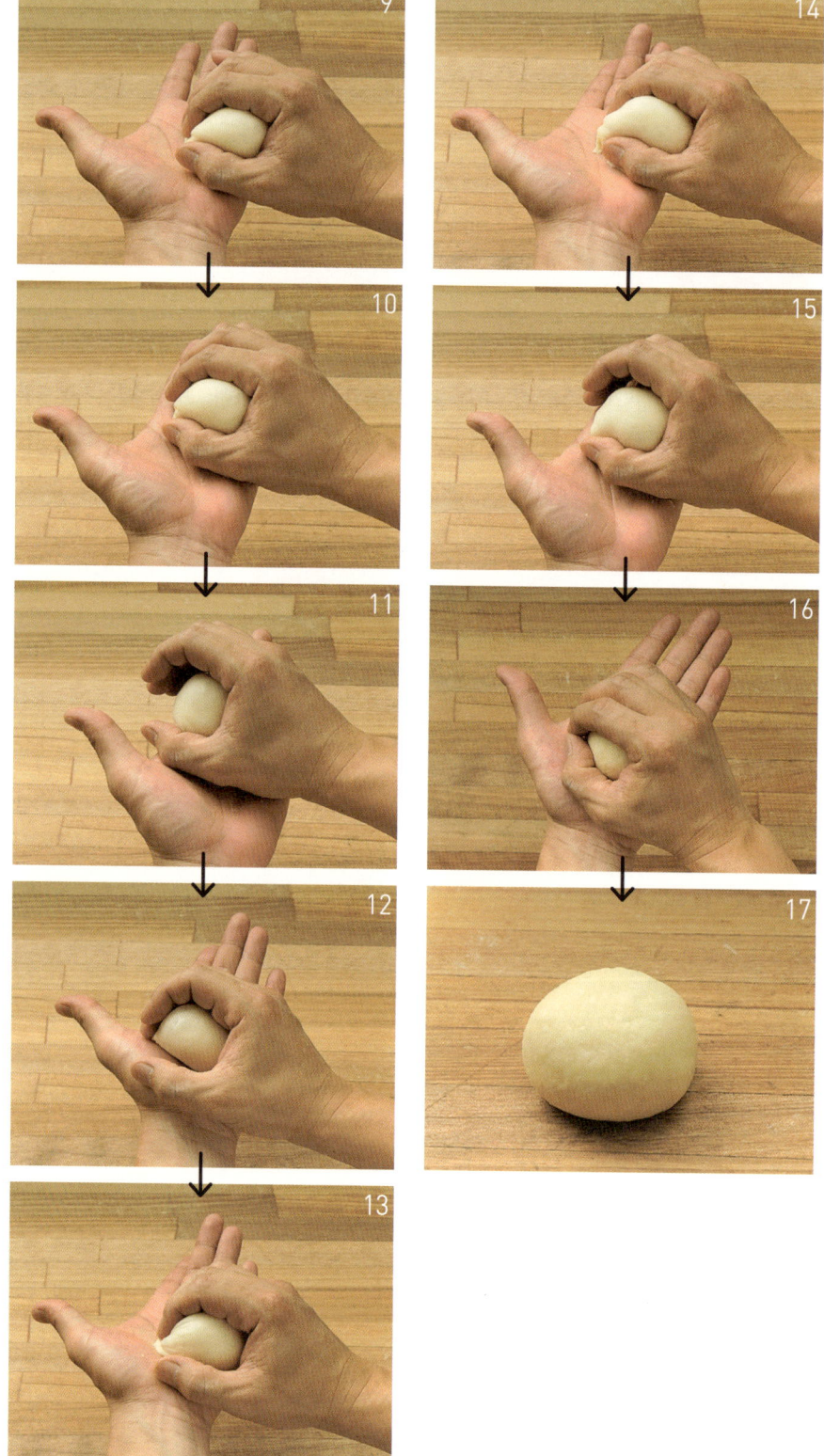

Q 124 둥글리기를 할 때 반죽 표면을 팽팽하게 하는 이유는 무엇인가요?

 A **반죽 안에 있는 탄산가스가 밖으로 빠져나가지 않도록 표면에 막을 만들어 두기 위해서입니다.**

분할한 반죽의 단면은 글루텐 구조가 흐트러져 있는 데다 끈적이는 점착성까지 있습니다. 그래서 반죽 단면을 안쪽으로 넣으면서 표면의 말끔한 부분을 당겨서 늘여 반죽 전체를 덮듯이 둥글립니다. 그렇게 하면 반죽 표면은 글루텐 구조의 흐트러짐이 적은 부분으로 덮여 잘 들러붙지 않게 됩니다.

이때 반죽 표면을 팽팽하게 당기면 글루텐 구조에 마치 반죽을 치댈 때와 같은 자극이 가해집니다. 그러면 글루텐이 강화되어 반죽이 긴장 상태에 놓입니다(**Q128** '좀 더 자세히' 참조). 그 결과 반죽 안에 발생한 탄산가스가 밖으로 빠져나가지 않게 됩니다.

 Q 125 반죽을 손바닥 위에서 잘 둥글리지 못하겠어요.

 A **반죽 끝을 모으듯이 표면을 팽팽하게 당깁니다.**

반죽을 손바닥 위에서 잘 둥글리지 못하겠다면 반죽을 손에 들고 반죽 끝을 아래로 모아 표면을 팽팽하게 하는 방법도 있습니다. 반죽 바닥의 중심이 되는 한곳으로 반죽의 끝을 모으는 작업을 여러 번 반복해 반죽 표면이 팽팽하고 둥글어지게 합니다.

● 반죽 표면을 팽팽하게 하는 방법

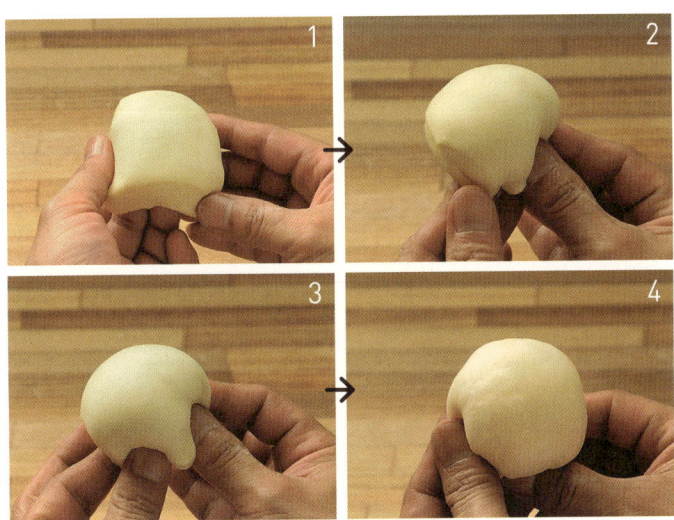

Q 126 반죽이 손에 다 담기지 않아서 손으로 잘 굴리지 못하겠어요.

 A 엄지와 검지 사이를 넓게 벌려 반죽을 감싸세요.

반죽을 손으로 감싸기가 조금 버거울 때는 엄지와 검지 사이를 벌려 손바닥 안쪽의 공간을 넓혀 반죽을 감싸 **Q123**의 방법대로 둥글립니다. 그렇게 해도 손에 다 잡히지 않을 때는 **Q125**의 방법을 사용합니다.

둥글리기를 할 때 일반적인 손의 모습

반죽을 손으로 다 감싸지 못할 때는 손가락 사이를 벌린다.

 Q 127 반죽 표면이 일어나는 것은 어떤 상태를 말하는 건가요?

 A 힘을 무리하게 가해 반죽 표면이 거칠어진 상태입니다.

반죽에 무리하게 힘을 가하면 반죽 표면이 거칠게 일어납니다. 분할 후나 성형 단계에서 반죽을 둥글리거나 모양을 만들 때 특히 이런 현상이 일어나기 쉬우니 주의하기 바랍니다.

둥글리기나 성형에서 중요한 점은 모양을 다듬는 것만이 아니라, 반죽 표면을 적당히 팽팽한 상태로 만드는 것입니다. 반죽을 둥글릴 때, 모양이 반듯하지 않다고 몇 번이나 다시 둥글리면 매끈했던 반죽이 점차 거칠어져 울퉁불퉁해져 버립니다. 이는 반죽에 부담이 가해지고 있다는 증거로, 이상적인 팽팽함을 넘어 반죽이 지나치게 조여진 상태입니다. 이런 반죽은 벤치 타임을 가져도 반죽이 부드러워지는 데에 시간이 걸리거나 최종 발효를 시켜도 잘 부풀지 않아 좋은 빵이 만들어지지 않습니다.

표면이 팽팽하고 매끈한 상태(왼쪽)
반죽 표면이 일어나 울퉁불퉁해진 상태(오른쪽)

또 반죽에 따라 표면이 쉽게 일어나는 것과 그렇지 않은 것이 있습니다. 단단해서 잘 늘어나지 않는 반죽이나 프랑스빵 같은 하드 계열의 린한 반죽은 둥글리기를 조금만 과하게 해도 반죽 표면이 일어날 수 있으므로 특히 주의가 필요합니다.

벤치 타임에 관한 궁금증

 Q 128 벤치 타임이 필요한 이유는 무엇인가요?

 A 둥글리는 과정에서 탄력이 생긴 반죽을 부드럽게 만들어 성형하기 쉽게 하기 위해서입니다.

벤치 타임(bench time)이란 반죽을 분할해서 둥글리거나 다듬거나 한 후에 반죽을 일정 시간 동안 휴지시키는 것을 말합니다.

반죽을 둥글리면 반죽을 치댔을 때만큼은 아니지만, 비슷한 자극이 가해져 글루텐이 강화되고, 반죽에 탄력이 생깁니다. 이 상태의 반죽은 곧바로 성형하려고 하면 수축되거나 원하는 모양이 만들어지지 않고, 반죽 표면이 일어나기 쉽습니다.

이때 벤치 타임을 가지면 반죽의 발효가 진행되어 반죽이 살짝 부풀면서 폭신폭신해집니다. 그 결과 글루텐 막이 늘어나 반죽이 느슨해지고 탄력이 약해져 성형하기 쉬워집니다.

좀 더 자세히

반죽의 긴장과 이완

반죽을 치대면 글루텐이 형성되어 반죽의 탄력이 세집니다. 이러한 반죽을 발효시키면 최종적으로는 탄력이 약해져 반죽이 부드러워집니다. 이를 분할해서 둥글리기를 하면 반죽은 다시 탄탄해졌다가 벤치 타임을 거치면서 다시 부드러워집니다. 이어서 성형을 하면 반죽이 다시 탄탄해졌다가 최종 발효를 거치며 다시 부드러워집니다. 이처럼 반죽은 일련의 과정을 통해 탄탄해졌다가 다시 부드러워지는 과정을 반복하는데, 이는 글루텐의 '가공에 의한 긴장'과 '구조의 이완'이 균형을 이루기에 일어나는 것입니다.

'가공에 의한 긴장'이란 글루텐의 그물망 구조가 촘촘해지고, 글루텐이 안정·강화되는 것을 말합니다. '구조의 이완'이란 글루텐의 그물망 구조의 일부분이 끊어지면서 조직이 불안정해져서 반죽이 부드러워지는 것을 말합니다. 이러한 긴장과 이완은 상반된 구조 변화지만, 꼭 어느 한쪽에서만 일어나는 것은 아닙니다. 반죽의 상태는 그때그때 달라지는데, 긴장과 이완이 마치 천칭(天秤, balance : 지레의 원리로 질량을 측정하고 싶은 물체와 분등하게 균형을 맞춰 질량을 측정하는 저울의 일종)에 놓여 있는 것처럼 둘의 균형에 따라 반죽의 상태가 변화합니다. 긴장의 정도가 심해지면 반죽에 그러한 성질이 반영되어 반죽이 수축하고, 이완의 정도가 갈수록 심해지면 반죽이 부드러워지기 시작합니다. 빵을 만들 때는 이러한 긴장과 이완의 균형이 중요합니다.

긴장과 이완의 균형이 무너져 버리는 예로 과발효를 들 수 있습니다. 이는 반죽이 이완으로 크게 치우쳐 버린 상태로, 글루텐 구조가 약해져 무너지기 쉽습니다. 이러한 이유로 과발효된 반죽은 살짝 건드리기만 해도 가스가 빠져나가 푹 꺼지는 것입니다.

또 반죽이 탄산가스를 가두어 두려면 글루텐의 그물망 구조를 촘촘히 해서 탄력 있는 반죽을 만들어야 하지만, 그저 탄력이 세기만 해서는 반죽이 부풀지 않습니다. 반죽이 늘어나 잘 부풀려면 뛰어난 신장성도 필요합니다. 이러한 신장성은 긴장과 이완의 균형과도 관련이 있는데, 긴장의 정도가 너무 심할 때는 신장성이 나타나지 않다가 이완을 하면 신장성이 나타나기 시작합니다.

반죽 안에서는 눈에 보이지 않는 이러한 구조 변화가 균형을 맞추며 늘 일어나고 있는데, 이것이 반죽 상태에 반영된다는 사실을 알아 두면 반죽을 다룰 때도 도움이 될 것입니다.

탱탱

흐물흐물

 Q 129 벤치 타임을 가질 때는 반죽을 다시 발효기에 넣는 것이 좋은가요?

 A 실온에 두어도 되지만, 건조해지지 않게 주의하세요.

벤치 타임은 기본적으로 분할하기 전에 반죽을 발효시켰던 환경(발효기)으로 돌려놓은 상태에서 진행하지만, 실내온도가 25℃ 정도라면 발효기에 다시 넣지 않고 그대로 벤치 타임을 가져도 됩니다.

다만 발효기에 다시 넣지 않는 경우에는 반죽이 건조해지지 않게 주의하세요. 성형할 때 반죽 표면이 건조해져 있으면 좋은 상태라 할 수 없습니다.

반대로 발효기에서 벤치 타임을 가질 때는 표면이 끈적이지 않을 정도로 습도를 조정해 주세요.

 Q 130 벤치 타임은 언제 끝마쳐야 하나요?

 A 반죽을 손끝으로 살짝 눌렀을 때 자국이 남을 정도로 휴지시킵니다.

벤치 타임 중에는 반죽을 둥글릴 때 생긴 탄력이 풀어질 때까지 반죽을 휴지시킵니다. 빵의 종류나 크기, 둥글리기 강도에 따라 소요 시간은 달라집니다. 반죽을 손끝으로 살짝 눌렀다 떼었을 때 자국이 그대로 남는 정도일 때, 벤치 타임을 끝냅니다.

벤치 타임은 발효나 최종 발효보다 소요 시간이 짧아서 마지막 반죽의 둥글리기를 끝마쳤을 때, 처음 둥글린 반죽이 이미 적당히 부드러워져 있는 경우도 있습니다. 따라서 상황을 봐 가면서 적절히 대처하기 바랍니다.

● 벤치 타임 전후의 반죽 상태 비교

반죽이 탄탄해 손끝으로 눌러도 자국이 남지 않는다.

반죽이 부드러워져서 손끝으로 눌렀을 때 자국이 남는다.

성형에 관한 궁금증

 성형할 때 큰 기포가 생기면 어떻게 해야 하나요?

 살살 두드려 찌부러뜨립니다.

성형 단계에서 반죽 표면에 큰 기포가 생기면 꼭 찌부러뜨려야 합니다. 그대로 두면 최종 발효 단계에서 기포가 더 부풀어 올라 그 부분이 볼록한 상태로 구워져서 보기에도 좋지 않고, 식감도 떨어뜨리기 때문입니다.

기포를 찌부러뜨릴 때는 가지런히 모은 손가락 안쪽을 사용해 톡톡 튕기듯이 기포를 살살 두드립니다.

기포를 터트리듯 톡톡 두드려 찌부러뜨린다.

Q 132 반죽을 성형할 때, 이음매를 오므리거나 누르는 이유는 무엇인가요?

A 반죽이 부풀 때, 이음매가 잘 풀리지 않게 하기 위해서입니다.

반죽을 둥근 모양이나 막대 모양으로 성형할 때, 이음매 부분을 손끝으로 단단히 오므리거나 손으로 눌러 꼭 붙여 둡니다. 최종 발효나 굽는 단계에서 반죽이 부풀 때, 이음매 부분이 풀리거나 갈라지기 쉽기 때문입니다.

Q 133 이음매가 바닥을 향하도록 반죽을 놓는 이유는 무엇인가요?

A 이음매가 풀려 팽팽했던 표면이 느슨해지기 때문입니다.

반죽을 오븐팬에 가지런히 놓거나 틀에 넣을 때, 이음매가 바닥을 향하도록 반죽을 놓습니다. 이음매가 보이면 미관상 좋지 않을 뿐만 아니라, 최종 발효나 굽는 단계에서 반죽이 부풀 때 이음매가 풀어지기 쉽고, 그렇게 되면 팽팽했던 표면이 느슨해져 반죽이 잘 부풀지 않거나 모양이 망가진 채로 구워지기 때문입니다.

Q 134 오븐팬에 반죽을 올릴 때 주의해야 할 점이 있나요?

 A 간격을 충분히 두고, 일정한 간격으로 가지런히 놓습니다.

반죽이 발효해서 부풀었을 때 서로 들러붙지 않도록 반죽과 반죽 사이에 충분한 간격을 두어야 합니다. 또 반죽이 어느 한쪽으로 쏠리지 않도록 일정한 간격으로 놓는 것이 중요합니다. 빵 사이의 간격이 불규칙하면 구울 때 오븐의 열이 균일하게 닿지 않아 구움색이 고르게 나오지 않기 때문입니다. 이는 사용하는 오븐의 기종에 따라 다를 수 있으므로 어느 위치에 열이 잘 닿는지 평소 사용하는 오븐의 특성을 미리 파악해 둡시다.

 Q 135 성형한 빵을 한 번에 굽지 못할 때는 어떻게 해야 하나요?

 A 두 번에 나누어 굽습니다. 나중에 구울 반죽은 중간 단계에서부터 시간을 늦춥니다.

오븐팬에 성형한 빵이 전부 올라가지 않아 한 번에 다 구울 수 없을 때는 빵을 두 번에 나누어 굽습니다.

하지만 첫 번째 반죽을 굽는 동안, 순서를 기다리는 나머지 반죽은 발효가 진행되어 반죽 상태가 나빠져 버립니다. 그러므로 두 반죽 모두 최종 발효를 끝내자마자 바로 구울 수 있도록 반죽을 미리 둘로 나누어 나중에 구울 반죽은 최종 발효를 끝마치는 시간을 늦추는 것이 좋습니다.

그러려면 나중에 구울 반죽의 벤치 타임을 온도가 낮은 곳이나 냉장고에서 진행해 성형 시작하는 시간을 늦춥니다. 아니면 최종 발효를 온도가 낮은 곳에서 장시간 동안 하는 방법도 있습니다. 둘 중에 좀 더 작업하기 쉬운 방법을 선택해 주세요.

나중에 구울 반죽은 성형한 후에 오븐팬과 비슷한 크기의 오븐 페이퍼에 올려 최종 발효를 진행합니다. 그리고 먼저 오븐에 넣은 반죽이 다 구워지면 빈 오븐팬에 오븐 페이퍼째로 반죽을 옮겨 담아 오븐에 넣고 굽습니다.

다만, 이런 방법을 쓰더라도 나중에 구운 반죽은 먼저 구운 반죽보다 완성도가 떨어질 수밖에 없습니다.

Q 136 굽는 단계에서 빵이 부풀어 오르는 이유는 무엇인가요?

 A **전반에는 알코올 발효로, 후반에는 기포 속 탄산가스의 열팽창과 수분의 증발로 부풀어 오릅니다.**

반죽을 200℃에 가까운 오븐에 넣으면 이스트가 바로 사멸해서 탄산가스를 발생시키지 못한다고 생각하기 쉽지만, 그렇지 않습니다. 반죽은 표면부터 서서히 뜨거워지므로 중심까지 열이 전달되려면 어느 정도 시간이 걸리기 때문입니다. 적당히 발효된 반죽의 중심 온도는 30~35℃입니다. 이스트는 37~38℃에서 탄산가스 발생량이 최고조에 달하며, 그 후 45℃ 정도까지도 여전히 탄산가스를 활발히 만들어 냅니다. 반죽이 그 온도를 넘어가면 이스트가 점차 약해지다 약 60℃에서 사멸하는데, 사멸하기 전까지는 발효할 때와 마찬가지로 계속 탄산가스를 발생시켜 반죽을 부풀립니다.

이스트가 사멸한 후에는 고온 상태에서 기포 속 탄산가스가 열에 의해 팽창하거나 반죽에 들어 있던 수분 중 일부가 수증기로 변화해 부피가 커집니다. 그리고 이러한 가스나 수증기가 반죽을 안에서부터 팽창시키면서 반죽을 더 부풀립니다.

 Q 137 반죽이 구워지는 메커니즘을 가르쳐 주세요.

 A **단백질이 변성해 단단해지고, 전분이 호화(糊化)되어 부드러워지는 등의 변화가 일어납니다.**

빵을 굽는 목적은 생 반죽을 가열해 맛있게 먹을 수 있는 상태로 만들기 위함입니다.

특히 주재료인 밀가루 속 단백질 성분(글루텐 포함)과 전분이 열로 인해 성질이 변화하는 것이 큰 영향을 끼칩니다.

❶ 단백질의 변화

글루텐은 두 가지 단백질(글리아딘, 글루테닌)에 물이 침투하고, 여기에 반죽이라는 물리적인 힘이 더해져 형성됩니다. 이렇게 만들어진 글루텐은 반죽 속에서 기포를 둘러싸듯이 그물망 형태로 퍼집니다. 그러한 글루텐은 굽는 과정에서 반죽 온도가 약 75℃에 도달하면 물을 배출해 단단하게 굳고, 그물망 형태로 넓게 퍼진 채로 부풀어 오른 빵의 형태를 지탱하는 튼튼한 뼈대가 됩니다.

❷ 전분의 변화

밀가루의 전분(손상된 전분 제외, **Q18** '좀 더 자세히 ❷' 참조)은 믹싱부터 최종 발효에 이르기까지 물을 흡수하지도 않으며, 딱히 큰 변화를 보이지 않습니다.

그러다가 굽기 단계에서 반죽의 온도가 약 60℃에 달하면 전분 입자가 반죽 속의 물을 흡수하기 시작하면서 부풀어 올라 부드러워집니다. 그리고 85℃가 넘어가면 풀처럼 점성이 강해집니다(호화). 여기서 온도가 더 올라가 전분에서 물이 어느 정도 증발해 굳어지면 볼록한 빵의 몸통이 되어 기포를 바깥쪽에서부터 감싸는 형태로 빵 전체 조직을 부드럽게 지탱합니다.

또 가열하지 않은 빵 반죽을 먹을 수 없는 이유는 치밀한 구조의 생전분이 우리 몸에 있는 소화효소(아밀레이스)의 작용을 거의 받아들이지 못해 소화되지 않기 때문입니다. 그런 반죽이 호화되면 부드러워져서 먹을 수 있게 되는 것입니다.

빵을 구운 후 제대로 구워졌는지 확인하려면 온도계로 빵의 중심 온도를 쟀을 때 95℃ 이상이 나와야 합니다.

좀 더 자세히 ❶

단백질의 변성이란?

단백질이 함유된 식품을 가열하면 단백질이 모여들어 그 사이에 있는 물을 배제하고 단백질끼리 서로 결합해 굳어집니다. 이처럼 가열 등의 요인으로 단백질의 원래 구조가 크게 변화해 성질이 바뀌는 것을 '변성'이라고 하며, 변성의 정도가 클수록 단백질이 더 단단하게 굳습니다.

빵의 경우에는 밀가루나 달걀 등에 단백질이 함유되어 있으므로 가열하면 굳게 됩니다.

좀 더 자세히 ❷

전분의 호화란?

전분에 물을 부어도 그 상태에서는 물을 흡수하지 않습니다. 전분 입자 중에는 두 종류의 전분 분자(아밀로스, 아밀로펙틴)가 있는데, 물이 들어가지 못하는 치밀한 구조를 하고 있기 때문입니다. 하지만 전분 입자는 물과 함께 가열하면 그 구조가 느슨해져서 물이 틈 사이로 침입할 수 있게 되어 점점 물을 흡수하기 시작합니다. 아밀로스나 아밀로펙틴의 분자 안쪽에도 물이 들어간 상태에서 전분 입자가 물을 끌어들여 부풀다가 결국 구조가 붕괴되어 풀 같은 점성을 띠게 됩니다. 이 현상을 '호화'라고 합니다.

빵 반죽은 호화된 데다 온도까지 올라가면 전분이 물을 일부 가둔 채로 거기에서 어느 정도 물을 증발시키며 굳어집니다.

Q 138 오븐을 예열해 두어야 하는 이유는 무엇인가요?

 A 예열을 미리 하지 않으면 굽는 데 시간이 걸려 빵이 딱딱해지기 때문입니다.

반죽을 구울 때, 오븐을 미리 굽는 온도로 데워 두는 '예열' 과정이 필요합니다. 오븐을 예열하지 않고, 낮은 온도에서 빵을 굽기 시작하면 빵이 다 구워질 때까지 시간이 걸립니다. 그러면 반죽 속 수분이 필요 이상으로 증발해 크럼(속살)이 퍼석퍼석해지거나 크러스트(겉껍질)가 두꺼워져서 빵이 딱딱하게 구워집니다.

 Q 139 분무기로 물을 뿌려 구우면 어떻게 되나요?

 A 구웠을 때 빵에 볼륨이 생깁니다.

빵은 구울 때 안쪽에서부터 반죽이 팽창하듯이 부풀어 오르는데, 반죽의 표면이 딱딱하게 구워지면 반죽이 다 부풀지 못하고 멈추게 됩니다. 반죽을 굽기 전에 분무기로 물을 뿌려 반죽 표면을 적셔 놓으면 오븐 안에서 반죽 표면이 딱딱하게 굳는 것을 늦출 수 있습니다. 그 결과 반죽이 늘어나 볼륨 있는 빵이 구워집니다.

오븐의 스팀 기능을 이용하거나 반죽에 달걀물을 발라도 같은 효과를 얻을 수 있습니다.

분무기로 물을 뿌려 굽는 것은 바게트를 구울 때 오븐의 스팀 기능을 사용하는 것과 같은 방식이라고 할 수 있습니다. 스팀 기능을 사용하면 빵에 볼륨이 생깁니다.

 Q 140 빵에 따라 스팀의 양을 조절해야 하나요?

 A 빵의 종류에 따라 스팀의 양을 조절해 자신이 원하는 최적의 상태가 되게 합니다.

오븐 중에는 굽는 도중에 스팀을 방출하는 기능이 탑재된 제품도 있습니다. 빵을 구울 때 스팀을 많이 넣으면(스팀을 내는 시간을 길게 하면) 빵의 볼륨이 커지고 크러스트(겉껍질)는 얇아지며, 윤기가 나고 식감이 가벼운 빵이 만들어집니다. 반대로 스팀을 적게 넣으면 빵의 볼륨이 조금 작아지고, 크러스트는 두꺼워지며, 윤기가 거의 나오지 않는 소박한 빵이 만들어집니다.

이처럼 완성된 결과물이 차이 나므로 빵의 종류나 만드는 사람의 취향에 따라 스팀의 양을 조절해 보는 것도 좋습니다. 단, 스팀을 극단적으로 많이 넣거나 적게 넣는 것은 권하지 않습니다.

Q 141 반죽에 달걀물을 발라 구우면 어떻게 되나요?

 A 빵 표면에 황금색 윤기가 납니다.

반죽 표면에 달걀물을 발라 구우면 황금색 윤기가 흐르는 빵이 만들어집니다. 이 책에서 소개하는 버터 롤에는 전란을 사용하지만, 더 진한 황금색을 내고 싶다면 달걀노른자의 양을 늘리거나 반대로 윤기만 낼 목적으로 달걀흰자만 사용할 수도 있습니다.

또 반죽에 달걀물을 바르면 분무기로 물을 뿌렸을 때처럼 빵에 볼륨이 생깁니다. 구울 때 반죽 표면을 적셔 두면 표면이 딱딱하게 굳는 것을 늦출 수 있어 그만큼 반죽이 잘 늘어나는 상태를 오래 유지할 수 있기 때문입니다. 하지만 달걀은 가열하면 굳으므로 달걀물을 바른 빵은 분무기로 물을 뿌려 구운 빵만큼 부풀지는 않습니다.

그리고 달걀물을 발라도 색이 예쁘게 나지 않거나 타기 쉬운 빵에는 바르지 않는 편이 좋습니다.

흰자의 역할 : 광택을 내줌
노른자의 역할 : 색을 내줌

좀 더 자세히

달걀물을 발라 구우면 어째서 황금색 윤기가 날까?

황금색을 띠는 이유는 달걀을 오렌지색으로 보이게 하는 카로티노이드라는 색소 덕분입니다. 그리고 윤기가 나는 이유는 얇게 바른 달걀이 막처럼 굳기 때문이며, 이는 주로 달걀흰자의 성분에 의한 것입니다.

또 달걀물을 바르면 타기 쉬운 까닭은 달걀에 함유된 단백질이나 아미노산, 환원당이 고온에 반응해서 (아미노카르보닐 반응. Q36 '좀 더 자세히' 참조) 구움색을 내기 때문입니다.

반지르르

Q 142 달걀물을 잘 바르는 방법을 알려 주세요.

A 모가 부드러운 요리용 붓을 사용하고, 손잡이의 아래쪽을 잡아줍니다.

달걀물은 끈기가 없어질 때까지 잘 푼 다음, 차 거름망이나 체에 한 번 거르면 부드러워져서 더 바르기 쉬워집니다.

요리용 붓은 바를 때 반죽이 찌그러지지 않도록 산양털 같은 부드러운 털로 만든 제품을 고르고, 물에 적신 후 물기를 완전히 털어낸 후에 사용합니다. 솔에 달걀물을 듬뿍 적신 다음, 달걀물을 담은 볼 가장자리에 여분의 달걀물을 털어냅니다. 달걀물의 양이 많으면 흘러내리거나 반죽이 말린 부분에 고이기도 하고, 반죽에 바를 때 얼룩이 생길 수 있기 때문입니다.

달걀물을 바르는 법의 포인트는 솔을 눕혀 앞부분을 이용해 손목을 돌리면서 부드럽게 움직여 반죽의 굴곡진 부분을 따라 표면을 쓰다듬듯이 부드럽게 바르는 것입니다. 요리용 붓 손잡이의 아래쪽을 잡으면 힘을 잔뜩 주지 않고도 편하게 바를 수 있습니다.

● 요리용 붓을 쥐는 법

손잡이 아래쪽 부분을 엄지, 검지, 중지로 살짝 잡는다.

● 사전 준비

달걀을 체에 걸러 둔다.

볼 가장자리에 불필요한 달걀물을 털어낸다.

● 달걀물을 바르는 법

솔을 눕히듯이 앞뒷면을 이용해 바른다.

Q 143 달걀물을 바를 때 주의해야 할 점은 무엇인가요?

A 달걀의 양, 힘 조절 등에 주의하세요.

달걀물을 바르는 법의 성공 사례와 실패 사례를 소개합니다.

● 흔한 실패 사례

성공한 예

솔 끝으로 찌른 경우

바를 때 힘을 세게 줘서 찌그러진 경우

달걀의 양이 많이 흘러내린 경우

빵이 잘 구워졌는지는 무엇으로 판단하나요?

구워진 색과 구운 시간으로 판단합니다.

레시피에는 빵의 종류나 크기에 따라 구워야 하는 적정 시간이 나와 있습니다. 그 시간을 기준으로 삼으면서 자신이 생각하기에 딱 알맞은 색이 나오면 다 구워졌다고 보면 됩니다.

레시피에 적힌 온도와 시간에 맞춰 구웠는데 빵이 탔어요.

여러 번 구워 보면서 사용하는 오븐의 특성을 파악하세요.

레시피와 같은 온도로 굽더라도 사용하는 오븐에 따라 구워지는 데에 걸리는 시간이나 빵의 상태가 차이 날 수 있습니다. 가스 오븐이냐 전기 오븐이냐에 따라 가열되는 법도 크게 다르며, 같은 전기 오븐이라고 해도 기종에 따라 구조나 가열 방식이 다를 수 있습니다. 여러 번 구워 보면서 사용하는 오븐의 특성을 파악하고 나면 차츰 조절할 수 있게 됩니다.

반죽은 레시피에 적힌 시간대로 굽는 것이 기본입니다. 하지만 레시피에 나온 온도와 시간에 맞춰 구워도 반죽이 탄다면 온도를 조정해 주세요.

예를 들어 빵에 딱 알맞은 색을 띨 때까지 레시피에 적힌 시간보다 더 오래 걸리면 크럼(속살)의 수분이 너무 많이 빠져나가 빵이 퍼석퍼석해지므로 온도를 더 높게 설정합니다.

반대로 레시피에 적힌 것보다 짧은 시간 안에 알맞은 색이 나온다면 겉은 타고 있지만 크럼은 하나도 익지 않은 상태일 수도 있으므로 굽는 시간이 길어지도록 온도를 더 낮게 설정합니다.

또 오븐 내부가 좁으면 윗면이나 바닥이 타기 쉽고, 측면은 색이 곱게 나오지 않을 수 있습니다. 이럴 때는 단의 높이가 조절 가능하다면 높이를 조절해서 대응합니다. 그래도 여전히 잘 구워지지 않거나 높이 조절이 불가능하다면 온도를 낮추어 레시피에 적힌 시간보다 좀 더 오래 굽는 편이 구움색도 더 잘 나와서 나을 수 있습니다.

 구움색이 고르지 않고 얼룩덜룩하게 구워지는 이유는 무엇인가요?

 오븐 내부의 히터나 팬 근처는 열이 강하게 닿기 때문입니다.

가정용 오븐은 내부가 좁아서 히터나 팬 근처에 놓인 반죽은 아무래도 열이 강하게 닿아 색이 진해질 수밖에 없습니다. 또 일반적으로 오븐은 안쪽 온도가 더 높으므로 앞쪽보다 안쪽에 놓인 반죽의 색이 더 진하게 나옵니다. 오븐에 따라 좌우도 구움색이 차이 나는 경우가 있습니다.

반죽이 구워지면서 색을 띠기 시작하고 표면이 굳으면 오븐팬의 방향을 전후좌우 바꾸면서 색이 고르게 나도록 조절하세요.

 빵을 굽자마자 오븐팬이나 틀에서 바로 꺼내야 하는 이유가 있나요?

 오븐팬이나 틀과 접하는 부분에 열기가 계속 전달되고, 습기가 차기 때문입니다.

다 구워진 빵은 식힘망에 올려 열기가 완전히 사라질 때까지 상온에서 식힙니다. 빵을 오븐에서 꺼내도 오븐팬이나 틀은 한동안 계속 뜨거우므로 빵을 그대로 방치했다가는 반죽에 열기가 계속 전달되기 때문입니다.

또 갓 구운 빵에는 아직 다 빠져나가지 못한 수증기가 가득 차 있습니다. 그러한 수증기는 빵이 식는 동안 밖으로 어느 정도 방출됩니다.

그런데 빵을 오븐팬이나 틀에 넣은 채로 식히면 빵 속 수증기가 빠져나가지 못해 오븐팬이나 틀과 접한 부분에 습기가 차서 빵이 축축해지므로 빵은 뜨거울 때 바로 꺼내 식힘망에 올리세요.

틀에 바른 유지가 부족했거나 고르게 발리지 않았기 때문입니다.

빵을 구울 때는 틀에서 쉽게 빠지도록 미리 틀 안쪽에 유지를 고르게 발라 둡니다. 틀에 반죽이 들러붙어 빠지지 않는 경우는 대부분 틀에 바른 유지의 양이 부족했거나 유지를 고르게 바르지 않았기 때문입니다.

틀에 바르는 유지는 샐러드유 같은 액체 유지보다 쇼트닝 같은 고형 유지를 페이스트 상태로 만들어 발라야 흘러내리지 않고 좋습니다.

또 요리용 붓을 이용하면 틀의 구석이나 모서리까지 골고루 바를 수 있어 편합니다. 요리용 붓은 달걀물을 바를 때 쓰는 부드러운 붓이 아니라, 나일론 재질 같은 딱딱한 붓(한국에서는 나일론 붓 제품이 검색되지 않습니다. 국내의 경우 실리콘 붓을 주로 사용함–역자)을 사용해야 바르기 편합니다.

만약 틀에 유지를 꼼꼼히 발랐는데도 빵이 틀에서 빠지지 않는다면 반죽이 문제일 수도 있습니다. 예를 들어 성형 단계에서 반죽 표면이 거칠게 일어났다거나 최종 발효 단계에서 습도가 높았다거나 표면에 바른 달걀물이 흘러내려 틀에 들러붙었다거나 하는 것들을 원인으로 생각해 볼 수 있습니다.

반죽이 들러붙지 않도록 코팅 처리가 된 틀을 사용할 때는 기본적으로 유지를 바르지 않아도 됩니다.

발효 용기처럼 넓은 면적에 바를 때는 손에 유지를 묻혀 바른다.

틀에 바를 때는 요리용 붓을 이용해 고르게 바른다.

Q 149 구워진 빵의 바닥이나 옆면이 갈라지는 이유는 무엇인가요?

 A 최종 발효가 부족했던 것 등이 원인입니다.

빵을 구웠는데 바닥이나 옆면이 갈라진 경우에는 다음과 같은 원인을 생각해 볼 수 있습니다.

- 성형할 때 반죽의 이음매 부분을 단단히 오므리지 않았다.
- 오븐팬에 올리거나 틀에 넣을 때, 반죽의 이음매 부분이 바닥을 향하게 하지 않았다.
- 최종 발효가 부족했다.
- 반죽 표면이 건조했다.
- 구울 때 분무기로 뿌린 물(또는 스팀)이 부족했다.

이 가운데 해당하는 점이 없는지 확인하고, 다음에 빵을 만들 때 참고하길 바랍니다.

 Q 150 빵을 구웠는데 볼륨이 부족한 이유는 무엇인가요?

 A 믹싱이 부족했거나 반죽 온도가 낮았던 것 등이 원인일 수 있습니다.

빵을 구웠는데 잘 부풀지 않았을 때는 다음과 같은 원인을 생각해 볼 수 있습니다.

- 믹싱이 부족했다.
- 반죽 온도가 낮았다.
- 최종 발효가 부족했다.
- 달걀물을 바르거나 쿠프를 낼 때 힘을 너무 줘서 반죽이 찌그러졌다.
- 오븐 온도가 낮아서 굽는 시간이 길어지는 바람에 빵이 수축했다.

다음에 빵을 만들 때는 이러한 점들을 잘 확인하면서 작업을 진행하기 바랍니다.

 Q 151 빵을 구웠는데 오그라들었어요. 이유가 뭘까요?

 A 심하게 오그라들었다면 굽기 부족이나 발효 과다가 원인입니다.

빵은 굽고 나서 시간이 지나면 어느 정도 오그라들거나 표면에 주름이 생기거나 합니다. 이는 어쩔 수 없는 부분이 있습니다.

구워진 직후에는 빵의 기포 안에 있는 가스가 고온이 되어 팽창하지만, 시간이 지나면 온도가 내려가면서 부피가 줄어듭니다.

또 갓 구운 빵 안은 아직 반죽에서 빠져나가지 못한 수증기로 가득 차 있습니다. 빵이 식는 동안, 그러한 수증기가 어느 정도 밖으로 빠져나가고, 반죽에 남아 있는 수증기도 온도가 내려가면서 부피가 줄어듭니다. 그 결과 빵이 약간 수축하는 것입니다.

게다가 갓 구웠을 때는 단단했던 크러스트(겉껍질)도 증기가 빠져나가는 길이 되면서 어느 정도 부드러워지고, 주름이 생깁니다.

만약 빵이 심하게 오므라들었다면 굽기가 부족했거나 발효 과다로 반죽이 지나치게 부푼 것이 원인일 수 있습니다.

보관에 관한 궁금증

 Q152 구운 빵을 자르기 적절한 타이밍을 알려 주세요.

 A 완전히 식은 후에 자릅니다.

다 구워진 빵은 열이 완전히 식을 때까지 식힌 후에 자릅니다.

갓 구운 빵은 수증기가 아직 빠져나가지 않은 상태이며, 특히 중심부는 바깥쪽보다도 수증기가 많이 남아 있어 크럼(속살)이 끈적이므로 깔끔하게 자를 수 없습니다. 수증기가 식으면서 어느 정도 밖으로 방출되면 빵 전체의 수분 분포가 균일해집니다.

그리고 호화된 전분(Q137 참조)도 빵을 갓 구웠을 때는 부드럽고 끈적이지만, 식으면 굳어져 자르기 쉬워집니다.

만약 오븐에서 갓 꺼낸 따끈따끈한 빵을 자르면 어떻게 될까요?

- 칼을 넣어도 크럼이 너무 부드러워서 뭉개진다.
- 크럼 중심부가 끈적여서 깨끗하게 잘리지 않고 단면이 엉망이 된다.
- 단면에서 수증기가 필요 이상으로 빠져나가 버려 빵이 식었을 때 빵 전체의 수분이 줄어들어 퍽퍽해진다.

갓 구운 빵을 즐기는 것은 별개의 문제지만, 그렇지 않을 때는 빵이 완전히 식은 후에 자르는 것이 적절합니다.

● 자르는 타이밍에 따른 빵 단면의 차이

뜨거울 때 자른 빵(왼쪽)
식은 후에 자른 빵(오른쪽)

 Q 153 **남은 빵은 어떻게 보관해야 하나요?**

 A **비닐봉지나 용기에 담아 보관합니다.**

구운 빵은 식으면 마르지 않도록 비닐봉지나 밀폐용기에 담아 실온에 보관하고, 대략 이틀 안에 다 먹도록 합니다.

바로 먹지 않는다면 비닐봉지나 밀폐용기에 담아 냉동실에 1~2주간 보관할 수 있습니다. 큰 빵은 작게 나누고, 식빵은 원하는 두께로 썰어 냉동하기 바랍니다. 이 책에서 소개하는 빵은 전부 냉동 보관이 가능하지만, 과일을 올린 데니시처럼 수분이 많은 빵은 냉동 보관에 적합하지 않습니다.

 Q 154 **다음 날 빵이 딱딱해지는 이유는 무엇인가요?**

 A **전분의 노화가 일어나기 때문입니다.**

빵은 시간이 지날수록 딱딱하게 굳습니다. 비닐봉지에 넣어 밀봉해도 빵이 딱딱해지는 이유는 빵에서 수분이 빠져나와 말라 굳는 것이 아니라, 빵의 폭신폭신하고 부드러운 식감을 만들어 내는 밀가루의 전분 상태가 시간이 지날수록 변화하기 때문입니다.

전분은 원래 그대로는 물이 들어갈 수 없는 치밀한 구조를 하고 있지만, 굽는 단계에서 수분을 흡수해 점성이 생기면서 풀 같은 상태가 되어 부드러워집니다(호화). 그리고 온도가 더 올라가면 그 구조에 일부의 물을 가둔 채로 어느 정도 수분이 증발해 굳으면서 구워집니다(**Q137** 참조).

이렇게 호화된 전분은 보관하는 동안, 시간이 갈수록 마치 호화되기 전의 치밀한 구조로 돌아가려는 듯이 구조에 가두어 두었던 물을 배출하고, 느슨해졌던 구조 중 일부가 결합 하게 됩니다. 이를 전분의 '노화'라고 하며, 전분은 노화를 통해 다시 굳습니다. 전분에서 배출된 물이 빵 밖으로 나가지는 않지만, 전분 자체가 굳는 이유가 노화로 인한 구조의 변화이므로 빵이 건조하지 않은데도 딱딱해지는 것입니다.

노화로 굳은 빵의 크럼(속살)은 오븐 토스터로 다시 데우면 부드러워집니다. 빵을 데우면 전분이 마치 다시 호화 상태로 돌아가려는 듯이 구조가 느슨해지기 때문입니다. 하지만 노화되면서 전분이 배출한 물은 다시 돌아오지 않으므로 갓 구운 빵만큼 말랑말랑해지지는 않습니다. 찬밥을 다시 데워도 갓 지은 밥맛을 따라잡지는 못하는 것과 같습니다.

다시 데운 빵   식은 빵   갓 구운 빵

 소프트 계열의 빵이 다음 날 딱딱해지거나 퍽퍽해지는 이유는 무엇인가요?

 믹싱할 때 물이 부족했거나 믹싱 자체가 부족했던 것이 원인입니다.

빵을 단단히 밀봉해서 보관했는데도 심하게 퍼석거리는 것 같다면 애초에 반죽의 수분량이 부족해서 딱딱해졌을 가능성이 있습니다. 믹싱할 때 분량의 물을 전부 넣었다고 해도 사용한 밀에 함유된 수분량이 적었다거나 습도가 낮았다거나 하면 반죽이 딱딱해져 버립니다. 반죽의 경도가 적정해지도록 물의 양을 조절하는 것이 중요합니다.

또 믹싱 자체가 부족했던 것이 원인일 가능성도 있습니다. 글루텐은 밀가루에 물을 섞어 치대는 과정을 통해 밀가루에 함유된 두 종류의 단백질이 물을 흡수해 결합하여 형성된 것입니다. 그렇기에 믹싱 자체가 부족하면 글루텐이 적게 형성되어 원래 글루텐 형성에 사용되어야 할 물이 반죽 속에 남아 버립니다. 이런 물은 단백질과 결합한 물에 비해 빵 속에 머무르기가 어려워 결과적으로 빵이 푸석푸석해지기 쉬운 것입니다.

Q 156 크러스트를 바삭하게 되돌리는 방법을 가르쳐 주세요.

 A 먹기 전에 오븐 토스터에 데웁니다.

빵은 구운 당일에는 바삭한 크러스트(겉껍질)와 폭신폭신한 크럼(속살)을 맛볼 수 있지만, 비닐봉지에 넣어 보관하면 어쩔 수 없이 크러스트가 부드러워집니다. 취향에 따라 다르기도 하겠지만, 프랑스빵이나 크루아상 같은 빵의 바삭한 크러스트를 되살리고 싶을 때는 예열한 오븐 토스터에 넣어 데우면 갓 구운 빵에 가까운 상태로 되돌릴 수 있습니다. 냉동한 빵은 비닐봉지나 용기에 담아 그대로 실온에서 해동한 후 데웁니다.

어느 쪽이든 빵을 너무 오래 데우지 않도록 주의하세요. 토스터 안에서 열이 가해질 때는 흐물흐물하고 부드러웠던 빵이 토스터에서 꺼내어 한 김 식히는 동안, 바삭바삭하게 변합니다.

버터 롤에 관한 궁금증

 Q 157 구운 버터 롤의 말린 부분이 갈라지는 이유는 무엇인가요?

 A 반죽이 너무 딱딱하거나 반죽을 너무 단단히 만 것 등이 원인입니다.

버터 롤 반죽을 오븐에 구웠을 때, 말린 부분이 갈라지는 이유는 반죽의 수분량이 부족해 너무 굳었다거나 반죽을 성형할 때 너무 단단히 말았거나 최종 발효가 부족한 것 등이 원인일 수 있습니다.

● 버터 롤의 구운 모습 비교

적정

반죽을 단단히 만 것

반죽이 너무 굳은 것

최종 발효가 부족했던 것

Q 158 식빵을 만들 때, 단백질의 양이 많은 강력분을 사용하는 이유가 무엇인가요?

 A 잘 늘어나는 반죽을 만들어 볼록하게 부풀리기 위해서입니다.

빵을 만들 때는 주로 강력분을 사용하지만, 똑같은 강력분이라고 해도 제품마다 단백질 함량이 11.5~14.5%까지 다양합니다. 그래서 사용하는 밀가루에 따라 빵의 볼륨이 달라집니다.

산형 식빵은 세로로 잘 늘어나기 때문에 구우면 볼록하게 부풀어 오르는 것이 특징입니다. 산형 식빵의 단면을 보면 크럼(속살)의 기공(기포 자국)이 세로로 긴 타원형을 이루고 있어 반죽이 세로로 늘어났다는 사실을 알 수 있습니다.

● **산형 식빵의 기공**

세로로 긴 타원형의 구멍이 기공이다. 산형 식빵은 위로 잘 부풀기 때문에 기공이 세로로 길게 나 있다.

이처럼 빵에 볼륨을 주고 싶을 때는 글루텐을 많이 생성해 탄산가스를 잘 가둬 둘 조직을 만들 필요가 있습니다. 글루텐을 형성하는 재료는 단백질이므로 강력분 중에서도 단백질 함량이 높은 제품을 고르는 것이 좋습니다.

 Q 159 레시피에 적힌 크기의 식빵틀이 없을 경우에는 어떻게 하나요?

 A 틀의 크기가 달라도 계산식을 이용해 틀에 맞는 반죽의 분량을 계산할 수 있습니다.

먼저 가지고 있는 틀의 용량을 계산합니다(계산식①). 또는 물은 1㎤=1g이므로 틀에 물을 가득 채워 그 물의 중량을 잰 다음, 그 값으로 용량을 산출하는 방법도 있습니다.

그런 다음 레시피에서 사용하는 틀의 용량에 반죽이 얼마만큼 들어가는지 레시피에서 사용하는 틀의 용량과 반죽의 중량을 이용해 '비용적(반죽 1g을 굽는 데 필요한 틀의 부피-역주)'을 계산합니다(계산식②).

마지막으로 계산식③에 적용해 가지고 있는 틀에 대한 적정 반죽량을 구합니다. 그런 다음 레시피에 나와 있는 베이커스 퍼센트(**Q71** 참조)를 이용해 각 재료의 중량을 계산하세요(계산식④).

● 계산식

❶ 가지고 있는 틀의 용적(㎤) = 세로(cm)×가로(cm)×높이(cm)

❷ 비용적=레시피 틀의 용적(㎤)÷레시피 반죽 중량(g)

❸ 구하고 싶은 반죽 중량(g) = 가지고 있는 틀의 용량(㎤)÷비용적

❹ 각 재료의 중량(g) = 구하고 싶은 반죽 중량(g)÷A×B

    A: 레시피 각 재료의 베이커스 퍼센트의 합계치

    B: 레시피 각 재료의 베이커스 퍼센트

〈예〉 산형 식빵(P.44)

틀의 용량 1,700㎤, 반죽량(각 재료의 합계 중량) 490g, 각 재료의 베이커스 퍼센트의 합계치 196
가지고 있는 틀(용량 2,000㎤)로 만들 경우

② 비용적 = 1,700÷490≒3.5

③ 구하고 싶은 반죽의 용량=2,000÷3.5≒571(g)

④ 강력분의 중량 = 571÷196×100≒291(g)

    설탕의 중량 = 571÷196×5≒15(g)

    소금, 탈지분유의 중량 = 571÷196×2≒6(g)

    버터, 쇼트닝의 중량 = 571÷196×4≒12(g)

    인스턴트 드라이 이스트의 중량 = 571÷196×1≒3(g)

    물의 중량 = 571÷196×78≒227(g)

 식빵에 펀치를 세게 하는 이유는 무엇인가요?

 반죽에 힘을 가해 볼륨 있는 빵을 구워 내기 위해서입니다.

펀치(**Q116** 참조)를 세게 하면 크럼(속살)의 결이
고와지고, 볼륨 있는 폭신한 빵을 만들 수 있습니
다(**Q114** 참조). 그러므로 이런 식빵을 만들고 싶
다면 펀치를 세게 합니다. 펀치를 해서 반죽에 자
극을 가하면 글루텐이 강화됩니다. 글루텐 막은
발생한 가스를 반죽에 가두는 역할을 하며, 이렇
게 가두어진 가스가 반죽을 더 부풀리게 됩니다.

Q 161 사각 식빵의 최종 발효가 산형 식빵보다 짧은 이유는 무엇인가요?

 A 뚜껑을 덮어 굽기 때문입니다.

사각 식빵은 뚜껑을 덮어 굽습니다. 그러면 반죽이 위쪽으로 늘어나려 하다가도 뚜껑에 가로막혀 더 부풀지 못하고, 뚜껑에 닿은 윗면이 평평하게 구워집니다. 같은 식빵이어도 산형 식빵은 구우면 반죽이 틀 위로 부풀어 오릅니다.

이 책에서는 사각 식빵(검은깨 식빵으로 소개)과 산형 식빵 만드는 법을 모두 소개하며, 배합과 분량이 모두 같은 반죽을 같은 용량의 틀에 넣어 구웠습니다. 발효나 벤치 타임의 온도나 시간 등 만드는 법은 거의 같지만, 최종 발효 시간만은 사각 식빵이 더 짧습니다. 만약 산형 식빵과 같은 양의 반죽을 넣고, 같은 시간 동안 발효시켜 굽는다면 반죽이 부풀어 올라 반죽 윗부분이 뚜껑 옆으로 비어져 나오거나 구워진 빵의 측면이 안쪽으로 움푹 들어가는 케이브 인 현상(**Q165** 참조)이 발생하기 좋은 조건이 됩니다.

그렇다면 반죽의 양을 줄여 발효를 충분히 하면 되지 않겠냐는 생각을 할 수도 있지만, 그렇게 하면 반죽을 구웠을 때 반죽 윗면이 뚜껑까지 도달하지 않아 평평해지지 않을 가능성이 있습니다.

그래서 사각 식빵은 윗면이 평평하게 구워질 수 있도록 최종 발효를 짧게 하는 것입니다.

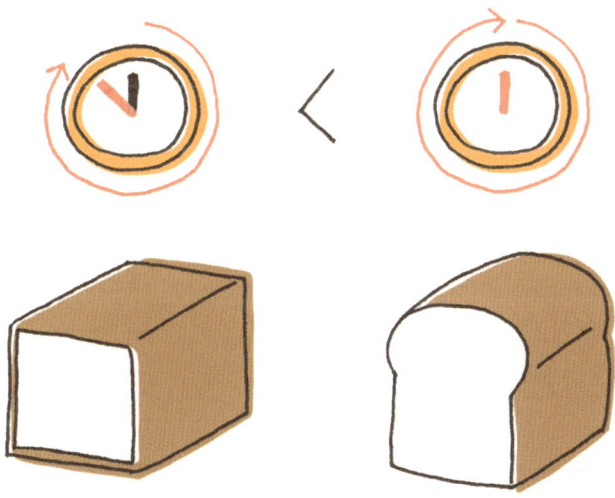

Q 162 사각 식빵의 각이 예쁘게 나오지 않아요.

 A 반죽의 양이 적었거나 반죽이 잘 부풀지 않아서 반죽이 모서리까지 퍼지지 않은 것이 원입니다.

사각 식빵의 각이 예쁘게 나오지 않을 때는 틀의 크기에 비해 반죽의 양이 적어 반죽이 부풀어도 모서리까지 닿지 못하는 점을 원인으로 생각할 수 있습니다.

만약 틀의 크기에 맞는 양의 반죽을 넣었는데도 각이 예쁘게 나오지 않는다면 믹싱이 부족했거나 성형 단계에서 반죽이 덜 팽창했거나 혹은 최종 발효가 부족했거나 하는 이유로 반죽이 제대로 부풀지 않았기 때문입니다.

반대로 각이나 윗면이 꽉 차게 구워졌을 때는 최종 발효가 과하게 진행되었거나 틀에 비해 반죽의 양이 많았다는 증거입니다.

● **사각 식빵의 실패 사례**

각이 둥글게 졌다.

각이 심하게 졌다.

 Q 163 산형 식빵의 반죽이 고르게 부풀지 않아요.

 A 두 반죽의 성형 강도를 같게 합니다.

이 책에서 소개하는 산형 식빵은 분할한 두 개의 반죽을 각각 두꺼운 원통형으로 성형해서 틀에 넣어 만듭니다. 반죽을 같은 중량으로 분할해도 성형 강도가 같지 않으면 부푸는 정도가 달라지게 됩니다. 반죽을 늘일 때 가스가 빠지는 정도, 직사각형 모양으로 만들었을 때 반죽의 두께, 반죽을 말아 두꺼운 원통형으로 만들었을 때 반죽이 말리는 정도가 모두 같아지게 합니다.

Q 164 빵의 윗면이 타 버렸어요.

 A 도중에 오븐 페이퍼나 알루미늄 포일 등을 덮습니다.

빵의 윗면이 탈 것 같을 때는 구움색이 막 나타나는 시점에 오븐 페이퍼나 알루미늄 포일을 반죽에 덮어 윗면의 색이 너무 진해지지 않게 조정하세요. 오븐 중에는 내부가 좁은 제품이 있는데, 이런 좁은 오븐에서 특히 식빵처럼 높이가 있는 빵을 구우면 윗면이 열원과 가까워져서 타기 쉽습니다.

 Q 165 식빵을 굽자마자 작업대에 던지는 이유는 무엇인가요?

 A 빵의 측면이 안으로 움푹 들어가는 케이브 인 현상을 막기 위해서입니다.

빵은 오븐의 열이 닿는 겉면부터 구워지므로 다 구워진 직후에는 크러스트(겉껍질)가 바삭하더라도 중심에 가까워질수록 수증기가 아직 많이 남아 있어 부드럽습니다. 또 호화된 전분(**Q137** 참조)은 아직 부드러워서 조직이 무너지기 쉬운 상태입니다. 빵에는 늘 중력이 작용하므로 빵 자체의 무게에 의해 중심부가 움푹 들어가 버릴 가능성이 큽니다. 바깥쪽의 크러스트 부분이 빵 선체를 든든하게 지탱하고 있는 동안에는 괜찮지만, 빵이 구워진 시점에서는 건조했던 크러스트도 빵 내부에 남아 있는 수증기가 방출될 때 통로로 사용되면서 시간이 지날수록 수증기를 흡수해 부드러워집니다. 그렇게 되면 빵 전체를 지탱할 수 없게 되고, 그 결과 빵의 중심부 조직이 무너지면서 측면의 중앙 부근도 안쪽으로 접히듯이 움푹 들어가 버릴 수 있습니다. 이러한 현상을 '케이브 인(Cave in) 현상'이라고 합니다. 특히 식빵처럼 깊은 틀에 굽는 큰 빵은 측면과 바닥면이 틀에 막혀 있어 오븐 안에서 수증기가 바깥으로 빠져나가기 어려운 구조이므로 내부에 수증기가 많이 남습니다.

식빵을 만들 때 케이브 인 현상을 막고 싶다면 빵을 굽자마자 바로 틀째로 작업대에 내던져서 충격을 가하고, 재빠르게 틀에서 꺼내주세요. 이는 내던져질 때의 충격으로 반죽 내부에 가득 차 있는 수증기를 조금이라도 빨리 바깥으로 내보내기 위함입니다.

측면이 움푹 들어가는 케이브 인 현상이 나타난 상태

Q 166 구워진 틀을 작업대에 내던졌는데, 측면이 움푹 들어갔어요. 이유가 뭘까요?

 A 최종 발효 단계에서 발효가 과다하게 되었거나 굽기 부족이 원인일 수 있습니다.

식빵처럼 깊은 틀에 넣어 굽는 빵은 구운 후에 틀을 작업대에 내던져도 빵의 성질상 케이브 인 현상(**Q165** 참조)이 일어나는 걸 완전히 막기 어려워 간혹 측면이 움푹 들어가는 경우가 있습니다.

게다가 최종 발효를 진행할 때 반죽이 과하게 부풀거나 굽기가 부족한 경우, 이런 현상이 더 두드러집니다.

최종 발효 단계에서 발효가 과다하게 된 경우에는 글루텐 막이 탄산가스를 가두지 못하는 한계까지 늘어나 신장성이나 탄력을 잃습니다. 그러면 빵 전체의 뼈대가 되는 글루텐의 힘이 약해져 구워진 빵이 자신의 중량을 견디지 못하고 중심부가 움푹 들어가면서 측면도 함께 안쪽으로 들어가 버리는 것입니다.

또 굽기가 부족한 경우에는 수분이 많이 남아서 구워진 빵이 너무 부드럽다 보니 마찬가지로 움푹 들어가기 쉬워집니다.

 Q 167 식빵의 크럼에 큰 구멍이 뚫렸어요.

 A 성형할 때 가스를 충분히 빼지 못한 것이 원인입니다.

식빵을 성형할 때는 먼저 반죽을 밀대로 밀어서 가스를 충분히 뺍니다. 식빵은 다른 빵보다 구울 때 볼륨이 생기므로 반죽 속에 큰 가스 기포가 남아 있으면 굽는 과정에서 열에 의해 팽창해 크럼(속살)에 큰 구멍이 뚫린 상태로 구워집니다.

가스를 충분히 뺐다 하더라도 오븐의 열이 강하게 닿는 크럼 윗부분에 큰 기공(기포 자국)이 생길 때가 있지만, 많지 않은 정도라면 그다지 문제가 되지는 않습니다.

프랑스빵용 밀가루를 고르는 방법은 무엇인가요?

 단백질 함량이 약 11%~12.5% 정도인 프랑스빵용 밀가루가 적합합니다.

프랑스빵은 구웠을 때 크러스트(겉껍질)가 바삭해서 씹는 맛이 좋고, 크럼(속살)은 촉촉한데다 크고 작은 크기의 독특한 기공(기포 자국)이 어느 정도 생기는 것이 이상적입니다. 이 같은 빵의 질감은 반죽의 연결을 억제해야 얻을 수 있습니다. 또 프랑스빵은 거의 기본 재료(밀가루, 물, 이스트, 소금)로만 만들기 때문에 단순한 소재의 맛이 기본 바탕이 됩니다. 여기에 반죽의 숙성을 통해 얻어지는 향이나 풍미, 복잡한 맛이 더해져야만 소재의 맛이 더 살아나므로 발효를 오래 해서 반죽을 숙성시킵니다(**Q172** 참조). 이렇게 긴 시간에 걸쳐 발효하면서도 반죽의 연결을 억제하려면 반죽 속에 글루텐이 과도하게 형성되지 않게 할 필요가 있습니다. 그러려면 글루텐을 만드는 단백질의 함량이 다소 적은 밀가루를 사용하는 것이 좋습니다.

프랑스빵용 밀가루(**Q7** 참조)는 말 그대로 프랑스빵을 만드는 데에 가장 적합한 전용 가루입니다. 단백질을 약 11.0~12.5% 함유하고 있는데, 이는 식빵이나 소프트 계열의 빵을 만들기에 적합한 강력분에 비하면 단백질 함량이 다소 적은 편입니다. 게다가 회분 함량이 0.4~0.55% 정도로 많은데, 이것이 맛에 깊이를 더하는 요소 중 하나가 됩니다.

프랑스빵 전용 가루를 구할 수 없을 때는 시중에 판매되는 강력분에 박력분을 수십 퍼센트 정도 혼합해서 일반 강력분보다 단백질 함량을 줄여서 만들어 보세요. 프랑스빵용 밀가루를 사용했을 때와 완벽히 똑같은 빵이 나올 수는 없지만, 그에 가까운 빵을 만들 수 있도록 구운 빵의 상태를 확인해 다음에 만들 때는 밀가루의 혼합 비율을 조정해 봅시다.

 프랑스빵을 믹싱할 때, 반죽을 내리치지 않는 이유는 무엇인가요?

 반죽의 연결을 억제하기 위해서입니다.

손반죽으로 믹싱을 할 때는 **Q88**에서 소개한 순서대로 진행하는 것이 기본이지만, 빵의 종류에 따라 내리치거나 잡아당기는 힘이 달라집니다.

프랑스빵다운 프랑스빵을 만들려면 다른 빵보다 반죽의 연결을 억제할 필요가 있습니다 (**Q168** 참조). 이를 위해 강력분보다 단백질 함량이 적은 프랑스빵용 밀가루를 사용하는 것 외에도, 반죽할 때도 반죽을 내리치지 않고 치대는 것이 포인트입니다. 이는 믹싱을 약하게 해서 글루텐이 생기는 양을 억제하기 위함입니다.

만약 믹싱 단계에서 반죽을 여러 번 내리치면 글루텐이 많이 형성되어 반죽에 연결이 생기므로 크러스트(겉껍질)가 얇아지고 크럼(속살)의 결이 고와져서 식빵 같은 식감을 지닌 프랑스빵이 만들어지고 맙니다.

오토리즈란 무엇인가요?

믹싱 도중에 반죽을 휴지시키는 2단계 믹싱법입니다.

오토리즈(autolyse)는 프랑스빵의 제법 가운데 하나로, 먼저 밀가루·물·몰트 엑기스를 몇 분간 믹싱해서 그대로 20~30분간 휴지시킨 다음, 여기에 이스트와 소금을 넣어 다시 믹싱하는 2단계 믹싱법입니다.

밀가루와 물을 어느 정도 반죽해서 일단 휴지시키면 그동안 반죽의 긴장이 풀려 잘 늘어나는 상태로 변합니다. 그런 상태에서 다시 믹싱을 하면 반죽에 점성이 생겨납니다. 이는 점성과 탄력이 있는 글루텐이 반죽 속에 확실히 생겨났다는 증거입니다. 이처럼 오토리즈를 실시하면 반죽의 연결을 어느 정도 얻으면서도 잘 늘어나는 상태로 반죽할 수 있습니다.

믹싱을 시작할 때는 몰트 엑기스도 넣어 두는 것이 포인트입니다. 몰트 엑기스에는 아밀레이스라고 하는 전분 분해 효소가 들어 있는데, 이것이 반죽을 휴지시키는 동안, 밀가루 속 전분을 맥아당으로 분해하도록 촉진합니다. 그런 다음 이스트를 넣기 때문에 이스트가 빠르게 알코올 발효를 시작할 수 있습니다(**Q48** 참조).

소금은 처음부터 넣지 않고 오토리즈를 실시해 반죽을 휴지시킨 후에 첨가하도록 합니다. 소금은 글루텐 형성을 촉진하는 역할을 하므로 프랑스빵을 만들 때는 글루텐이 과도하게 형성되지 않도록 나중에 넣는 것입니다.

Q 171 오토리즈 전에 인스턴트 드라이 이스트를 반죽 표면에 뿌리는 이유는 무엇인가 요?

 A 인스턴트 드라이 이스트가 쉽게 녹을 수 있게 하기 위한 것입니다.

원래대로라면 오토리즈에서 반죽을 휴지시킨 후에 이스트를 첨가하지만, 이 책에서는 밀가 루, 물, 몰트 엑기스를 믹싱한 후 인스턴트 드라이 이스트를 뿌려 반죽을 휴지시킵니다.

이 책에서 소개하는 프랑스빵 믹싱 방법에서는 반죽을 치대는 시간이 짧으므로 그동안 인스 턴트 드라이 이스트가 다 녹지 않을 가능성이 있습니다. 그렇기에 인스턴트 드라이 이스트 를 반죽에 미리 뿌려 두고, 반죽의 수분을 흡수시켜 쉽게 녹을 수 있게 하는 것입니다.

 Q 172 프랑스빵은 왜 발효 시간이 긴가요?

 A 발효 중에 향이나 풍미를 만들어 내는 물질을 많이 얻어 반죽에 축적하기 위해서입 니다.

수많은 빵 중에서도 프랑스빵은 밀가루, 물, 이스트, 소금이라는 가장 단순한 재료를 사용 해 밀가루가 지닌 풍미를 한껏 살리는 방법으로 만들어집니다. 이스트의 양을 줄이고, 장 시간에 걸쳐 발효를 시키는 것이 이 방법의 특징입니다.

이스트의 알코올 발효로 발생하는 탄산가스는 빵을 부풀리고, 이때 발생한 알코올은 향과 풍미를 만들어 냅니다.

또 밀가루나 공기 중에서 혼입된 젖산균이나 초산균 등이 각각 젖산 발효나 초산 발효를 통해 젖산이나 초 산 같은 각종 유기산을 발생시킵니다. 유기산은 반죽 에 깊은 맛을 더하고, 향이나 풍미를 냅니다.

빵을 장시간 발효시키면 이러한 알코올이나 유기산 등을 더 많이 반죽에 축적해서 밀가루의 풍미를 살리 면서도 더 깊은 맛을 낼 수 있습니다(**Q101** '좀 더 자 세히' 참조).

Q 173 반죽을 막대 모양으로 만들기가 어려워요.

 A 반죽을 앞뒤로 굴려 손을 양 끝으로 움직이면서 늘입니다.

반죽을 길고 가늘게 늘일 수 있는 비법이 있습니다. 반죽에 양손을 얹고 손바닥 아래쪽과 손가락 끝을 작업대에 붙인 상태에서 앞뒤로 크게 움직이면서 반죽을 굴립니다. 반죽을 위쪽으로 굴릴 때는 살짝 누르듯이 굴리고, 반죽을 몸쪽으로 다시 굴릴 때는 가볍게 굴리기만 합니다. 처음에는 반죽의 정중앙 부근에 한쪽 손을 올려 굴리다가 서서히 양 끝을 향해 양손을 움직이면서 두께가 균일해지도록 반죽을 늘여 나갑니다.

이때 반죽을 굴리는 횟수는 최소화하는 것이 좋습니다. 굴리는 횟수가 많아지면 반죽 표면에 주름이 생기거나 큰 기포가 생겨 반죽이 울퉁불퉁해집니다.

● **막대 모양으로 성형하는 순서**

● **반죽을 굴릴 때 닿는 부분**

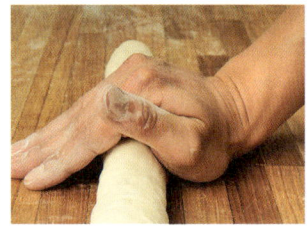

작업대에 닿는 부분은 손바닥 아래쪽과 손끝이다.

Q174 쿠프를 내는 이유는 무엇인가요?

A 보기 좋은 모양으로 굽기 위해서입니다.

'쿠프(coupe)'는 칼집을 뜻하는 프랑스어입니다. 막대 모양의 프랑스빵에는 쿠프를 여러 개 냅니다.

프랑스빵처럼 린한 하드 계열의 빵은 구울 때 잘 부풀어 오르는 소프트 계열의 빵만큼 반죽이 잘 늘어나지 않으므로 표면에 칼집을 내어 반죽이 늘어나는 것을 돕습니다.

또 반죽에 쿠프를 균일하게 내면 굽는 단계에서 반죽 내부의 가스가 열팽창 해서 반죽이 부풀어 오를 때, 칼집을 통해 압력이 빠져나가 예쁜 막대 모양의 빵을 구울 수 있습니다.

게다가 디자인적 측면에서도 보기 좋습니다.

Q175 쿠프는 몇 개 정도 내면 되나요?

A 딱히 정해진 기준은 없습니다.

막대 모양의 프랑스빵은 무게나 길이, 형태에 따라 다양한 명칭이 붙지만(**Q181** 참조), 프랑스에서노 쿠프의 수에 내해서는 딱히 정해진 기준이 없는 듯합니다. 만드는 사람 마음대로 빵 전체에 균형을 맞춰 내면 됩니다.

이 책에서는 가정에서도 만들기 쉽도록 반죽 중량 약 220g, 길이 25cm, 쿠프가 3개인 프랑스빵을 소개한다.

● 프랑스빵의 명칭과 쿠프 수의 예

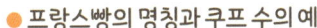

명칭	반죽 중량	구운 후의 중량	길이	쿠프 개수
되 리브르 deux livres	1,000g	700g	50~60cm	3~4개
파리지앵 parisien	650g	500g	60~70cm	5~6개
바게트 baguette	350g	250g	60~70cm	7~8개
바타르 batard	350g	250g	35~40cm	3~4개
피셀 ficelle	140g	100g	40~45cm	5~6개

피셀, 바타르, 바게트, 파리지앵, 되 리브르

Q 176 쿠프를 잘 내는 방법이 있나요?

 A **쿠프 나이프를 눕혀서 어슷하게 자르듯이 한 번에 칼집을 쓱 냅니다.**

쿠프 나이프를 가볍게 들고, 나이프 끝을 반죽에 살짝 눕히듯이 댄 다음, 몸쪽으로 쓱 끌어당기듯이 움직여 한 번에 칼집을 냅니다. 껍질을 한 겹 벗겨낸다는 느낌으로, 칼집을 너무 깊이 내지 않게 주의합니다.

프랑스빵에 내는 쿠프는 빵 길이에 알맞은 개수만큼 비스듬하게, 각 쿠프의 길이를 일정하게 맞춰 빵 끝에서 반대쪽 끝까지 고르게 냅니다. 쿠프를 낼 때는 먼저 낸 쿠프와 일정 간격으로 평행을 이루게 하고, 먼저 낸 쿠프의 뒤쪽 3분의 1이 다음에 낼 쿠프의 앞쪽 3분의 1과 겹치게 냅니다.

● **쿠프 나이프 잡는 법**

이 책에서는 가늘고 긴 금속판에 면도날이 달린 쿠프 나이프를 사용한다. 엄지, 검지, 중지로 손잡이 끝을 잡고, 사진에 점선으로 표시된 부분으로 자른다.

● **쿠프 내는 법**

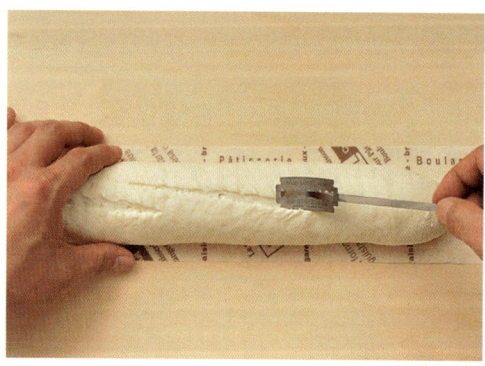

칼날을 눕히듯이 댄 다음, 도중에 멈추지 않고 단숨에 칼집을 낸다.

앞의 쿠프와 3분의 1 정도가 겹치고, 쿠프끼리는 서로 평행을 이루게 한다.

Q 177 쿠프가 잘 벌어지게 하려면 어떻게 해야 하나요?

 A **반죽 상태, 칼집의 깊이, 분무하는 물의 양을 조정합니다.**

빵을 구울 때, 쿠프가 예쁘게 벌어지게 하려면 다음과 같은 것들이 필요합니다.

❶ 오븐 안에서 반죽이 잘 늘어나 부풀 수 있는 상태를 만든다.

① 반죽에 적당한 연결을 만듭니다. 다른 빵보다 믹싱 시간이 짧기는 하지만, 믹싱이 너무 약하면 반죽에 글루텐이 충분히 형성되지 않아 반죽이 잘 부풀어 오르지 않습니다.

② 반죽 표면이 팽팽해지도록 성형하고, 반죽 안에 발생한 탄산가스가 밖으로 빠져나가기 어려운 상태를 만듭니다.

③ 최종 발효를 적정히 진행합니다. 굽는 단계에서 반죽 내부가 60℃에 도달할 때까지는 이스트가 알코올 발효를 계속하면서 탄산가스를 발생시킵니다. 그러므로 최종 발효는 반죽의 부푸는 정도가 최고조에 달하기 조금 전에 끝마쳐 이스트의 발효력과 발생한 가스를 가둘 때 필요한 반죽의 탄력을 굽기 단계까지 남겨 놓습니다 (**Q111** 참조).

❷ 쿠프 나이프가 한 번에 쓱 들어가도록 반죽의 표면 상태를 다듬는다.

① 반죽 표면이 마르거나 너무 축축하지 않도록 합니다.

② 성형과 최종 발효를 적절히 진행해 반죽 표면이 적당히 팽팽해지게 합니다.

❸ 쿠프를 낼 때 바르게 자른다.

쿠프의 깊이가 너무 얕거나 깊으면 쿠프가 잘 벌어지지 않습니다. 껍질을 한 겹 벗겨낸다는 느낌으로 칼집을 냅니다.

❹ 굽기 전에 분무기로 물을 적당히 뿌린다.

분무하는 물(또는 스팀)의 양이 적거나 많아도 쿠프가 잘 벌어지지 않습니다.

실패한 예(왼쪽)는 쿠프가 ⋯⋯⋯⋯⋯ ⋯⋯⋯⋯⋯ 성공한 예(오른쪽)
충분히 벌어지지 않았다.

Q 178 쿠프를 낼 때 주의해야 할 점이 있나요?

 A **칼집의 각도, 깊이, 겹치는 방법 등을 주의해야 합니다.**

쿠프의 성공한 예와 실패한 예를 소개합니다.

● **쿠프를 내는 법에 따른 결과물의 차이**

  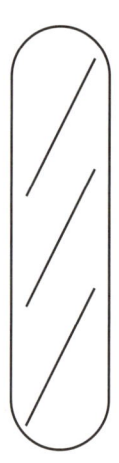  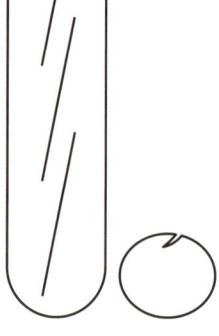

쿠프가 겹치는 부분
이 많은 경우

쿠프가 겹치는 부분
이 적은 경우

쿠프가 너무 기울어
진 경우

쿠프의 칼집이 반죽
에 수직으로 들어간
경우

성공한 예
쿠프가 3분의 1 정도 겹친다.
칼집을 반죽에 비스듬하게
냈다.

쿠프가 벌어지지 않고, 바닥이 갈라져요.

 반죽이 딱딱해서 잘 늘어나지 않는 것 등을 원인으로 생각해 볼 수 있습니다.

프랑스빵을 구웠는데 바닥이 갈라지고 쿠프도 예쁘게 벌어지지 않는다면 몇 가지 원인을 생각해 볼 수 있습니다.

- 반죽의 수분량이 적어 딱딱하다.
- 반죽을 너무 치대서 탄력이 강하다.
- 성형 단계에서 반죽의 이음매를 단단히 오므리지 않았다.
- 반죽 표면이 건조하다.
- 오븐팬에 올릴 때, 반죽의 이음매가 바닥을 향하지 않게 놓았다.
- 최종 발효가 부족해서 반죽의 탄력이 강하다.
- 분무한 물(또는 스팀)의 양이 적다.

다음에 빵을 만들 때는 이런 점에 주의하기 바랍니다.

 프랑스빵 하나에 쿠프가 벌어지는 부분과 벌어지지 않는 부분이 있어요.

 쿠프를 내는 법이나 반죽의 성형 방법이 쿠프가 벌어지는 정도에 영향을 끼칩니다.

프랑스빵을 구웠는데 쿠프가 벌어진 부분과 벌어지지 않은 부분이 있다면 먼저 쿠프의 깊이나 균형에 문제가 있지 않았는지 생각해 볼 수 있습니다. 또 반죽을 막대 모양으로 늘여 성형할 때, 힘이 고르게 가해지지 않았거나 두께가 고르게 늘여지지 않았다면 반죽이 부풀 때 차이가 생겨 쿠프의 벌어짐에 영향을 끼칠 수 있습니다.

 프랑스빵에는 어떤 종류가 있나요?

 모양과 크기에 따라 명칭이 구분됩니다.

프랑스빵은 같은 반죽이라도 모양과 크기에 따라 아래와 같이 다양한 이름이 붙여져 있습니다.

● 프랑스빵 반죽으로 만드는 다양한 빵

모양	이름	이름의 의미
막대 모양	되 리브르 deux livre	1kg (deux는 두 개의, livre는 500g이라 는 뜻)
	파리지앵 parisien	파리 사람 또는 파리의
	에피 épi	밀이삭
	바게트 baguette	가느다란 막대기 또는 지팡이
	바타르 bâtard	중간의
	피셀 ficelle	끈
둥근 모양	불 boule	공
	쿠페 coupé	갈린
	팡뒤 fendu	갈라진
	타바티에르 tabatière	코담뱃갑
	샹피뇽 champignon	버섯

(왼쪽부터) 피셀, 바타르, 바게트, 에피, 파리지앵,
되 리브르

불

(왼쪽 위부터 시계 방향으로) 샹피뇽, 쿠페, 팡뒤,
타바티에르,

버터를 차갑게 해 두는 이유를 가르쳐 주세요.

 믹싱 시간이 길기 때문에 반죽의 온도가 올라가 버터가 녹기 쉽기 때문입니다.

브리오슈에 배합하는 버터는 이 책에 나온 것처럼 가로세로 1cm 크기로 잘라 차갑게 해 두거나, 차가운 버터 덩어리를 그대로 밀대로 두드려 차가움은 유지하면서도 부드러운 상태를 만든 후에 사용합니다.

이 책에서 소개하는 브리오슈는 달걀 외에도 밀가루 분량의 약 50%에 해당하는 버터가 들어가는 리치한 반죽입니다. 먼저 버터를 제외한 다른 재료를 믹싱하는데, 달걀과 달걀 노른자가 들어가서 반죽이 매우 부드러운 것이 특징입니다. 작업대에 문지르듯이 치대는데, 글루텐이 형성되어 탄력이 생기기까지 다른 빵보다 비교적 오랜 시간이 걸립니다.

유연한 글루텐이 충분히 형성되고 나면 버터를 넣습니다(**Q90** '좀 더 자세히' 참조). 버터의 양이 많아 세 번에 나누어 넣다 보니 아무래도 버터를 넣고 난 이후의 믹싱 시간이 길어지게 됩니다. 믹싱이 길어지면 반죽 온도가 올라가기 쉬워져 버터가 녹을 우려가 있습니다. 버터는 액체 상태가 되면 반죽에 잘 섞이지 않습니다(**Q43** 참조).

이런 이유로 버터를 차가운 상태에서 사용하는 것이니 믹싱할 때 반죽 온도가 올라가지 않게 주의하세요.

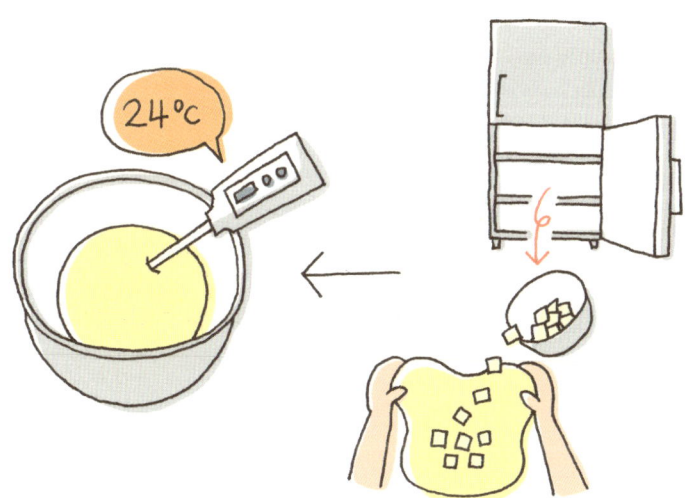

Q 183 완성된 브리오슈 반죽의 온도가 올라가 버렸어요.

 A **버터뿐만 아니라 다른 재료도 차갑게 해 두는 것이 좋습니다.**

브리오슈는 다른 빵보다 믹싱 시간이 길어 반죽 온도가 올라가기 쉬우므로 버터를 차갑게 해 둡니다. 버터뿐만 아니라 다른 재료도 전부 차갑게 해서 사용하면 더 효과적입니다.

그런데도 반죽 온도가 올라가 버릴 것 같을 때는 치대는 도중에 얼음물을 담은 비닐봉지 등을 대서 반죽을 차갑게 해 주세요.

 Q 184 브리오슈 반죽을 냉장고에 넣어 발효시키는 이유는 무엇인가요?

 A **버터가 많이 들어가 반죽이 부드러워서 차갑게 굳히기 위함입니다.**

브리오슈는 달걀, 설탕, 버터가 많이 들어가는 리치한 빵입니다. 버터를 넣기 전에도 이미 달걀과 설탕이 많이 들어가서 반죽이 끈적이는데, 여기에 버터까지 들어가면 반죽이 더 부드러워져서 다루기 어려워집니다. 게다가 발효를 거치면서 반죽 온도가 올라가면 버터가 부드러워져 반죽 전체를 더 부드럽게 만들어 이후의 작업을 진행하기가 어려워집니다. 그렇기에 냉장고에서 반죽을 차갑게 굳히는 것이 브리오슈를 냉장 발효시키는 목적 중 하나입니다.

이 책에서는 브리오슈 반죽을 28℃에서 30분간 발효시킨 다음, 5℃에서 12시간 냉장 발효시킵니다. 4℃ 이하에서는 이스트가 휴면 상태에 들어가 활동을 멈추어 버리므로 주의합시다. 반대로 냉장고 온도가 높을 때는 발효가 빠르게 진행되므로 시간을 조정하길 바랍니다.

 Q 185 브리오슈 반죽을 벤치 타임 전에 눌러서 평평하게 하는 이유는 무엇인가요?

 A **반죽의 두께를 고르게 해서 온도를 균일하게 올리기 위해서입니다.**

빵은 대부분 반죽을 발효시킨 후에 분할해 둥글린 다음, 벤치 타임을 가집니다. 반죽을 둥글리면 탄력이 생기므로 벤치 타임 단계에서 반죽을 휴지시켜 탄력을 줄여야 성형하기가 쉬워집니다.

하지만 브리오슈는 버터가 많이 들어간 반죽을 냉장 발효시키므로 발효를 마친 반죽은 딱딱하고 차갑게 굳어 탄력을 잃습니다.

그렇기에 반죽을 다루는 법과 벤치 타임의 목적이 다른 빵과 다릅니다. 벤치 타임 동안, 반죽 온도를 18~20℃ 정도까지 서서히 올려 반죽의 유연성과 신장성을 회복시켜 성형하기 쉽게 만드는 것입니다.

이때 반죽의 두께가 일정해지도록 먼저 평평하게 누른 후에 벤치 타임을 가집니다. 이처럼 반죽을 눌러 얇게 만들어 놓으면 반죽의 표면과 중심부의 온도가 차이 나지 않고 균일해집니다.

  브리오슈 아 테트의 머리와 몸통의 경계가 뚜렷하지 않아요.

성형 단계에서 잘록한 부분을 제대로 만들지 못한 것 등이 원인입니다.

브리오슈 아 테트는 커다랗고 둥근 반죽(몸통) 위에 작고 둥근 반죽(머리)이 올라간 상태로 구워집니다. 빵의 머리와 몸통의 경계가 뚜렷하게 나오지 않아 실패했을 때는 성형 방법이나 반죽 상태에 문제가 있었다고 봐야 합니다.

성형 단계에서는 둥글린 반죽의 중간을 잘록하게 만들어 머리와 몸통 부분으로 나누고, 그 잘록한 부분을 거의 끊어지기 직전까지 가늘게 합니다. 그 부분이 두껍거나 짧으면 반죽을 구웠을 때 머리와 몸통의 경계가 뚜렷하지 않습니다.

이 밖에도 최종 발효 온도가 높아서 반죽 속의 버터가 녹는다거나 믹싱이 약해 반죽이 제대로 부풀지 않는다거나 하는 식으로 반죽 상태와 관련된 원인도 생각해 볼 수 있습니다.

성공한 예

머리와 몸통의 경계가 뚜렷하지 않다.

Q 187 브리오슈 아 테트의 머리 부분이 구울 때 한쪽으로 기울어지는 이유가 무엇인가요?

 A **몸통 반죽에 머리 반죽을 눌러 넣는 방법이 적절치 않았기 때문입니다.**

브리오슈 아 테트는 성형 단계에서 둥글린 반죽의 중간을 잘록하게 만들어 머리와 몸통으로 나눈 다음, 몸통을 틀에 넣고 머리를 몸통의 중심에 눌러 넣습니다. 머리를 눌러 넣는 위치가 중심에서 벗어나 버리면 머리가 한쪽으로 기울어진 채로 구워집니다.

또 머리를 눌러 넣을 때, 손끝이 틀의 바닥에 닿을 정도로 깊이 눌러 넣는 것이 포인트입니다. 이처럼 깊이 눌러 넣지 않으면 최종 발효 단계에서 몸통 반죽이 부풀어 오르면서 머리 반죽을 밀어내 버려 결과적으로 머리가 한쪽으로 기울어지게 됩니다.

● 머리를 눌러 넣을 때의 포인트

머리 반죽이 기울어져 있다.

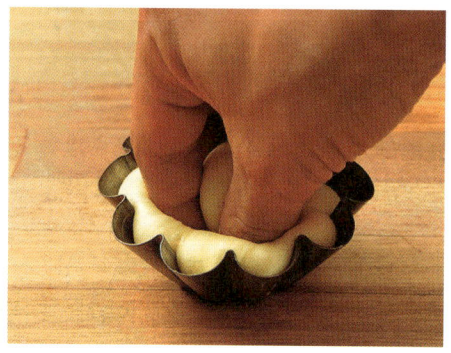

손가락 3~4개로 잘록한 부분을 쥐고, 틀의 바닥에 손끝이 닿을 때까지 머리를 깊이 눌러 넣는다.

반죽을 들어 올리면 틀의 바닥이 보일 정도로 움푹 들어가 있는 것을 알 수 있다.

크루아상의 층은 왜 생기는 건가요?

 반죽으로 버터를 감싸 늘여 삼절접기를 반복하기 때문입니다.

크루아상은 빵 반죽과 접기용 버터의 얇은 층이 번갈아 가며 여러 층으로 겹쳐 있습니다. 얇게 늘인 버터를 빵 반죽으로 감싸 다음과 같이 삼절접기를 세 번 반복해 층을 만드는 것이 기본입니다.

❶ 첫 번째 삼절접기

먼저 버터를 정사각형으로 얇게 밀고, 버터보다 좀 더 큰 빵 반죽으로 감쌉니다. 이렇게 하면 빵 반죽, 버터, 빵 반죽 이렇게 세 겹의 층이 만들어집니다. 이것을 얇게 늘여 삼절접기를 하면 빵 반죽, 버터, 빵 반죽으로 된 세 겹의 층이 세 번 겹치게 됩니다. 이때 서로 접하는 빵 반죽은 서로 붙어서 한 층이 되므로 빵 반죽과 버터가 총 일곱 겹이 되면 완성입니다.

❷ 두 번째 삼절접기

다음으로 ①을 삼절접기 하면 일곱 겹짜리 층이 세 번 겹치므로 빵 반죽과 버터가 총 열아홉 겹이 됩니다.

● **삼절접기 횟수와 반죽의 겹**

3층

첫 번째 삼절접기 ── 7층

두 번째 삼절접기 ── 19층

세 번째 삼절접기 ── 열아홉 겹 / 열아홉 겹 / 열아홉 겹 ── 55층

❸ 세 번째 삼절접기

다시 ②를 삼절접기 하면 빵 반죽과 버터가 쉰다섯 겹까지 겹쳐집니다. 이것을 오븐에 구우면 버터 층이 녹아 없어져 빵 반죽만 남으므로 굽고 난 뒤에는 총 스물여덟 겹의 층이 됩니다.

최종적으로는 이 반죽을 늘여 끝에서부터 말아 성형하므로 이론상으로는 층이 더 많아집니다. 그러나 실제로는 접는 횟수가 많아져 층이 얇아질수록, 버터 층이 더 늘어나지 않고 끊어지거나 버터와 반죽이 어우러져 빵 반죽 층끼리 들러붙기 쉬워지므로 계산한 것보다는 반죽의 겹이 적어질 것입니다.

크루아상 반죽을 만들 때 주의해야 할 점은 무엇인가요?

 반죽이 부드러워지지 않게 주의합니다.

크루아상 반죽의 층상이 제대로 나오려면 접기용 버터를 차갑고 부드러운 상태로 유지하면서 작업하는 것이 중요합니다.

그러므로 실내온도는 되도록 낮게 설정합니다. 접기용 버터를 준비하거나 빵 반죽으로 버터를 감싸 늘이거나 접는 작업, 성형하는 작업은 모두 반죽 온도가 올라가지 않도록 빠르게 진행합니다. 만약 버터가 부드러워져서 반죽이 달라붙을 것 같을 때는 일단 냉동실에 넣어 차갑게 굳힙니다.

 버터를 처음부터 넣어 믹싱하는 이유는 무엇인가요?

 반죽의 탄력을 줄여 반죽을 얇게 늘이기 쉽게 하기 위해서입니다.

크루아상의 빵 반죽은 접기 작업을 반복하는 과정에서 글루텐이 더 형성됩니다. 글루텐이 많아지면 반죽을 얇게 밀기가 어려워지거나 빵을 구웠을 때 식감이 딱딱해지므로 글루텐의 양을 최소화해야 합니다.

이를 위해 먼저 밀가루와 버터를 비벼 섞어 밀가루 입자에 버터를 코팅해 글루텐 형성에 필요한 물의 흡수를 억제합니다. 그리고 믹싱도 내리치는 작업을 생략합니다.

 크루아상 반죽을 냉장고에 넣어 발효시키는 이유는 무엇인가요?

 접기용 버터가 너무 부드러워지지 않도록 하기 위해서입니다.

이 책에서는 크루아상의 빵 반죽을 26℃에서 약 20분간 발효시켜 펀치를 한 다음, 다시 5℃의 냉장실에서 12시간 동안 발효시킵니다. 냉장 발효가 끝난 시점에서 반죽 온도는 5℃에 가까운 수준까지 떨어져 있습니다. 저온에서 발효시키면 이스트의 활동이 둔해져 이처럼 발효에 오랜 시간이 필요합니다.

반죽을 냉장고에서 발효시키는 이유는 이후 접기 단계에서 반죽 온도가 높으면 버터가 너무 부드러워져서 구웠을 때 층상이 제대로 나오지 않기 때문입니다. 접기 작업 중에는 실내온도나 손에서 전해지는 열기 때문에 반죽 온도가 어쩔 수 없이 올라가기도 하므로 냉장고에서 반죽 온도를 확실히 낮춘 후에 작업을 진행하면 버터가 너무 부드러워지는 것을 막을 수 있습니다.

 Q 192 접기용 버터를 늘일 때 사각형으로 만들기가 어려워요.

 A 버터를 점토 정도의 경도가 될 때까지 두드린 다음, 네모나게 늘여 주세요.

크루아상의 접기용 버터를 네모나게 늘일 때, 차가운 버터 덩어리를 밀대로 밀어 봤자 잘 밀리지 않습니다. 그러므로 처음에는 먼저 버터를 밀대로 두드려 밀기 쉽게 만듭니다. 밀대로 두드리다 보면 버터 표면은 금세 부드러워지지만, 이 시점에는 아직 안쪽이 차갑게 굳어 있습니다. 버터 전체의 경도가 균일해지도록 버터가 어느 정도 얇아지면 접어서 뭉친 다음 다시 밀대로 두드리는 작업을 여러 번 반복합니다. 조금 딱딱하기는 해도 대충 밀 수 있는 상태가 되면 버터를 밀대로 가볍게 두드리거나 밀면서 반듯한 네모 모양을 만듭니다.

밀대로 두드리다 보면 굳어 있던 버터가 어느새 마치 점토처럼 자유자재로 늘어날 수 있는 성도로 변화하는데, 이는 버터가 지닌 가소성이라는 성질 때문입니다. 버터가 이러한 성질을 발휘할 수 있는 이상적인 온도대는 13~18℃로 한정되어 있습니다. 그러나 버터를 반죽에 넣을 때는 반죽과 버터의 층이 항상 함께 늘어나는 경도가 이상적이며, 그러기 위해서는 앞서 말한 온도대보다 조금 낮은 10℃ 정도일 때 오히려 작업하기 더 수월합니다.

 Q 193 버터가 너무 딱딱해서 두드리기 힘들어요. 혹시 전자레인지에 살짝 돌려도 될까요?

 A 너무 단단할 때는 어쩔 수 없지만, 되도록 저온에서 부드럽게 만들어주세요.

냉장고 안에서 특히 한기가 강하게 닿는 곳에 버터를 보관하면 밀대로 두드려 밀기에 너무 딱딱할 때가 있습니다.

버터를 적당한 경도로 부드럽게 하려면 냉장고 안에서도 온도가 너무 낮지 않은 곳으로 옮겨서 온도를 서서히 올리는 것이 가장 바람직합니다.

하지만 작업을 바로 진행하고 싶을 때는 실온에 꺼내 두는 방법도 있습니다. 전자레인지에 돌려 녹이는 방법은 권하지 않지만, 버터가 심하게 딱딱할 때는 어쩔 수 없겠지요.

단, 전자레인지에 돌리면 버터가 빠르게 녹아버려 실패할 수 있으니 아주 짧게 돌려주세요. 버터는 한 번 녹아서 부드러워지면 점토처럼 늘어나는 성질(가소성)을 잃어버려 얇게 밀 수 없게 됩니다.

 크루아상의 층이 깔끔하게 나오지 않아요.

 버터 온도가 너무 높거나 낮으면 밀대로 밀 때 버터의 층이 무너집니다.

크루아상을 층이 잘 나오게 구우려면 빵 반죽과 버터의 두께가 균일해지도록 접어 나가는 것이 중요합니다.

그러려면 무엇보다 버터를 적당한 경도로 유지해야 합니다. 먼저 버터를 빵 반죽과 함께 밀기 쉬운 경도(10℃ 전후)로 조정한 다음, 접기 작업을 빠르게 진행해 버터를 밀기 쉬운 상태로 유지합니다.

버터가 너무 굳어 있으면 반죽을 밀 때 반죽에 넣은 버터가 늘어나지 않고 끊어져 층이 분단됩니다. 반대로 너무 부드러우면 이음매 사이로 버터가 비어져 나오거나 반죽과 섞여버려 반죽과 버터가 번갈아 가며 겹쳐지는 층이 제대로 나오지 않게 됩니다. 층이 제대로 만들어지지 않는 데에는 아무래도 버터가 너무 부드럽다는 점이 영향을 끼칩니다.

또는 버터가 아닌 빵 반죽이 문제일 때도 있습니다. 반죽이 과발효되면 층이 제대로 나오지 않습니다.

실패한 예(왼쪽)는 층이 찌부러져 있다 ┈┈┈┈┈┈┈┈┈   ┈┈┈┈┈┈┈┈┈ 성공한 예(오른쪽)

Q 195 크루아상 반죽을 미는 사이에 반죽이 부드러워졌어요. 어떻게 해야 하나요?

 A 냉동실에 바로 넣어 차갑게 해 주세요.

크루아상 반죽이 접기나 성형 작업 중에 부드러워지는 이유는 반죽에 넣은 버터가 부드러 워졌기 때문입니다. 버터는 한 번 녹아 버리면 점토처럼 늘어나는 성질(가소성)을 잃게 됩니 다. 그러니 냉동실에 잠시 넣어 버터 온도를 낮춘 후에 다시 작업을 재개하기 바랍니다.

 Q 196 최종 발효 과정에서 기름이 스며 나왔는데, 이유가 무엇일까요?

 A 최종 발효 온도가 너무 높기 때문입니다.

크루아상처럼 버터를 접어 넣은 반죽은 버터가 녹아서 흘러나오지 않도록 최종 발효 온도 를 다른 빵보다 낮은 28~30℃로 설정합니다. 최종 발효 온도가 너무 높으면 버터가 녹아 오븐팬에 흘러나와 버립니다. 이런 상태에서는 구워도 빵의 볼륨이 살지 않고, 기름진 맛 이 나게 됩니다.

최종 발효 온도가 높으면 버터가 녹아 흘러나온다.

성공한 예(오른쪽)
기름이 녹아 흘러나온 반죽을 구운 것(왼쪽)

 Q 197 반죽을 접는 횟수가 차이 나면 빵에 어떤 영향을 끼칠까요?

 A 접는 횟수가 적으면 층이 거칠어지고, 접는 횟수가 많으면 반죽이 서로 달라붙어 층이 잘 나오지 않습니다.

크루아상은 밀가루 중량의 약 50%에 해당하는 버터를 사용해 빵 반죽과 버터를 번갈아 가며 층층이 겹쳐지게 접습니다. 파이처럼 층이 부서지는 크루아상의 바삭바삭한 식감은 굽는 단계에서 버터 층이 녹아 그 사이에 있는 반죽이 마치 버터에 튀겨지듯이 구워지며 만들어집니다.

접기 횟수에 따라 반죽 층의 개수와 두께가 달라지면 당연히 식감에도 차이가 생깁니다. 삼절접기를 세 번 한 반죽을 구우면 스물여덟 겹(Q188 참조)의 층이 생깁니다. 크루아상은 이 반죽을 끝에서부터 말아 성형하므로 이론상으로는 층이 더 많이 생기지만, 실제로는 층이 얇아지면서 반죽끼리 서로 달라붙는 부분이 생겨 그렇게까지 층이 많이 생기지는 않습니다.

이 책에서 삼절접기를 세 번 하는 이유는 파이처럼 층이 부서지는 바삭바삭한 식감을 내면서도 빵의 폭신폭신한 식감을 내고 싶기 때문입니다.

같은 반죽으로 삼절접기를 두 번으로 줄여 만들면 구웠을 때 층이 열 겹이 되는 반죽이 되는데, 이를 말아 성형해서 그 단면을 비교하면 각각의 층이 더 두꺼운 것을 알 수 있습니다. 그만큼 층이 좀 더 단단해 퍼석퍼석한 식감을 냅니다.

반대로 접는 횟수를 늘려 삼절접기를 네 번 하면 이론상으로는 구웠을 때 여든두 겹의 층이 생기는 반죽이 됩니다. 하지만 반죽을 그만큼 접으면 반죽과 버터의 층이 너무 얇아져서 도중에서 반죽과 버터가 섞여 버립니다. 그래서 층이 제대로 형성되지 않아 파이처럼 바삭바삭하지 않고 조금 단단한 빵 같은 식감이 되어 버립니다.

삼절접기는 세 번 하는 것이 기본이지만, 접기 횟수는 어차피 만드는 사람의 취향에 따라 다르기 때문에 원하는 횟수만큼 접어서 만들면 됩니다.

● 삼절접기 횟수에 따른 빵의 모습 비교

삼절접기 2회　　　　　　삼절접기 3회　　　　　　삼절접기 4회

Q 198 남은 크루아상 반죽을 어떻게 사용하면 좋을까요?

 A 남은 반죽을 잘라서 함께 말 수도 있습니다.

크루아상은 직사각형 모양으로 늘인 반죽을 이등변삼각형으로 자르기 때문에 반드시 양 끝의 반죽이 남게 됩니다. 남은 반죽은 그대로 최종 발효시켜 굽기만 해도 맛있게 먹을 수 있지만, 남은 양 끝의 반죽을 가늘고 길게 잘라 이등변삼각형 반죽의 밑변에 올려 함께 마는 방법도 있습니다. 단, 개당 반죽의 양이 늘어나므로 굽는데 시간이 좀 더 걸릴 수 있습니다. 그리고 반죽의 크기가 일정하지 않으면 균일하게 구워지지 않으므로 남은 반죽을 똑같이 나눠 올려 주세요.

● 크루아상 반죽을 자르는 법

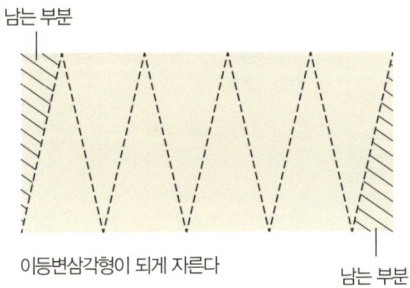

남는 부분

이등변삼각형이 되게 자른다　　　　남는 부분

● 남은 반죽을 활용하는 예

양 끝의 남은 반죽을 가늘게 잘라 성형할 반죽에 올려 함께 만다.

 Q 199 크루아상 반죽을 구웠더니 갈라져 버렸어요.

 A 성형할 때 반죽을 너무 세게 마는 것 등이 원인일 수 있습니다.

크루아상을 성형할 때 반죽을 너무 세게 말면 구울 때 일부분이 갈라질 수 있습니다. 또 반죽이 굳었거나 최종 발효가 부족한 경우에도 구울 때 갈라질 가능성이 있습니다.

빵이 갈라져서 아래층 반죽이 튀어나왔다.

팽 오 쇼콜라에 관한 궁금증

 Q 200 구울 때 반죽이 한쪽으로 기울어져 버리는 이유는 무엇인가요?

 A 반죽을 오븐팬에 올린 후, 위에서 가볍게 누르지 않았기 때문입니다.

팽 오 쇼콜라를 성형할 때는 반죽으로 초콜릿을 감싸고 이음매가 바닥을 향하게 오븐팬에 올린 다음, 위에서 가볍게 누르는 것이 포인트입니다. 이음매 부분에는 반죽이 겹쳐 있으므로 반죽을 눌러 두지 않으면 최종 발효 단계에서 이음매 부분이 과하게 부풀어 올라 한쪽으로 기울게 됩니다.

이음매가 과하게 부풀어 올라 한쪽으로 치우친 모습

 Q 201 팽 오 쇼콜라에 시판 초콜릿을 사용해도 되나요?

 A 시판 초콜릿을 사용하면 구울 때 녹아서 흘러나와 버립니다.

팽 오 쇼콜라 등에 시판용 스위트 초콜릿을 사용하면 구울 때 초콜릿이 녹아 오븐팬에 흘러나와 타 버립니다. 초콜릿은 50℃ 전후에서 완전히 녹기 때문입니다.

제과제빵용 초콜릿은 녹아서 흘러나오거나 반죽에 스며들지 않도록 유지 함량을 줄이는 등의 가공을 거칩니다. 제과제빵용 초콜릿은 베이킹 재료 전문점에서 살 수 있습니다.

제과용 판상 초콜릿(오른쪽)과 초콜릿칩(왼쪽)

빵의 탄생
발효종이란

인류 역사에 빵이 등장한 이후 오늘날에 이르기까지 실로 다양한 방법으로 빵이 만들어져 왔습니다.

역사상 처음 등장한 빵은 부풀지 않은 빵(무발효빵)으로, 가루와 물을 치댄 반죽을 굽기만 한 것이었습니다. 그러다 그런 반죽에 자연계에 존재하는 효모가 섞여 들어가 부풀어 오른 반죽이 탄생했습니다. 그것을 한번 구워 먹어 봤더니 평소에 먹던 빵과는 다르게 부드러워 먹기 편하고 소화도 더 잘 되는 듯했습니다. 이렇게 부푼 빵은 오늘날까지 이어지는 빵(발효빵)의 시초입니다.

사람들은 이처럼 빵이 부푸는 신기한 현상을 이해하지 못하면서도 이를 이용하기 시작했습니다. 하지만 자연의 뜻에 맡긴 채로 빵을 만들다 보면 빵이 잘 부푸는 날도 있지만 전혀 부풀지 않는 날도 있으니 참으로 불안정했을 것입니다. 그러던 어느 날, 전날 만들어 잘 부풀린 반죽이 남게 되자 오늘 마들 빵 반죽에 한번 섞어 보았는데, 정말 잘 부풀었던 것입니다.

절반 정도는 제 상상을 더했지만, 오늘날 우리가 먹고 있는 빵이 탄생한 흐름은 여기서 크게 벗어나지 않으리라 생각합니다. 바로 이 '전날 쓰고 남은 부푼 반죽'을 '발효종'의 원형이라 생각할 수 있습니다.

오늘날 발효종을 만드는 방법은 크게 두 가지로 나눌 수 있습니다. 하나는 자연계에 존재하는 효모를 이용하는 고전적인 방법. 또 다른 하나는 공업적으로 순수배양한 시판용 이스트를 사용하는 방법입니다. 두 방법 모두 미리 발효종을 만들어 발효·숙성시킨 후에 다른 재료와 함께 믹싱해 본 반죽을 만들고, 이를 다시 발효·숙성시켜 빵으로 굽습니다. 이렇게 빵을 만드는 제법을 발효종법이라 부릅니다. PART 3에서는 발효종에 관한 Q&A, 두 종류의 발효종과 이를 이용한 빵을 소개하려 합니다.

Q66 빵을 만드는 제법에는 어떤 것들이 있나요? ➡ P.173

3

발효종법으로 만드는 빵과 Q&A

미리 발효시킨 발효종을 다른 재료와 함께 믹싱해서 빵 반죽을 만드는 발효종법. 앞서 소개한 스트레이트법과는 다른 제법입니다. 이번 장에서는 먼저 Q&A 형식으로 발효 종과 발효종법에 관해 설명한 다음, 발효종을 이용한 구체적인 레시피를 통해 발효종 법의 특징을 알아봅니다.

발효종법은 스트레이트법보다 더 많은 시간과 노력이 들어갑니다. 하지만 베이킹에 재미를 붙인 사람에게는 그런 수고조차 즐겁게 느껴질 것입니다. 좀 더 맛있는 빵을 만들고 싶을 때, 좀 더 색다른 빵을 만들어 보고 싶을 때, 이 방 법을 한번 시도해 보길 바랍니다.

발효종법과 발효종에 대한 궁금증

 발효종법은 어떤 제법인가요?

 미리 준비한 종(발효종)을 다른 재료와 섞어 반죽해서 빵을 만드는 제법입니다.

발효종법이란 '미리 발효·숙성시킨 종(발효종)'을 다른 재료와 섞어 반죽(본반죽)을 만든 다음, 그 반죽을 발효시켜 구워내는 제법으로, 먼 옛날부터 사용된 방법입니다.

● 발효종법의 공정

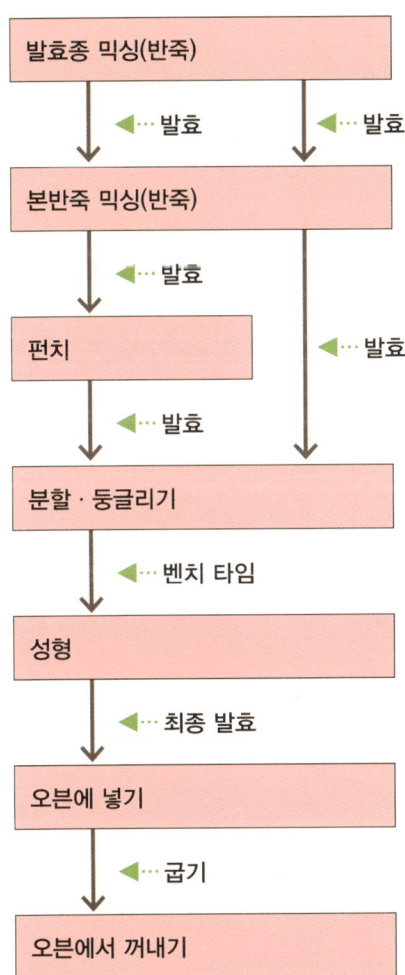

● 스트레이트법의 공정

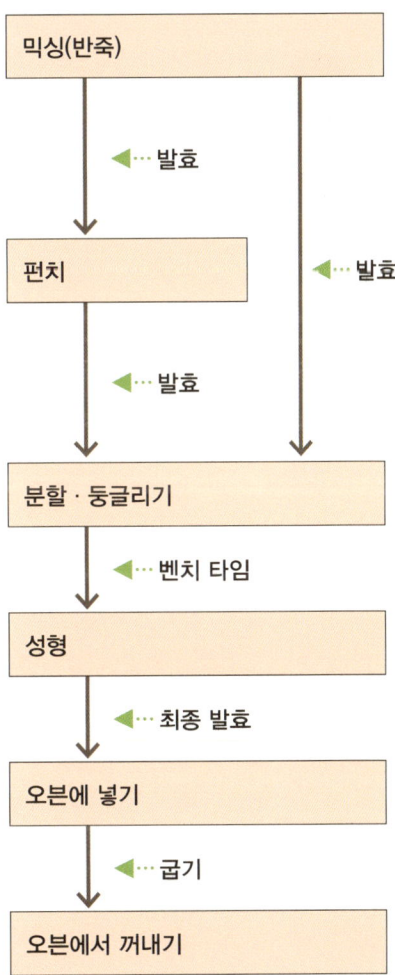

PART 1에서 소개한 빵은 전부 스트레이트법으로 만드는 빵으로, 모든 재료를 한 번에 반죽·발효시켜 반죽을 만듭니다. 스트레이트법은 효모 배양이 가능해져 공업적으로 이스트(빵 효모)를 생산·공급할 수 있게 된 근대에 활발해진 제법입니다. 안정된 발효력을 지닌 이스트가 보급되면서 발효종을 만들지 않고도 간편하게 빵을 만들 수 있게 되었습니다.

하지만 발효종을 이용해 만든 빵에는 스트레이트법으로 만든 빵에 없는 장점도 존재하므로 오늘날에도 여전히 발효종법으로 빵이 만들어지고 있습니다.

스트레이트법과 발효종법의 작업 공정을 표로 정리하면 261쪽과 같습니다.

스트레이트법과 발효종법의 큰 차이는 한 번에 모든 재료를 반죽·발효시켜 반죽을 만드는 스트레이트법과 달리 발효종법은 미리 발효시켜 둔 종을 함께 넣고 반죽해서 빵 반죽을 만든다는 점입니다. 이 종을 '발효종', 빵 반죽을 '본반죽'이라고 부릅니다(각 공정에 관한 설명은 **Q65** 참조).

발효종이란 무엇인가요? 어떻게 만드나요?

간단히 말하면 미리 발효·숙성시킨 종을 말합니다.

발효종이란 미리 밀가루 같은 곡물가루와 물, 효모를 반죽해서 발효·숙성시킨 것입니다.

원래 세상에서는 먼 옛날부터 자연계에 존재하는 효모를 이용해 발효종을 만들었고, 이를 이용해 다양한 빵을 만들어 왔습니다. 오늘날 발효종을 만드는 방법은 크게 두 가지로 나뉩니다. 첫 번째 방법은 자연계에 존재하는 효모를 이용하는 전통적인 방법으로, 주로 곡물이나 건포도·사과 같은 과일에 있는 효모를 수분과 적절한 온도를 유지하면서 자가 배양해 이것으로 발효종을 만듭니다. 이러한 발효종을 특히 자가제 발효종이라고 부르기도 합니다. 두 번째 방법은 빵을 만들기 적합한 효모를 공업적으로 순수배양한 것(시판용 이스트)을 이용해 발효종을 만드는 방법입니다.

두 방법 모두 미리 발효종을 만들어 발효·숙성시켜 두었다가 다른 재료와 함께 믹싱해서 본반죽을 만들고, 이를 다시 발효·숙성시켜 빵을 굽습니다. 자가제 발효종은 발효력이 약하고 불안정해서 만드는 사람의 경험에 빵의 완성도가 좌우되므로 이 책에서는 시판용 이스트를 사용한 발효종을 소개합니다.

Q 204 발효종에는 어떤 종류가 있나요?

 A **다양한 발효종이 있지만, 이를 사용하는 효모나 반죽의 수분량에 따라 분류할 수 있습니다.**

빵을 만드는 전 세계 국가에는 나라마다 다양한 발효종이 있습니다. **Q203**에서 발효종을 만드는 두 가지 방법을 짧게 살펴봤는데, 역사적으로는 먼저 자연계에 존재하는 효모를 이용해 발효종이 만들어졌고, 근대에 들어와서야 빵을 만들기에 적합한 효모를 공업적으로 순수배양한 것(시판용 이스트)으로 발효종을 만들게 되었습니다.

또 발효종은 반죽의 수분량에 따른 상태를 기준으로 유동성이 없는 '반죽종'과 수분이 많아 유동성이 있는 '액종'으로 나눌 수 있습니다.

이 책에서는 액종 중에서 하드 계열의 빵을 만들기에 적합한 '폴리쉬종'과 반죽종 중에서 일본에서는 주로 대형 빵집에서 사용되는 '중종'을 소개합니다.

완성된 액종 ··········   반죽종

 Q 205 발효종법의 장점과 단점을 가르쳐 주세요.

 A **장점은 발효로 인한 효과를 더 많이 얻을 수 있다는 것이고, 단점은 만드는 데에 손이 많이 간다는 것입니다.**

발효종법은 스트레이트법보다 총 발효 시간이 길어서 그만큼 발효로 인한 효과를 더 많이 얻을 수 있습니다(**Q101** 참조).

[장점]

- 장시간에 걸쳐 종을 발효·숙성시키므로 젖산이나 초산 같은 유기산이 많이 생성되어 특유의 풍미와 산미를 냅니다.

- 충분히 발효시킨 종을 본반죽에 섞기 때문에 스트레이트법보다 본 반죽의 믹싱부터 분할 단계까지 필요한 발효 시간이 짧아집니다. 즉, 전날 발효종을 미리 만들어 두면 다음 날 작업 시간을 줄일 수 있습니다.

- 숙성시킨 종을 본 반죽에 섞기 때문에 신장성이 좋은 반죽이 만들어져 빵에 볼륨이 잘 나옵니다.

[단점]

- 종을 따로 만들어야 하고, 이를 발효시킬 시간과 장소, 온도 관리 등이 필요해집니다.

- 종이 충분히 발효·숙성되어야만 본반죽을 만들기 시작할 수 있습니다.

- 발효종은 미리 만들어 두어야 하므로 계량을 잘못하는 실수 등을 저질러 본반죽을 망쳐도 바로 대처할 수가 없습니다.

 발효종법으로 만든 빵 가운데 산미가 느껴지는 빵이 있는데, 왜 그런가요?

 발효종 속에 많은 유기산이 함유되어 있기 때문입니다.

빵의 재료가 되는 가루에는 원래 젖산균이나 초산균이 붙어 있으며, 공기 중에도 존재합니다. 발효종법으로 만드는 빵은 종을 오랜 시간에 걸쳐 발효시키므로 이런 젖산균이나 초산균 등이 증식해 유기산(젖산이나 초산 등)을 많이 생성합니다. 그래서 종의 pH(**Q16** 참조)가 산성 쪽으로 기울게 되고, 강한 산성을 띨수록 산미가 강해집니다. 이런 산미가 나는 종을 사용해서 본 반죽을 만들기 때문에 구운 빵도 산미를 띠게 됩니다.

 발효종을 만들 때 주의해야 할 점이 있나요?

 온도 관리가 특히 중요합니다.

발효종은 반죽한 다음, 본 반죽의 믹싱에 사용하기 전까지 비교적 장시간 동안 발효·숙성시킵니다. 발효종을 잘 만들지 않으면 좋은 빵을 만들 수 없기 때문에 발효종의 온도 관리가 특히나 중요합니다.

빵집처럼 전문가들이 일하는 현장에서는 발효기를 이용해 온도를 정확히 관리할 수 있지만, 가정에서는 그러기가 쉽지 않습니다. 이 책에서는 발효종치고는 비교적 단시간에 발효가 끝나 관리하기 쉽고, 당일에 빵을 구울 수 있는 '중종'과 장시간 발효를 시키기는 하지만, 발효 과정을 대부분 냉장고에서 관리할 수 있는 '폴리쉬종'을 소개합니다.

중종은 빵을 만들 때 자주 사용되는 온도대에서 관리하므로 온도를 일정하게 유지할 수만 있다면 딱히 어렵지 않습니다. 폴리쉬종은 따뜻한 곳에서 발효시킨 후, 냉장고로 옮겨서 장시간 발효시키는데, 그 온도에는 조금 주의가 필요합니다. 일반적인 이스트(빵 효모)는 온도가 4℃ 정도까지 떨어지면 휴면 상태에 들어가 발효가 중지됩니다. 그래서 냉장 발효할 때는 이스트가 휴면 상태에 들어가지 않을 온도의 냉장고에 넣습니다. 따뜻한 상태에서 종의 온도가 서서히 내려가므로 그동안에도 발효가 느리게 진행됩니다.

냉장 발효는 저온에서 이스트의 활성을 억제하면서 장시간 서서히 발효시켜 종 속에 많은 유기산을 생성시키는데, 이것이 빵에 다채로운 풍미를 선사합니다. 만약 사용 중인 냉장고 온도가 너무 낮으면 종의 온도가 빠르게 떨어져 버려 발효가 충분히 되지 않을 수 있습니다. 반대로 냉장고 온도가 너무 높을 때는 종의 온도가 잘 내려가지 않아 발효가 과하게 될 가능성이 있습니다. 냉장고도 발효기처럼 사용할 때 온도계로 온도를 확인해 보세요.

참고로 이 책의 레시피에서는 냉장 발효를 5℃에서 18시간 진행합니다. 이스트의 활성이 억제되므로 발효가 급격히 진행되어 상태가 급변하는 일이 생기지 않으므로 종을 사용하는 타이밍이 원래 에징보다 조금 빨라지거나 늦어지더라도 문제없이 사용할 수 있습니다. 또 종을 믹싱할 때는 글루텐을 많이 만들 필요가 없으며, 재료를 고르게 섞는 정도만 해도 됩니다.

 발효종에 조정수를 넣는 타이밍을 가르쳐 주세요.

 처음부터 물을 전부 넣습니다.

발효종을 만들 때, 기본적으로는 작업용 물에서 조정수를 덜어 둘 필요가 없습니다. 발효종만으로 빵을 만드는 게 아니라, 발효종에 다른 재료를 섞어서 본반죽을 만든 다음, 본반죽으로 빵을 만들기 때문입니다. 본반죽을 믹싱하는 단계에서도 수분이 첨가되는 경우가 대부분이라 그때 반죽의 경도를 조절하면 됩니다.

Q 209 **발효종을 발효시킬 용기에 유지를 발라야 하나요?**

 A **기본적으로는 바를 필요가 없습니다.**

발효종은 믹싱을 약하게 하는 데다 장시간 발효시키기 때문에 반죽이 부드러워지고, 글루텐의 연결도 약해집니다. 그래서 발효 용기에 유지를 발라도 용기에 잘 달라붙는 데다 쉽게 떨어지지도 않습니다. 유지를 발라도 효과가 없으니 굳이 바를 필요가 없습니다.

 Q 210 **발효종법으로 만든 빵이 볼륨이 살지 않아요. 왜 그럴까요?**

 A **발효종의 발효가 부족했거나 과했을 수 있습니다.**

발효종법으로 만든 빵이 잘 부풀어 오르지 않을 때는 다음과 같은 원인을 생각할 수 있습니다.

- 발효종의 발효가 부족했다(발효 부족).
- 발효종이 지나치게 발효되었다(발효 과잉).
- 본반죽의 믹싱 단계에서 발효종이 고르게 섞이지 않았다.

그리고 스트레이트법에도 해당하는 내용이지만, **Q150**과 같은 원인을 생각해 볼 수 있습니다.

 Q 211 **폴리쉬종이 무엇인가요?**

 A **폴란드에서 생겨난 액종의 일종입니다.**

19세기 유럽에 이스트(빵 효모)를 사용한 제법인 폴리쉬법이 나타났는데, 폴리쉬종은 이 폴리쉬법에 쓰이는 액종의 일종입니다. 폴리쉬(Polish 폴란드의)라는 이름처럼 폴란드에서 생겨났으며, 오스트리아에서 발전해 이후 프랑스에 전해졌다고 합니다.

빵에 사용하는 가루의 20~40% 정도를 같은 양의 물과 소량의 이스트에 섞어 페이스트 상태로 만들어 부드러운 액종을 만듭니다. 부드러운 액종은 반죽종보다 단시간에 발효·

숙성되며, 유기산을 많이 발생시키므로 본반죽에 신장성과 향미 성분을 더합니다. 그 결과 풍미가 다채롭고 볼륨 있는 빵이 구워집니다. 이 책에서는 가정에서 종을 관리하기가 쉽고 작업 시간을 효율적으로 쓸 수 있다는 점(종을 전날 미리 만들어 둘 수 있다)에서 냉장 발효하는 폴리쉬종을 소개합니다.

 폴리쉬종은 어떤 빵에 사용할 수 있나요?

 주로 린한 하드 계열 빵에 사용할 수 있습니다.

폴리쉬종은 이 책에서 소개하는 팽 드 캉파뉴(P.278) 외에도 하드 계열의 빵 전반에 사용할 수 있습니다. 일례로 이 책에 나와 있는 프랑스빵(P.64)의 배합에 폴리쉬종을 적용해 쓸 수 있도록 바꾼 내용을 소개합니다.

● 폴리쉬종을 사용한 프랑스빵

재료(2개 분량)	분량(g)	베이커스 퍼센트(%)
폴리쉬종		
프랑스빵용 밀가루	75	30
소금	0.5	0.2
인스턴트 드라이 이스트	0.25	0.1
물	75	30
본반죽		
프랑스빵용 밀가루	175	70
소금	4.5	1.8
인스턴트 드라이 이스트	0.75	0.3
몰트 엑기스	1	0.4
물	105	42

※ 폴리쉬종의 작업 조건과 만드는 법은 P.276을 참조
※ 아래는 본반죽의 작업 조건이다. 본반죽의 믹싱~분할 전까지는 팽 드 캉파뉴(P.278)를 참조, 분할 이후는 프랑스빵(P.64)을 참조.

본반죽의 반죽 온도	26℃
발효	30분(28℃)+60분(28℃)
분할	2등분
벤치 타임	20분
최종 발효	60분(32℃)
굽기	25분(240℃)

Q213 중종이란 무엇인가요?

A 미국에서 생겨난 반죽종의 일종입니다.

중종(中種)은 종에 사용하는 가루의 양이 총중량(종과 본반죽의 합계)의 50~100%로, 일반적인 발효종보다 많으며, 이스트의 사용량도 많은 편입니다. 그래서 발효 시간이 짧고, 탄산가스의 발생량이 많은 것이 특징입니다.

중종을 첨가해 강하게 믹싱하면 신장성과 가스 유지력이 뛰어난 반죽이 만들어져 볼륨 있는 빵이 구워집니다.

원래 20세기 중반에 미국에서 개발된 제법으로, 그 후 일본에 기술과 공장설비가 수입되어 중종법이라는 이름으로 정착했습니다. 주로 규모가 큰 제빵 공장에서 사용되는 제법이지만, 빵을 직접 만들어 판매하는 동네 빵집에서도 쓰이고 있습니다.

Q214 중종은 어떤 빵에 쓸 수 있나요?

A 주로 볼륨을 내고 싶은 소프트 계열의 빵에 쓸 수 있습니다.

중종은 볼륨을 내고 싶은 소프트 계열의 빵 전반에 사용할 수 있습니다. 이 책에서 소개하는 건포도 식빵(P.288)처럼 틀에 넣어 굽는 소프트 계열의 빵에 적합합니다. 일례로 이 책에 나오는 산형 식빵(P.44)의 배합을 중종을 쓸 수 있도록 바꾼 내용을 소개합니다.

● 중종을 사용한 산형 식빵

재료(1근짜리 식빵틀 1개 분량)	분량(g)	베이커스 퍼센트(%)
중종		
강력분	175	70
인스턴트 드라이 이스트	2.5	1
물	112.5	45
본반죽		
강력분	75	30
설탕	12.5	5
소금	5	2
탈지분유	5	2
버터	10	4
쇼트닝	10	4
물	70	28

※ 중종의 작업 조건과 만드는 법은 P.286을 참조

※ 아래는 본반죽의 작업 조건이다. 본반죽의 믹싱~분할 전까지는 건포도 식빵(P.288), 분할 이후는 산형 식빵(P.44)을 참조.

본반죽의 반죽 온도	28℃
발효	40분(30℃)
분할	2등분
벤치 타임	20분
최종 발효	60분(38℃)
굽기	30분(210℃)

팽 드 캉파뉴에 관한 궁금증

 Q 215 **호밀가루를 빵에 사용하면 어떻게 되나요?**

 A **폭신폭신한 빵은 만들 수 없지만, 잘 굳지 않게 됩니다.**

호밀은 점탄성을 지닌 글루텐을 형성하는 두 가지 단백질인 글리아딘과 글루테닌 가운데 탄성을 지닌 글루테닌이 밀보다 적어 글루텐을 거의 형성하지 못합니다. 그리고 물을 끌어당기는 힘이 강한 펜토산이 많이 함유되어 있어 물과 섞어 반죽하면 점성이 강해 잘 달라붙는 반죽이 만들어집니다.

그래서 호밀만으로 빵을 만들려면 특수한 제법이 필요한 데다 밀로 만든 빵처럼 살 부풀지 않아 뻑뻑하고 묵직한 빵이 됩니다. 하지만 수분을 많이 함유하고 있어 잘 굳지 않는 특징이 있습니다.

호밀을 빵에 사용하고 싶을 때는 밀가루 중 일부를 호밀가루로 바꾸는 방법을 권합니다. 이렇게 만들면 호밀로만 만든 빵보다 더 잘 부풀 뿐만 아니라, 밀로만 만든 빵에는 없는 독특한 향과 풍미가 있는 빵이 구워집니다. 총중량의 20% 정도까지만 호밀가루로 바꾼다면 만드는 법도 크게 달라지지 않습니다. 단, 반죽이 끈적거려 다루기 힘들어지고, 밀로 만든 빵만큼 부풀지는 않는다는 점을 주의할 필요가 있습니다(Q8 참조).

Q 216 **팽 드 캉파뉴를 만들 때 필요한 도구가 있나요?**

 A **바네통이라 불리는 발효 바구니를 사용합니다.**

팽 드 캉파뉴(Pain de campagne)를 만들 때는 프랑스어로 'banneton(바네통)'이라고 부르는, 등나무 가지로 만든 발효 바구니(삼베천 등을 씌운 제품이 많다)를 사용합니다. 팽 드 캉파뉴의 부드러운 반죽 형태를 최종 발효 때도 유지하고, 불필요한 수분을 흡수시키기 위해서입니다. 성형한 빵 반죽을 바네통에 넣을 때, 반죽이 들러붙지 않

바네통

도록 가루를 뿌리는데, 그 가루가 반죽 표면에 묻은 채로 구워져 빵의 독특한 생김새를 만듭니다.

 Q 217 **팽 드 캉파뉴용 발효 바구니가 없는데, 어떻게 해야 할까요?**

 A **다른 물건을 대신 사용해도 됩니다.**

앞서 설명한 것처럼 원래는 전용 발효 바구니를 사용하지만, 일반 가정에서 이런 전문적인 도구를 다 갖추기는 쉽지 않지요.

그럴 때는 체나 구멍이 뚫린 볼 등 통기성이 좋은 용기에 캔버스천처럼 보풀이 잘 일어나지 않는 천을 씌워 사용하세요. 사용할 때는 전용 발효 바구니를 쓸 때와 마찬가지로 반죽이 들러붙지 않게 가루를 뿌립니다.

구멍이 뚫린 볼과 캔버스천

가루를 뿌려 사용한다.

Q 218 팽 드 캉파뉴에 쿠프를 내는 방법을 가르쳐 주세요.

 A 원형 빵은 막대 모양의 빵과 쿠프를 내는 법이 다릅니다.

쿠프에 대해서는 **Q174**, 쿠프를 내는 법은 **Q176**에서도 다루었지만, 팽 드 캉파뉴처럼 둥근 빵에 쿠프를 낼 때는 방법이 조금 다릅니다. 쿠프 나이프를 살짝 들고, 칼날을 눕히지 않고 반죽에 수직으로 갖다 댄 다음, 빵의 형태에 맞춰 얕게 칼집을 냅니다. 칼집을 너무 깊이 내지 않도록 주의하면서 껍질을 한 겹 벗긴다는 느낌으로 하세요.

프랑스빵처럼 칼날을 눕혀서 칼집을 내면 쿠프가 잘린 부분에서 벗겨질 것처럼 벌어지면서 입체적인 형태가 되지만, 반죽에 수직으로 칼집을 내면 쿠프가 잘린 부분에서 평면적으로 벌어집니다.

팽 드 캉파뉴의 쿠프는 정해진 개수나 모양이 없지만, 각 쿠프의 깊이는 일정하게 맞춥니다.

칼집을 반죽에 수직으로 낸 모습　　　　칼집을 반죽에 비스듬하게 낸 모습

● **쿠프의 다양한 모양**

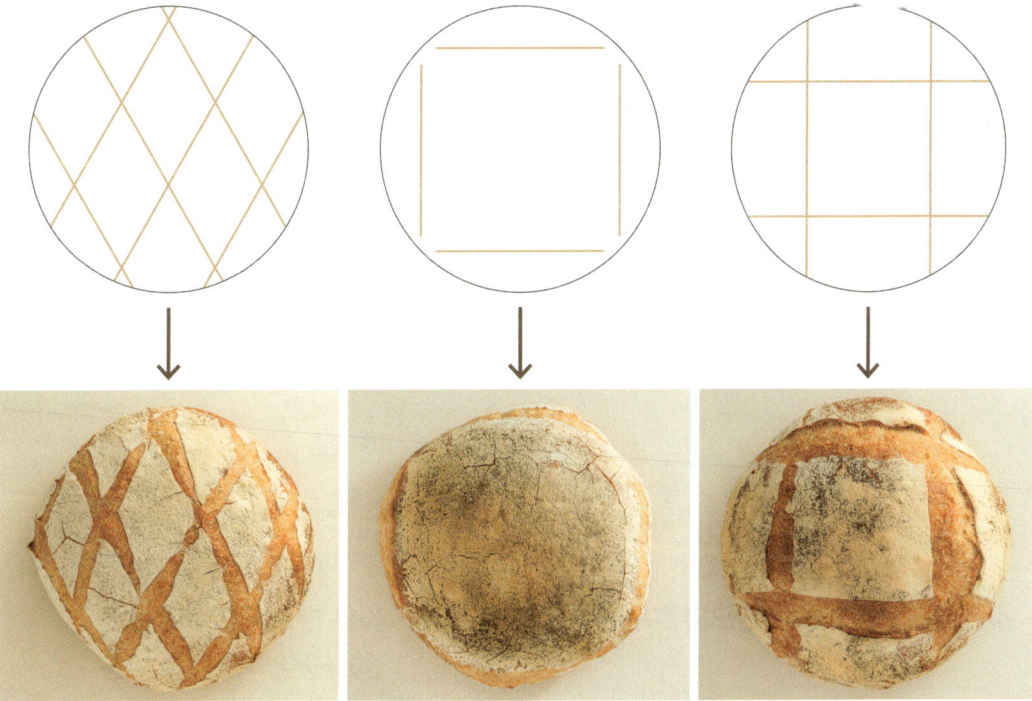

Q 219 팽 드 캉파뉴는 얼마나 오래 보관할 수 있나요?

 A 상온에 며칠 동안 보관 가능합니다.

구워서 상온에 완전히 식힌 빵을 마르지 않게 보관하면 그 상태로 2~3일 정도는 맛있게 먹을 수 있습니다. 단, 팽 드 캉파뉴처럼 크기가 큰 빵은 조금씩 잘라 먹는 경우가 많은데, 그때마다 맨손으로 빵을 만지면 손에 묻어 있던 잡균 등에 빵이 상하기 쉬워 보관 기간이 더 짧아집니다.

 Q 220 하드 계열의 빵은 약하게 믹싱해야 한다는데, 그 이유가 무엇인가요?

 A 가장 큰 이유는 맛있는 빵을 만들기 위해서입니다.

물론 사람마다 취향이 다를 수 있지만, 프랑스빵이나 팽 드 캉파뉴 같은 하드 계열의 빵은 크림(속살)의 기포가 균일하지 않은 것을 더 좋게 봅니다. 그것이 원래 그런 빵을 만들어 먹어 온 사람들이 가진 맛있는 빵의 기준 중 하나이기 때문입니다.

기포를 균일하지 않게 하려면 먼저 처음에 믹싱을 약하게 해야 합니다. 그런 다음 시간을 들여 반죽을 충분히 발효시키고, 그 후의 공정에서는 반죽에 과도한 힘을 가하지 않는 것이 중요합니다.

반면 기포가 균일한 소프트 계열의 빵은 대부분 믹싱을 확실히 해서 반죽을 충분히 발효시킨 다음, 이후의 공정에서도 반죽에 충분히 힘을 가합니다.

믹싱 등의 과정에서 반죽에 힘을 가하면 글루텐이 강화되어 기포가 작고 촘촘한 빵이 되므로 먼저 각각의 빵에 맞게 믹싱을 하는 것이 중요합니다(**Q90** 참조).

하지만 손반죽으로 하드 계열의 빵을 만들 때는 반죽을 어느 정도 확실히 해야 빵이 부풀어 오르지 않는 실수를 줄일 수 있습니다. 이 책에 소개하는 팽 드 캉파뉴에서도 반죽을 확실히 해주고, 각 작업도 강하게 해서 크림의 기포가 작고 촘촘하지만 잘 부풀어 오르는 빵을 만들었습니다. 기계로 반죽하거나 손반죽으로도 충분히 잘 만들 수 있게 되면 믹싱을 약하게 해서 원래의 팽 드 캉파뉴다운 빵 만들기에 도전해 보기 바랍니다.

믹싱 외에도 빵의 완성도에 영향을 끼치는 것이 글루텐의 재료가 되는 밀가루 속 단백질입니다. 그래서 하드 계열의 빵에는 단백질 함량이 비교적 적은 밀가루(프랑스빵용 밀가루 등)가, 소프트 계열에는 단백질 함량이 많은 밀가루(강력분 등)가 주로 사용됩니다(**Q6, Q7** 참조).

Q 221 같은 사각 식빵인 검은깨 식빵과 굽는 온도가 다른 이유는 무엇인가요?

 A 건포도는 당분이 많아 잘 타기 때문에 굽는 온도를 낮춥니다.

건포도 식빵은 검은깨 식빵(P.56)보다 반죽이 리치한데다 달콤한 건포도가 들어가서 반죽 전체의 당분이 증가합니다. 그래서 구울 때 타기 쉬우므로 굽는 온도를 낮추었습니다.

설탕이나 유제품은 구움색에도 영향을 끼치므로(**Q33, Q36** 참조) 굽는 온도에 주의가 필요합니다.

 Q 222 식빵틀에 넣는 반죽의 개수는 정해져 있나요?

 A 딱히 정해진 것은 아니지만, 반죽의 개수에 따라 빵 상태가 달라집니다.

이 책에서 소개하는 레시피 중에는 식빵틀 안에 반죽 덩어리를 두 개 넣는 빵(산형 식빵)과 세 개 넣는 빵(검은깨 식빵, 건포도 식빵)이 나오는데, 반죽 덩어리를 한 개 혹은 네 개이상 넣는 빵도 있습니다. 같은 크기의 틀에 총중량이 같은 반죽을 넣을 경우, 나누어 넣는 반죽의 개수가 많을수록 빵 전체의 기포 수가 많아져 반죽이 잘 부풀게 되고 식감이 부드러워집니다. 또 반죽 전체의 강도가 늘어나 측면이 움푹 들어가는 케이브 인 현상도 잘 나타나지 않게 됩니다.

그 이유는 글루텐의 작용에 있습니다(**Q3**의 '단백질의 작용' 참조). 글루텐은 밀에 있는 독특한 물질로, 힘을 가하면 강화되는 성질이 있습니다. 하나의 반죽을 성형해서 강화되는 글루텐보다 여러 개의 반죽을 성형해서 강화되는 글루텐이 탄산가스 유지력도 더 뛰어나고, 반죽의 뼈대로서의 힘도 더 강해집니다.

공정에 관한 궁금증

 발효 공정을 제외한 다른 공정에서 반죽을 차갑게 하거나 따뜻하게 할 때가 있나요?

 발효를 통제하거나 스케줄을 조정하기 위해 하는 경우가 있습니다.

보통 크루아상(P.108)이나 브리오슈(P.86) 같은 특수한 경우를 제외하면 반죽을 마치고 나서 최종 발효를 끝낼 때까지 반죽 온도를 크게 변화시키는 경우가 없습니다. 그렇다면 어떤 상황일 때, 반죽 온도를 조절할까요. 크게 다음과 같은 두 가지 경우를 생각해 볼 수 있습니다.

❶ 반죽 온도가 목표치를 벗어났을 때

이러한 상황에서는 **Q96**에 나와 있는 대로 대처할 수도 있지만, 처음부터 반죽 온도를 목표치가 되게 조절하면 되는 문제입니다. 반죽하는 도중에 온도계로 반죽 온도를 재면 반죽을 마쳤을 때 몇 도 정도가 될지 예상할 수 있습니다. 온도가 낮아질 것 같을 때는 비닐봉지 등에 30℃ 정도의 미지근한 물을 담아 믹싱볼을 데우면서 반죽합니다. 믹싱볼을 바깥쪽에서 데울 수 없는 경우나 손반죽을 할 때는 비닐봉지를 반죽에 직접 대어 따뜻하게 합니다. 반대로 반죽 온도가 높아질 것 같을 때는 15℃의 찬물로 반죽을 차갑게 합니다. 반죽에 비닐봉지 등을 직접 댈 경우에는 들러붙지 않게 주의합니다. 또 반죽을 따뜻하게 하거나 차갑게 할 때, 반죽의 위치에 따라 온도의 차이가 발생하지 않도록 주의할 필요가 있습니다.

❷ 오븐에 한 번에 구울 수 없는 양의 반죽을 만들고 말았을 때

미리 알아차렸을 때는 성형이나 최종 발효에 시간차를 두어 오븐에 넣을 때까지 시간을 조정하는 것이 가능합니다.

성형 작업에 시간차를 두고 싶을 때는 발효가 끝난 반죽을 분할해 둥글린 다음, 나중에 성형하고 싶은 반죽을 마르지 않게 비닐봉지 등에 담아 냉장고에 넣어 차갑게 둡니다. 그러면 반죽 온도가 내려가 이스트의 작용이 느려집니다. 하지만 반죽이 너무 차가워지면 굳어서 성형하기가 어려워지기도 하고, 최종 발효가 잘되지 않을 수도 있으므로 냉장고에 넣어 두는 시간은 최소화하는 것이 좋습니다. 이와는 반대로 성형을 서두르기 위해 반죽을 따뜻하게 데우는 것은 권하지 않습니다. 반죽을 데워 버리면 발효가 지나치게 빠르게 진행되어 발효 과정에서 원래 얻어야 할 향이나 풍미를 얻지 못할 수 있기 때문입니다.

최종 발효에 시간차를 두고 싶을 때는 나중에 발효하고 싶은 반죽을 발효기에서 조금 먼저 꺼내 실온에 두어 최종 발효를 늦춥니다. 어느 방법을 쓰든 반죽이 마르거나 지나치게 차가워지지 않도록 주의합니다.

이러한 방법은 실제로 경험을 쌓지 않으면 순조롭게 진행되지 않지만, 일단 배워 두면 빵에 대한 지식의 폭이 더 넓어질 것입니다.

폴리쉬종 ^{Q211, 212}

가루와 물을 1:1의 비율로 섞어 만드는 액종입니다.
소량의 이스트를 사용해
냉장고에서 장시간 발효시킵니다.

폴리쉬종으로
만드는
팽 드 캄파뉴
→ P.278

재료

	베이커스 ^{Q71} 퍼센트(%)
프랑스빵용 밀가루	100
소금	0.7
인스턴트 드라이 이스트	0.3
물	100

※ 인스턴트 드라이 이스트는 저당용 제품을 사용
한다. ^{Q20}

미리 준비하기

● 물은 적정 온도로 맞춰 둔다. ^{Q80}

반죽 온도	25℃
발효	180분(28℃)
냉장 발효	18시간(5℃)

Q211 폴리쉬종이 무엇인가
요? → P.266

Q212 폴리쉬종은 어떤 빵에
사용할 수 있나요? →
P.267

Q71 베이커스 퍼센트란 무엇
인가요? → P.175

Q20 이스트에는 어떤 종류가
있나요? → P.142

Q80 작업용 물의 온도는 어
떻게 맞추어야 하나
요? → P.180

Q208 발효종에 조정수를 넣
는 타이밍을 가르쳐 주
세요. → P.265

Q26 인스턴트 드라이 이스
트를 물에 녹여도 될까
요? → P.146

Q102 완성된 반죽을 넣을 용
기의 크기는 어느 정
도가 적당한가요? →
P.195

2분

반죽

1 볼에 물, 인스턴트 드라이 이스트를 넣고,
거품기로 골고루 섞는다. ^{Q26}

※ 반죽 시간이 짧고, 가루와 섞어 두기만 해서는 인
스턴트 드라이 이스트가 녹지 않을 가능성이 있으므
로 물에 녹여서 사용한다.

※ 이 볼에서 발효시킬 예정이므로 발효에 적합한
크기의 볼을 고를 것. ^{Q102}

2 또 다른 볼에 프랑스빵용 밀가루, 소금을
담고 거품기로 잘 섞어서 1번 과정에 넣
는다.

※ 가루에 비해 수분량이 많은 편이므로 물에 가루를
넣는 편이 섞기도 쉽고 덩어리도 잘 생기지 않는다.

3 주걱으로 잘 섞는다.

※ 가루가 점차 사라지고, 반죽이 뭉쳐지기
시작한다.

4 힘을 주어 더 섞는다.

※ 반죽이 점차 묵직해지기 시작한다. 점성이 조금 생기면 반죽을 마친다.

5 반죽을 주걱으로 떠서 상태를 확인한다.

※ 반죽의 연결은 약하지만, 잘 늘어나는 상태가 되어야 반죽이 완성된 것이다.

6 볼의 측면에 들러붙은 반죽을 싹싹 긁어 내고, 반죽 온도를 잰다. Q77 반죽의 적정 온도는 25℃다. Q96

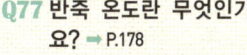

Q77 반죽 온도란 무엇인가요? ➡ P.178

Q96 반죽 온도가 목표치에 도달하지 않았을 때는 어떻게 해야 하나요? ➡ P.191

발효

7 반죽을 발효기에 넣어 28℃에서 180분간 발효시킨다.

냉장 발효

8 볼을 비닐봉지에 넣어 냉장고로 옮긴 다음, 5℃에서 18시간 발효시킨다.

※ 반죽이 마르지 않도록 비닐봉지에 넣는다.

※ 냉장 발효를 하기 전보다도 반죽이 더 부풀었다가 반죽이 다 부풀고 나면 조금 꺼지면서 표면이 살짝 내려앉는다.

폴리쉬종으로 만드는

팽 드 캉파뉴 Pain de campagne

'시골빵'이라는 이름을 가진 프랑스의 식사용 빵입니다.
크러스트는 두툼하고 고소하며, 크럼은 촉촉하고 쫄깃합니다.
반죽에는 호밀가루를 배합했고, 폴리쉬종이 다채로운 풍미를 선사합니다.

재료(지름 약 20cm 1개 분량)

	분량(g)	베이커스 Q71 퍼센트(%)
폴리쉬종		
프랑스빵용 밀가루	75	30
소금	0.5	0.2
인스턴트 드라이 이스트,	0.25	0.1
물	75	30
본반죽		
프랑스빵용 밀가루	150	60
호밀가루	25	10
소금	4.5	1.8
인스턴트 드라이 이스트	1	0.4
몰트 엑기스	1	0.4
물	120	48

※ 인스턴트 드라이 이스트는 저당용 제품을 사용한다. Q20

미리 준비하기

● 물은 적정 온도로 맞춰 둔다. Q80
● 본반죽 발효용 볼에 쇼트닝을 바른다.
● 발효 바구니를 준비한다. Q216, Q217

폴리쉬종의 반죽 온도	25℃
발효	180분(28℃)
냉장 발효	18시간(5℃)
본반죽의 반죽 온도	26℃
발효	80분(28℃)+40분(28℃)
최종 발효	60분(32℃)
굽기	28분(230℃)

폴리쉬종 반죽~발효~냉장 발효

1 폴리쉬종의 1~8번 과정(P.276)과 같은 방법으로 반죽, 발효, 냉장 발효를 진행한다.

본반죽 반죽

2 볼에 프랑스빵용 밀가루, 호밀가루, Q215 소금, 인스턴트 드라이 이스트를 넣고, 거품기로 골고루 섞는다.

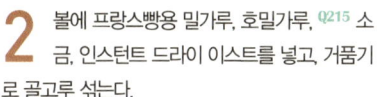

3 분량의 물에서 조정수를 덜어낸다. 남은 물 가운데 소량을 몰트 엑기스에 넣어 잘 푼다. Q47, 49

※ 몰트 엑기스는 끈끈한 데다 사용량도 매우 적으므로 남지 않고 물에 다 녹도록 손끝으로 골고루 저어 녹인다.

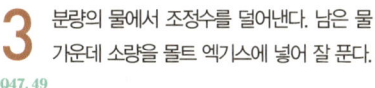

4 조정수를 덜어내고 남은 3번 과정의 물과 물에 녹인 몰트 엑기스를 1번 과정의 폴리쉬종에 첨가한다.

※ 폴리쉬종이 담긴 볼에 물을 부으면 볼과 폴리쉬종 사이에 물이 들어가 폴리쉬종이 볼에서 떨어져 쉽게 꺼낼 수 있다.

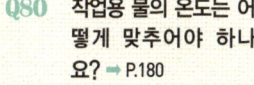

Q80 작업용 물의 온도는 어떻게 맞추어야 하나요? ➡ P.180

Q216 팽 드 캉파뉴를 만들 때 필요한 도구가 있나요? ➡ P.270

Q217 팽 드 캉파뉴용 발효 바구니가 없는데, 어떻게 해야 할까요? ➡ P.270

Q71 베이커스 퍼센트란 무엇인가요? ➡ P.175

Q20 이스트에는 어떤 종류가 있나요? ➡ P.142

Q215 호밀가루를 빵에 사용하면 어떻게 되나요? ➡ P.269

Q47 몰트 엑기스란 무엇인가요? ➡ P.162

Q49 몰트 엑기스가 없을 때는 어떻게 해야 할까요? ➡ P.164

5 4번 과정의 폴리쉬종을 2번 과정에 넣고, 손으로 잘 섞는다.

※ 반죽이 뭉쳐지고, 가루가 남지 않을 때까지 섞는다.

6 반죽을 볼에서 꺼내 작업대에 올린다. 볼에 붙은 반죽도 스크레이퍼로 싹싹 긁어낸다.

Q89 손반죽을 할 때, 반죽을 작업대에 문지르거나 내리치는 이유는 무엇인가요? ➡ P.186

Q91 손반죽은 몇 분 정도 해야 하나요? ➡ P.188

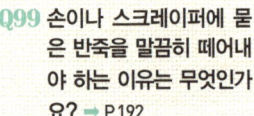

7 양손을 위아래로 크게 움직여 손바닥으로 반죽을 작업대에 문지르듯이 치댄다. Q89, 91

※ 물과 가루는 거의 섞였지만, 반죽의 경도가 고르지 않고 군데군데 차이 난다. 먼저 반죽 전체의 경도가 균일해지도록 폴리쉬종과 다른 재료를 골고루 섞는다. 반죽이 점차 매끄러워지기 시작한다.

Q99 손이나 스크레이퍼에 묻은 반죽을 말끔히 떼어내야 하는 이유는 무엇인가요? ➡ P.192

8 치대는 도중에 반죽이 작업대에 너무 넓게 퍼지면 스크레이퍼로 긁어모아 뭉친다. 스크레이퍼나 손에 묻은 반죽도 떼어내어 Q99 다시 작업대에 문지르듯이 치댄다.

9 반죽의 경도를 확인하고, **3**번 과정의 조정 수를 붓는다. Q83, 84

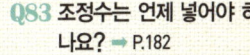

Q83 조정수는 언제 넣어야 하 나요? ➡ P.182

Q84 조정수를 전부 사용해도 되나요? ➡ P.182

5분

10 계속 치대다 보면 반죽 가장자리 일부 가 작업대에서 조금씩 떨어지게 된다. 작업대와 스크레이퍼, 손에 붙은 반죽을 꼼꼼히 떼어내어 반죽을 하나로 뭉친다.

※ 점성과 탄력이 생기기 시작하면서 반죽이 떨어지 게 된다. 이 상태가 되면 내리치는 작업에 들어간다.

15분

옆에서 본 모습   위에서 본 모습

11 반죽을 들어 올려 작업대에 내리친 다음, 몸쪽으로 살짝 끌어당겼다가 반대쪽으로 뒤집는다.

※ 반죽을 들어 올릴 때, 손목을 사용해 휙 들어 올린 다. 그 반동으로 늘어나는 반죽을 작업대에 내리친다.

12 반죽을 90도 돌려 방향을 바꾼다.

※ 반죽을 내리치기 시작할 때는 반죽의 연결이 약하고 찢어지기 쉬우므로 내리칠 때 힘 조절 에 주의한다. 반죽에 탄력이 생기기 시작하면, 점차 강하게 내리친다. Q97, 98

Q97 손반죽하는 도중에 반죽 이 수축해 버려 반죽하기 가 어려워요. ➡ P.191

Q98 반죽을 내리치면서 치댈 때, 반죽이 찢어지거나 구멍이 뚫려요. ➡ P.192

13 11~12번 과정의 동작을 반복하고, 작업대에 내리치면서 반죽 표면이 매끄러워질 때까지 치댄다.

14 반죽 일부를 떼어낸 다음, 손끝으로 늘여 반죽 상태를 확인한다. Q93, 95

※ 반죽에 연결이 생겨 늘어나게 되었기는 하지만, 아직 반죽이 조금 두껍다. 열심히 치댈수록 반죽에 공기가 들어간다. 표면에 작은 기포가 확인되면 반죽이 다 된 것이다. 반죽에 뚫린 구멍 가장자리는 조금 깔끔하지 않다.

15 반죽을 다듬어 양손으로 감싸 몸쪽으로 살짝 끌어당겨 반죽 표면을 팽팽하게 한다. 반죽을 90도 돌려 끌어당기면서 반죽을 둥글게 다듬어 표면이 팽팽해지게 한다.

16 반죽을 볼에 담고 Q102 반죽 온도를 잰다. Q77 완성된 반죽의 적정 온도는 26℃다. Q96

발효

17 반죽을 발효기에 넣고 28℃에 80분간 발효시킨다.

펀치 Q114

18 작업대에 천을 깔고 Q63 반죽을 뒤집듯이 볼에서 꺼내 반죽 중앙에서 바깥쪽으로 전체를 골고루 누른다. Q115, 116

※ 펀치, 성형 과정에서 반죽이 들러붙을 것 같을 때는 필요에 따라 반죽이나 작업대에 덧가루를 뿌린다.

19 먼저 반죽의 왼쪽에서 3분의 1을 접고, 다시 오른쪽에서 3분의 1을 접은 다음, 반죽 전체를 누른다. 그런 다음 위쪽에서 3분의 1을 접고, 다시 아래쪽에서 3분의 1을 접은 후, 반죽 전체를 누른다.

※ 볼륨 있는 빵이 되도록 반죽을 골고루 눌러 가스를 뺀다.

20 반죽을 뒤집어 매끈한 면이 위로 오게 한 다음, 반죽을 둥글게 다듬어 다시 볼에 담는다.

발효

21 반죽을 발효기에 다시 넣고, 28℃에 40분간 더 발효시킨다. Q104

Q114 펀치(가스 빼기)를 하는 이유는 무엇인가요? ➡ P.203

Q63 반죽을 올려 둘 천으로는 어떤 천을 사용하는 것이 좋은가요? ➡ P.170

Q115 펀치를 할 때 누르듯이 하는 이유는 무엇인가요? ➡ P.204

Q116 펀치는 어떤 빵이든 같은 방식으로 하나요? ➡ P.205

Q104 최적의 발효 상태는 어떻게 확인하나요? ➡ P.196

성형

22 반죽을 뒤집듯이 볼에서 꺼내 반죽 중앙에서 바깥쪽으로 전체를 골고루 누른다.

23 반죽을 위쪽에서 반을 접어 내리고, 반죽 끝을 꾹 눌러 붙인다. 다시 왼쪽에서 반으로 접고, 반죽 끝을 눌러 붙인다.

※ 반죽을 접을 때, 조금 엇갈리게 접어 겹치지 않는 부분을 남겨 놓으면 반죽과 반죽이 서로 더 잘 붙는다.

24 반죽의 매끄러운 면을 위로 오게 하고, 양손으로 살짝 몸쪽으로 끌어당겨 표면을 팽팽하게 한다. 반죽을 90도 돌리고, 양손으로 감싸 몸쪽으로 살짝 끌어당겨 표면을 팽팽하게 한다. 이를 여러 차례 반복하면서 반죽을 둥글게 다듬으면서 표면을 팽팽하게 한다. 도중에 반죽 표면에 큰 기포가 생기면 살살 두드려 찌부러뜨린다.

25 반죽을 뒤집어 발효 바구니에 넣는다.

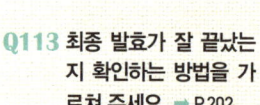

Q113 최종 발효가 잘 끝났는지 확인하는 방법을 가르쳐 주세요. ➡ P.202

최종 발효

26 반죽을 발효기에 넣고, 32℃에서 60분간 발효시킨다. Q113

굽기

27 발효 바구니에 깐 천째로 반죽을 꺼낸다.

28 오븐팬보다 조금 작게 자른 오븐 페이퍼를 반죽에 덮는다. 오븐 페이퍼 위에 손을 얹고, 천 밑에 손을 넣어 반죽을 뒤집어 천을 빼낸다.

※ 오븐팬으로 옮기기 쉽도록 오븐 페이퍼에 반죽을 올린다.

※ 천이 반죽에 달라붙어 있을 수 있으므로 잘 확인하면서 천을 조심스럽게 떼어낸다.

29 판 위에 반죽을 올리고, 반죽 표면에 쿠프를 격자 모양으로 낸다. Q218

Q218 팽 드 캉파뉴에 쿠프를 내는 방법을 가르쳐 주세요. ➡ P.271

30 예열할 때 함께 가열해 둔 오븐팬 위에 Q62 판을 잡아빼면서 반죽을 오븐페이퍼째 조심스레 올린다. 분무기로 반죽 표면이 젖을 정도로 물을 뿌린 다음 Q139 230℃로 예열한 오븐에 28분간 굽는다. Q145

※ 분무하는 물의 양이 너무 적으면 굽는 도중에 반죽 표면이 일찍 말라 버려 빵에 볼륨이 잘 나오지 않게 된다.

Q62 오븐팬을 뜨겁게 달궈 놓는 편이 좋은가요? ➡ P.170

Q139 분무기로 물을 뿌려 구우면 어떻게 되나요? ➡ P.220

Q145 레시피에 적힌 온도와 시간에 맞춰 구웠는데 빵이 탔어요. ➡ P.223

Q147 빵을 굽자마자 오븐팬이나 틀에서 바로 꺼내야 하는 이유가 있나요? ➡ P.224

31 오븐에서 꺼내 식힘망에 올려 식힌다. Q147

재료

	베이커스 Q71 퍼센트(%)
강력분	100
인스턴트 드라이 이스트	1.5
물	65

미리 준비하기

● 물은 적정 온도로 맞춰 둔다. Q80

반죽 온도	25℃
발효	90분(28℃)

중종 Q213, 214

빵에 사용하는 가루의 50~100%를 사용해 만드는 반죽종입니다.
발효종치고는 이스트가 많이 들어가는 편이라
비교적 단시간의 발효에 사용할 수 있습니다.

중종으로
만드는
건포도 식빵
→ P.288

Q213 중종이란 무엇인가요?
→ P.268

Q214 중종은 어떤 빵에 쓸 수
있나요? → P.268

Q71 베이커스 퍼센트란 무엇
인가요? → P.175

Q80 작업용 물의 온도는 어
떻게 맞추어야 하나
요? → P.180

Q208 발효종에 조정수를 넣
는 타이밍을 가르쳐 주
세요. → P.265

Q26 인스턴트 드라이 이스
트를 물에 녹여도 될까
요? → P.146

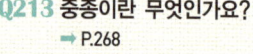

반죽

1 볼에 물과 인스턴트 드라이 이스트를 넣
고, 거품기로 골고루 섞는다. Q26

※ 반죽 시간이 짧아서 가루와 섞어 두기만 해서는
인스턴트 드라이 이스트가 녹지 않을 가능성이 있으
므로 물에 녹여 사용한다.

2 강력분을 넣고, 손으로 섞는다.

※ 가루가 차츰 사라지면서 반죽이 뭉치기 시
작한다.

3 반죽을 작업대에 꺼내고, 볼에 붙은 반죽도 스크레이퍼로 싹싹 긁어낸다.

3분

4 손을 위아래로 움직이면서 손바닥으로 반죽을 작업대에 눌러 붙이듯이 치댄다.

※ 글루텐을 확실히 만들 필요는 없으므로 반죽이 하나로 뭉쳐지기만 하면 된다.

5 반죽을 잡아당겨 상태를 확인한다.

※ 반죽의 연결이 약해 쉽게 찢어져 버리지만, 이 상태에서 반죽을 끝마친다.

6 스크레이퍼나 손에 붙은 반죽도 떼어내어 반죽을 하나로 뭉친다. 양손으로 반죽을 몸쪽으로 살짝 끌어당기면서 반죽 표면을 팽팽하게 한다. 반죽을 90도 돌리고, 다시 반죽을 끌어당기면서 표면이 팽팽해지도록 반죽을 둥글게 다듬는다.

7 반죽을 볼에 담고 Q102, 209 반죽 온도를 잰다. Q77 완성된 반죽의 적정 온도는 25℃다. Q96

발효

8 반죽을 발효기에 넣고, 28℃에서 90분간 발효시킨다.

Q102 완성된 반죽을 넣을 용기의 크기는 어느 정도가 적당한가요? ➡ P.195

Q209 발효종을 발효시킬 용기에 유지를 발라야 하나요? ➡ P.266

Q77 반죽 온도란 무엇인가요? ➡ P.178

Q96 반죽 온도가 목표치에 도달하지 않았을 때는 어떻게 해야 하나요? ➡ P.191

 중종으로 만드는

건포도 식빵 Raisin Loaf

일반 식빵과 달리 달걀노른자와 버터를 많이 넣고 건포도를 듬뿍 첨가한 반죽도
중종을 사용하면 부드럽고 결이 고운 빵으로 구워집니다.

재료(1근짜리 식빵틀 1개 분량)

	분량(g)	베이커스 Q71 퍼센트(%)
중종		
강력분	140	70
인스턴트 드라이 이스트	2	1
물	90	45
본반죽		
강력분	60	30
설탕	16	8
소금	4	2
탈지분유	4	2
버터	20	10
달걀 노른자	16	8
물	52	26
캘리포니아 건포도	100	50

※ 1근짜리 틀의 용량은 1,700㎤ ^{Q159}

미리 준비하기

● 물은 적정 온도로 맞춰 둔다. ^{Q80}

● 버터는 실온에 미리 꺼내 둔다. ^{Q42}

● 본반죽 발효용 볼과 틀, 뚜껑에 쇼트닝을 바른다.

● 캘리포니아 건포도는 미지근한 물에 가볍게 씻은 다음 ^{Q53} 체에 건져 물기를 완전히 뺀다.

중종의 반죽 온도	25℃
발효	90분(28℃)
본반죽의 반죽 온도	28℃
발효	40분(30℃)
분할	3등분
벤치 타임	20분
최종 발효	50분(38℃)
굽기	30분(200℃)

중종 반죽~발효

1 중종의 1~8번 과정(P.286)과 같은 방법으로 반죽, 발효를 진행한다.

본반죽 반죽

2 볼에 강력분, ^{Q158} 설탕, 소금, 탈지분유를 넣고, 거품기로 골고루 섞는다.

3 1번 과정의 중종을 첨가하고, 스크레이퍼로 잘게 썬다.

※ 다른 재료와 단시간에 고르게 섞일 수 있도록 잘게 썬다.

Q71 베이커스 퍼센트란 무엇인가요? → P.175

Q159 레시피에 적힌 크기의 식빵틀이 없을 경우에는 어떻게 하나요? → P.231

Q80 작업용 물의 온도는 어떻게 맞추어야 하나요? → P.180

Q42 버터를 실온에 미리 꺼내 둘 때, 어떤 상태가 되어야 하나요? → P.159

Q53 건포도를 미지근한 물로 한 번 씻은 후에 사용하는 이유는 무엇인가요? → P.166

Q158 식빵을 만들 때, 단백질의 양이 많은 강력분을 사용하는 이유가 무엇인가요? → P.231

4 분량의 물에서 조정수를 덜어낸 다음, ^{Q78} 나머지 물에 달걀노른자를 넣어 잘 섞는다.

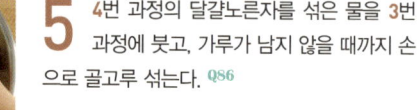

※ 달걀노른자는 반죽에 큰 영향을 끼치므로 주걱 등을 이용해 남김없이 싹 다 넣는다.

5 4번 과정의 달걀노른자를 섞은 물을 3번 과정에 붓고, 가루가 남지 않을 때까지 손으로 골고루 섞는다. ^{Q86}

6 반죽을 작업대에 꺼낸다. 볼에 붙은 반죽도 스크레이퍼를 이용해 싹 긁어낸다.

10분

7 손을 크게 위아래로 움직이며 반죽을 작업대에 문지르듯이 치댄다. ^{Q89, 91}

※ 작업대에 꺼냈을 때는 반죽의 재료가 아직 섞여 있지 않으므로 먼저 전체적으로 고르게 섞이도록 치댄다.

8 반죽이 점차 매끄러운 상태가 되어 간다.

※ 반죽의 경도가 균일해지고, 보기에도 매끄러운 상태가 되어 갈수록 반죽이 부드러운 느낌이 든다. 이대로 계속 치대다 보면 반죽의 점성이 커지고, 반죽이 묵직해진다.

9 도중에 반죽의 경도를 확인하고, 4번 과정의 조정수를 넣은 다음, ^{Q83, 84} 계속 치댄다.

※ 치대는 도중에 반죽이 작업대에 너무 넓게 퍼지면 스크레이퍼로 긁어모아 뭉친다. 스크레이퍼나 손에 붙은 반죽도 떼어낸 다음, ^{Q99} 다시 작업대에 문지르듯이 치댄다.

10 계속 치대다 보면 반죽 끝의 일부가 작업대에서 떨어지게 된다(사진의 점선 부분 참조).

※ 반죽에 점성과 탄력이 생기면서 반죽이 떨어지게 된다. 이 상태가 되면 반죽을 내리치는 작업에 들어간다.

11 산형 식빵의 **11~14**번 과정(P.47)과 같은 방법으로 작업대에 반죽을 내리치면서 반죽의 표면이 매끄러워질 때까지 치댄다. Q97, 98

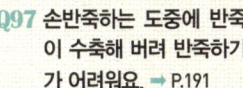

Q97 손반죽하는 도중에 반죽이 수축해 버려 반죽하기가 어려워요. ➡ P.191

Q98 반죽을 내리치면서 치댈 때, 반죽이 찢어지거나 구멍이 뚫려요. ➡ P.192

12 반죽 일부를 떼어내어 손끝으로 늘여 반죽 상태를 확인한다.

※ 반죽에 연결이 생겨 늘어나게 되지만, 아직 조금 두껍다. 반죽을 치대면 반죽에 공기가 들어가 표면에 작은 기포를 확인할 수 있다.

13 반죽을 뭉친 다음, 눌러서 넓게 편다. 그 위에 버터를 올리고, 반죽을 반으로 접어 양손으로 잡아당겨 찢는다. Q87

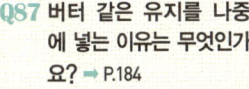

Q87 버터 같은 유지를 나중에 넣는 이유는 무엇인가요? ➡ P.184

14 반죽이 잘게 찢길 때까지 반죽을 잡아당겨 찢는 동작을 반복한다.

※ 반죽을 잘게 찢어 표면적을 늘리면 버터와 반죽이 섞이기 쉬워진다.

15 잘게 찢긴 반죽을 작업대에 문지르듯이 치댄다.

※ 잘게 찢긴 반죽은 서서히 하나로 뭉쳐지는데, 버터가 들어가 반죽이 미끄러워 작업대에 잘 달라붙지 않는다.

16 하지만 계속 치대다 보면 서서히 작업대에 들러붙게 된다. 반죽 끝의 일부가 작업대에서 떨어지게 될 때까지 계속 치댄다.

※ 반죽이 작업대에서 떨어지게 되면 반죽을 내리치는 작업에 들어간다.

10분

17 작업대나 스크레이퍼, 손에 붙은 반죽을 떼어내어 하나로 뭉치고, 산형 식빵의 **11~14**번 과정(P.47)과 같은 방법으로 다시 작업대에 내리쳐 치댄다.

※ 반죽이 작업대에서 말끔히 떨어지게 되고, 표면이 매끄러워질 때까지 충분히 치댄다.

Q93 반죽이 다 완성되었는지 어떻게 확인하나요? ➡
P.189

Q95 반죽이 부족하거나 과하면 어떻게 되나요? ➡
P.190

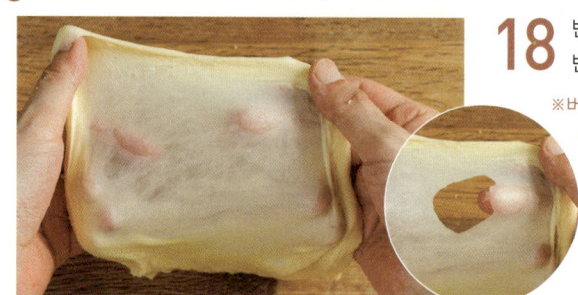

18 반죽 일부를 떼어내어 손끝으로 늘려 반죽 상태를 확인한다. **Q93, 95**

※ 버터를 넣기 전에는 조금 두툼했던 반죽이 손가락 지문이 비쳐 보일 정도로 얇게 늘어나면 반죽이 완성된 것이다. 이때 반죽에 뚫린 구멍의 가장자리가 매끄러운 상태여야 좋다.

19 반죽을 넓게 편 다음, 건포도 절반을 뿌린다. 반죽을 위쪽에서 아래로 3분의 1 접은 다음, 남은 건포도 절반을 뿌린다. 반죽을 몸쪽에서 위로 접어 건포도를 감싼다.

20 반죽을 잡아당겨 찢으면서 건포도를 반죽 전체에 고르게 섞는다.

21 반죽을 치대듯이 뭉친다.

※ 건포도를 섞을 때 반죽을 잡아당겨 찢기 때문에 다시 반죽을 뭉치기 위해 가볍게 치댄다.

22 반죽을 양손으로 살짝 몸쪽으로 끌어당기며 반죽 표면을 팽팽하게 한다. 반죽을 90도 돌려 같은 동작을 여러 번 반복하면서 반죽을 둥글게 다듬는다.

23 반죽을 볼에 담고, Q102 반죽 온도를 잰다. Q77 완성된 반죽의 적정 온도는 28℃다. Q96

발효

24 반죽을 발효기에 넣고, 30℃에 40분간 발효시킨다. Q104

분할~둥글리기

25 산형 식빵의 **31~33**번 과정(P.51)과 같은 방법으로 반죽을 3등분한다. Q120 **34~36**번 과정(P.51)과 같은 방법으로 반죽을 둥글린 다음, Q124 천을 깐 판 위에 가지런히 놓는다.

벤치 타임 Q128

26 반죽을 다시 발효기에 넣어 20분간 휴지시킨다. Q130

성형

27 산형 식빵의 *40~47*과 같은 방법(P.52)으로 반죽을 성형한다. ^{Q132} 말린 끝부분이 바닥을 향하게 하고, ^{Q133} 반죽 세 개를 틀에 넣는다.

최종 발효

28 발효기에 넣어 38℃에 50분간 발효시킨다. ^{Q161}

※ 건포도가 많이 들어가서 잘 부풀지 않으므로 발효를 충분히 시킨다. 반죽의 가장 높은 부분이 틀 높이의 80% 정도까지 부푸는 것이 적당하다.

29 틀에 뚜껑을 덮어 오븐팬에 올리고, 200℃로 예열한 오븐에 30분간 굽는다. ^{Q145}

굽기

30 오븐에서 꺼내 뚜껑을 연다. 판 위에 틀째 내리친 다음 ^{Q165} 곧바로 빵을 틀에서 꺼낸다. ^{Q147, 148}

31 빵을 식힘망에 올려 식힌다.

개정판 베이킹은 과학이다 - 『빵 만들 때 곤란해지면 읽는 책』

《빵 만들 때 곤란해지면 읽는 책》을 출간한 지 어느덧 십 년의 세월이 지났습니다. 한 가지 빵을 꾸준히 만드는 것 그리고 제빵과학의 기초를 익히는 것이 빵을 잘 만들게 되는 지름길이라는 생각에서 만든 책이었지만, 그러다 보니 책에 소개한 레시피가 적어서 가정용 제빵 책치고는 꽤 이색적이었던 것 또한 사실입니다.

하지만 많은 독자분께 "만드는 과정이 사진으로 세세하게 소개되어 알기 쉬웠고, 그대로 따라 만들었더니 이제껏 만든 빵 가운데 제일 잘 구워졌어요.", "그동안 왜 그런 건지, 왜 이렇게 되는 건지 알지 못했던 점을 이해할 수 있게 되었어요."라는 말을 듣고 빵을 즐겨 만드는 분들에게 조금이나마 도움이 된 것 같아 저자로서 매우 기쁘게 생각합니다.

그런 와중에 감사하게도 개정판 제안을 듣게 되었고, 어떤 주제를 다루면 좋을지, 독자분들이 필요로 하는 정보가 무엇일지, 제빵사의 길을 걷고자 노력하는 학생들을 지도하는 저희만이 전할 수 있는 내용이 무엇일지 고민하다 이번에 '발효종법'을 추가하게 되었습니다.

원래 이 책에 실린 레시피나 내용은 초보자분들도 이해하기 쉽고 손쉽게 만들 수 있는 스트레이트법만을 다루었지만, "빵을 만드는 일에 어느 정도 익숙해지면 다른 제법에도 관심이 생기지 않을까?" 하는 생각이 가장 큰 이유였습니다.

발효종법으로 만드는 빵은 한 번의 믹싱으로 반죽을 완성하고 공정도 단순한 스트레이트법과는 달리 "만드는 데 오랜 시간이 걸릴 것 같다.", "반죽을 관리하기가 어려울 것 같다.", "손이 더 많이 갈 것 같다."라는 등의 이유로 선뜻 도전하기 어려워 아마 홈베이킹을 즐기는 분 중에서도 이제껏 한 번도 만들어 본 적이 없는 분이 많을 것입니다.

발효종법으로 만드는 빵은 스트레이트법에는 없는 장점이 있습니다. 오랜 시간을 들여 반죽을 발효·숙성시키므로 독특한 풍미를 지니며, 종을 첨가하므로 잘 늘어나고 다루기 쉬운 반죽이 만들어져 빵에 볼륨을 내기도 쉬워집니다. 그러니 이번 기회에 꼭 한번 도전해 보세요. 간편한 스트레이트법보다 조금 번거롭게 느껴질 수도 있지만, 직접 만들어 봐야 깨닫게 되는 점도 많아 제빵에 대한 이해의 폭이 넓어질 것입니다. 또 평소에 빵을 즐겨 만드는 분이라면 스트레이트법보다 발효종법이 더 잘 어울리는 빵이 있다는 사실을 실감하게 될 겁니다. 이번에 새로 추가한 PART 3 '발효종법으로 만드는 빵과 Q&A'를 통해 발효종법으로 만드는 빵의 매력이 많은 분에게 전해지기를 바랍니다.

가지하라 요시하루, 아사다 가즈히로

Index
찾아보기

※ 검은색 두꺼운 글씨(볼드체)는 해당 단어를 자세히 설명하고 있는 페이지입니다.
※ 오렌지색 숫자는 레시피 페이지입니다.